机械设计方法学

（第 4 版）

廖林清　王化培　石晓辉
杨翔宇　曹建国　邓国红　编著

重庆大学出版社

内　容　提　要

本书主要内容包括：设计与设计方法、设计系统、原理方案设计、创造性思维与方法、商品化设计思想与方法、评价与决策、结构方案设计、相似设计与模块化设计等。本书博采众长、取材新颖、叙述深入浅出，且引入了不少实例，以使学员能理论联系实际。

本书对总结设计规律、启发创造性、更快更好地培养设计人员和开发更多的创新产品具有一定的现实意义。

本书为机械类本科专业教材，亦可供从事机电产品设计的工程技术人员、科研人员、有关专业教师、研究生和高年级学生作参考书。

图书在版编目(CIP)数据

机械设计方法学/廖林清等编著.—3版.—重庆：重庆大学出版社，2012.7(2020.7重印)

ISBN 978-7-5624-1263-2

Ⅰ.①机…　Ⅱ.①廖…　Ⅲ.①机械设计—高等学校—教材　Ⅳ.①TH122

中国版本图书馆CIP数据核字(2012)第145113号

机械设计方法学

(第4版)

廖林清　王化培　石晓辉
杨翔宇　曹建国　邓国红　编著

责任编辑：曾令维　版式设计：曾令维
责任校对：廖应碧　责任印制：张　策

*

重庆大学出版社出版发行
出版人：饶帮华
社址：重庆市沙坪坝区大学城西路21号
邮编：401331
电话：(023) 88617190　88617185(中小学)
传真：(023) 88617186　88617166
网址：http://www.cqup.com.cn
邮箱：fxk@cqup.com.cn (营销中心)
全国新华书店经销
POD：重庆新生代彩印技术有限公司

*

开本：787mm×1092mm　1/16　印张：13　字数324千
2016年1月第4版　2020年7月第15次印刷
ISBN 978-7-5624-1263-2　定价：39.80元

再版前言

机械设计方法学是一门正在形成和发展的新兴学科,它研究产品设计规律、产品设计程序及产品设计各阶段具体方法。本课程试图用系统工程的观点,综合各门课程基础知识,使学生掌握机械产品设计通用方法,其目的在于总结设计规律、启发创造性。在给定条件下,实现高效、最优化设计,培养开发性、创造性产品设计人才。

机械设计方法学是机械工程及自动化专业的一门重要课程,课程计划 45~54 学时,本书是按照这个要求编写的。同时本书也可作为其他机械类专业的本科教材和产品设计人员的培训教材。对从事产品设计的工程技术人员和科研工作者、有关专业教师、研究生和高年级学生也是一本有用的参考书。

本书主要内容包括:设计与设计方法、设计系统、原理方案设计、创造性思维与方法、商品化设计思想与方法、评价与决策、结构方案设计、相似设计与模块化设计等。

本书由廖林清主编。参加本书再版编写的有廖林清、王化培、石晓辉、杨翔宇、曹建国、邓国红。

在本书编著过程中借鉴了不少同志的宝贵材料,编者在此向他们表示真诚的谢意。

由于编者水平有限,错误和不当之处恳请广大读者批评、指正。

编　者

2016 年 1 月

目　录

第一章　机械设计方法学引论

本章对设计方法学的产生、研究内容及发展趋势进行概括介绍，对设计系统的基本概念进行阐述。

本章学习要求是：

1. 了解设计的本质以及形势对工程设计提出的新要求；

2. 熟悉设计的进程模式；

3. 熟悉解决问题的逻辑步骤。

第一节　设计与设计方法

一、鲁滨逊的故事

我们一起设想一个船舶遇难者漂流到一个荒岛后求生的情景。假定遇难者到达的是一个热带地区的荒岛，如果出现在他面前的是一片举手可及的香蕉林，为了充饥，是不存在任何技术上的难题的。可是，若香蕉高悬在空中或是挺立在河的对岸，那么想用香蕉充饥，就会出现技术上的困难。换言之，要想摘取香蕉就必须克服横在道路上的一些障碍。在这种处境下，鲁滨逊究竟该怎么办才好？如果他并不过分饥饿，他尽可以打消吃香蕉的念头。倘若他还有别的食物可以充饥，他也用不着爬到大树上去摘香蕉。

然而，在特定条件（动机）影响下，倘若鲁滨逊决心用香蕉充饥，这时就有两种可能：盲目地使用任何手段和方法，例如抛掷石块，挥舞棍棒，甚至摇撼树木，以便得到香蕉，或者开动脑筋，思索一番。鲁滨逊对环境做了一番分析之后，断定这究竟是怎样一种障碍，找出原因和找出排除这些障碍的可行办法。然后他对条件，如香蕉的高度或河流的深度做出定量判断。他回想自己或别人是否陷入过类似的情境，为达到目的，采用过怎样的手段和方法。鲁滨逊力图运用自己的知识和经验。他可能由于无法获得有效的手段而只得马上放弃其中某些方法。从其他可行的办法中，他选定最佳的办法付诸实现，于是或者战胜饥饿，或者试验不幸失败，迫使他总结经验教训，进行一番新的思考，达到目的。往往这并不表示努力的终止，恰恰相反，它促使人们进一步思考，往后怎样才能更加简便、迅速和省事、省力地达到预期的目的。

在这种情况下，鲁滨逊从设想出利用某些现成的手段到实现自己目标的可行的进程计划，是比较简单和易于理解的。可是，倘若饥肠辘辘的鲁滨逊面对大海，那么要想消除饥饿，问题就变得十分复杂了。光靠棍棒、石子就无济于事。鲁滨逊反复思考，能否用鱼虾充饥。这时一条小船就成为必不可少的了。与上面的情况不同，企图在自然界中寻求一条小船就不像寻找一条棍棒那么容易了。鲁滨逊必须利用他所拥有的简陋工具来实现自己的造船设想。他动手设计，在沙滩上绘制草图，然后制造船只，实现自己的构想，制造过程中又会由于加工需要，而出现一系列问题，例如当他需要一把斧子（加工木头的工具）时，他手边却只有从原来遇难的船只上拆来的各种铁块。他必须将这些铁块改变成合适的形状，换言之，他必须按照锻工的工艺知识来完成诸如加热、锤打、冷却这样一些工作。而在进行这类工作时，他又会遇到另外一些有待解决的问题。

船造好后，出现了一种典型的状况。鲁滨逊制造的船只、斧头、锻炉和铁锤，不仅能用来完成预定的工作，而且还可以用它们去完成更为广泛的任务。斧头可以用来打猎和自卫，船可以用来乘航离开海岛，又可以充作睡宿处，在陆地上翻过来还可以当作顶盖，就这样鲁滨逊扩充了他所掌握的技术手段并发挥它们各种不同的效用。应当引起注意的是，事物在不同的条件下具有不同的效用，有些效用则是发明者始料未及的，如诺贝尔发明炸药的时候并没有想到用它来作杀人武器，否则就用不着设诺贝尔和平奖了。

二、人的需求及其满足

鲁滨逊的例子清楚地表明，人类社会有着各种各样的需求，Maslow 将人类的需求分为 5 个不同的主要部分：基本生理需求（食物、饮料、衣服、住房、交通等基本生存保障）；安全需求（健康保障、财产保障、在供给不足和疾病情况下的保障）；社会需求（爱情、友情、社交、社会义务）；人生价值需求（赞赏、声望、荣誉）及以自我实现方式的需求（经历奋斗和享受奋斗，由才能所感到的愉快、业余爱好）。此外，还有面对人类和技术的发展保护动物、植物、水、空气等环境的需求以及面对人类和环境的发展保护技术的需求。一种需求满足之后，又会在此基础上不断地提出新的、更高的需求，可见需求是推动人类社会发展进步的动力，设计师和工程技术人员的职责就是不断地满足这种需求。如果把维持生命的必不可少的需求作为基准来衡量，所有的需求各具有不同的性质和意义，在这个问题上无需深入讨论“绝对必要的需求”的相对性，而仅仅研究满足需求过程有关的变化及其原因，根据生产和生活的多种需要，人们建立了从新型的住宅小区到高速列车，从机械加工中心到家用压面机，从太阳能发电站到手动吸尘器等大大小小各种功能的工程技术系统。这些系统是怎么来的呢？

需求—设计—制造—使用—新的需求循环。

三、工程设计的概念及本质

1. 概念

工程设计是对工程技术系统进行构思、计划并把设想变为现实的技术实践活动，设计的目的是保证系统的功能，建立性能好、成本低、价值最优的技术系统。

技术系统：简言之就是要设计的产品，技术系统的输入与输出是能量、物料、信号，输入量经技术系统转变为要求的输出量，如图 1-1 所示。

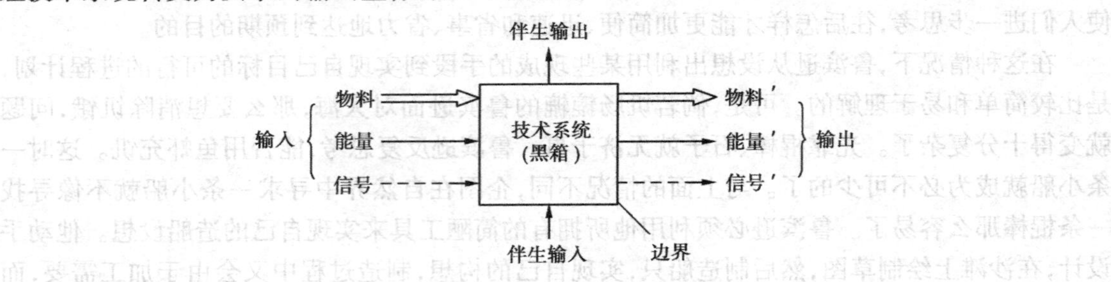

图 1-1 技术系统

功能：简言之，就是产品的用途或技术系统能独立完成的任务。

2. 工程设计的本质

设计（Design）一词，包括两方面的含义：工业美术设计（Industral Design）和工程技术设计（Engineering Design）。笼统地说"设计"往往是将两者都包容在内。"设计"的定义有三四十种之多，矛盾冲突有之，但基本上是互补的。英国 Wooderson 1966 年下的定义为"设计是一种反复决策，制订计划的活动，而这些计划的目的是把资源最好地转变为满足人类需求的系统或器件"。

设计概念趋于广义化，被认为是"一种始于辨识需要终于满足需要的装置或系统的创造过程"。横向上，设计包括了设计对象、设计进程甚至设计思路的设计；纵向上，设计贯穿于产品孕育至消亡的全寿命周期，涵盖了需求辨识、概念设计、总体设计、技术设计、生产设计、营销设计、回用处理等设计活动，起到促进科学研究、生产经营和社会需求之间互动的中介作用。

一种机电产品设计工作中，工业美术设计和工程技术设计，到底孰轻孰重取决于产品的用途和使用条件。一般说，既有实用功能又有审美价值的耐用消费品，如灯具、家用电器、照相机、汽车等产品，工业美术设计的份量就很重。当然，这并不意味着作为生产手段的投资类机电产品，如机床、工程机械、计算机等就可以忽视工业美术设计。现在比较统一的观点是：工业美术设计解决机器与人的协调问题。

不同国家，甚至同一国家的不同行业对工程设计所下的定义有所不同，下面例举几种典型的定义：

美国工科硕士、博士学位授予单位资格审查委员会（The Accreditation Board of Engineering and Technology，简称 ABET）和美国机械工程师学会（ASME）共同给出的定义是："工程设计是为适应市场明确显示的需求，而拟定系统、零部件、工艺方法的决策过程。在多数情况下，这个过程要反复进行，要根据基础科学、数学和工程科学为达到明确的目标对各种资源实现最佳的利用"。

英国 Fielden 委员会给出的定义是："工程设计是利用科学原理、技术知识和想象力，确定最高的经济效益和效率实现特定功能的机械结构、整机和系统"。

日本金泽工业大学的佐藤豪教授给出的定义是："工程设计是在各种制约条件之下为最好地实现给定的具体目标，制订出机器、系统或工艺过程的具体结构或抽象体系"。

这些定义的侧重点不同，但关于设计的依据、目标、要求、设计过程的本质、支持设计工作的基本要素等基本上都有比较全面清晰的说明。

四、对设计的理解

由于设计的发展，设计所涉及的领域正在不断扩大，人们对设计的理解不尽相同，但公认设计有以下基本内涵：

1. 存在着客观需求，需求是设计的动力源泉。如汽车防抱制动系统（ABS）的应用。

2. 设计的本质是革新和创造。在设计中，总有新事物被创造出来，这个"新"字，可以指过去从未出现过的东西，也可以指已知事物的不同组合，但这种组合结果不是简单的已知事物的重复，而是总有某种新的成分的出现。设计中必须突出创新的原则，通过直觉、推理、组合等途径，探求创新的原理方案和结构，做到有所发明，有所创造，有所前进。测绘仿制一台机器，虽然结构复杂，零件成千上万，但没有任何创新，不能算是设计；上海某厂开发的防松木螺钉集中了木螺钉和螺丝钉的优点，既能方便地钉入又能自锁防松，它成功地应用于集装箱等厚木结构，此钉虽小，其开发过程可称为设计。再如重庆大学张光辉教授提出的双渐开线齿轮传动，集渐开线齿轮和双圆弧齿轮的优点于一体，展现了极大的工程应用前景。

3. 设计是建立技术系统的重要环节，所建立的技术系统应能实现预期的功能，满足预定的要求。同时应是给定条件下的“最优解”。设计应避免思维灾害。

设计质量的高低是决定产品一系列技术经济效果的问题，产品的一系列质量问题大多是由于设计不周引起的。设计中的失误会造成严重的损失，某些方案性的错误将导致产品被彻底否定。

一个设计者在研制一个技术系统时可能产生的最坏情况是，系统具有归因于设计错误或计划错误的缺陷，在系统实现并进行运转后，由于这些缺陷的存在，系统遭受强大的干扰，会使系统及其周围环境在一定范围内遭受损害或完全破坏，并有可能使有关人员受到伤害，这是由于系统设计者在思维过程中的缺陷导致了灾害，故称之为“思维灾害”。如：FUV-8501 天线放大器由于局部结构设计错误，使一个六岁男孩触电死亡。

美国著名的克莱斯勒汽车公司在 70 年代石油危机形势下对产品的发展动向预测失误，当其他汽车公司纷纷开发低油耗汽车时，他们仍然设计生产大批耗油量大的豪华型汽车，1979 年由于存货积压，9 个月中亏损 7 亿美元，造成很大损失；又如埃及 20 世纪 70 年代初竣工的阿斯旺水坝，它有效地控制了尼罗河流域的水旱灾害，且能供应电力，对国民经济的发展起了一定的作用，但水坝设计时对环境因素分析不够，没有考虑对自然生态平衡的影响并采取相应措施，从而引起一系列严重的问题。如大量泥沙和有机物质沉于水库底，致使尼罗河下游缺乏肥源，土壤变得瘠薄，尼罗河入海口处沙丁鱼食物不足，数量急剧减小；河口三角洲的洼地退缩影响沿河的军事及工业建筑的安全，水库建成后，下游一些地方的河水变为死水，血吸虫及疟蚊大量繁殖，对居民健康造成很大的威胁。

众所周知的 Y2K(year 2 kilo)问题，最初的设计思想是仅用二位数字表示年份，以简化输入。但在人类跨越千年时，这一表达方式可能造成金融系统不能运转、网络系统混动、工厂不能正常生产、核电厂产生故障、飞机不能正常起飞，等等，据国外专家估计，全球用于解决 Y2K 问题的经费不少于 6 000 亿美元。

1993 年的圣诞夜，帕特里夏·安德森同他四个年幼的女儿和一个朋友从教堂开车回家途中，被一个司机酒后超速行驶撞了车尾。被撞的刹那，她汽车的油箱突然爆炸，车上的六个人无一例外受了严重的烧伤，一半人从此毁容。安德森当时驾驶的是美国通用汽车公司 1979 年出品的雪佛莱牌轿车。安德森女士一家于是将通用汽车公司告上了法庭，受害方认为，通用公司的汽车油箱安装得离后保险杠太近，仅仅 25 cm，以至于车在受撞后油箱爆炸起火。而安全的设计应是将油箱装在车轴上方或是在油箱与车尾之间安装一面屏蔽。官司打了六年，直至 1999 年 7 月 9 日，加利福尼亚的一家法院判决，通用汽车公司的油箱位置设计不当，应为事故负责，它得付给安德森等六人 49 亿美元，其中 1.07 亿美元为赔偿金，48 亿美元为处罚性赔款。通用公司不服，并进行了上诉。1999 年 8 月 26 日，美国洛杉矶高级法院法官威廉斯做出裁决：在 6 年前因通用公司汽车油箱设计有缺陷而造成的一起交通事故的原审判决正确并证据确凿，进行处罚性赔偿完全合理，只是赔偿金额须由原来的 49 亿美元削减至 10.9 亿美元。尽管如此，这仍然成为了美国历史上因产品设计缺陷造成人身伤害而获得的最高额赔偿。

使用中的问题，通过培训提高操作水平可以解决；制造中的问题，具有局部性和偶然性，可通过一定措施补救、修复甚至避免；设计中的问题，往往是全局性的，甚至引起连锁反应，造成很大损失。由此可见设计的重要性和避免设计失误的必要性。

4. 设计是把各种先进的技术成果转化为生产力的活动。如汽车的化油器，由于结构复杂等原因，逐渐被 EFI 所替代。

5. 设计远不仅是计算和绘图。设计是不断发展的，利用图纸进行设计不过是设计中的一个阶段，从人类生产的发展过程来看，在最初的很长一个时期内，产品的制造只是根据制造者本人的经验或其头脑中的构思完成的，设计与制造无法公开。随着生产的发展，产品逐渐复杂起来，对产品的需求量也开始增大，单个手工艺人的经验或其头脑中的构思已难满足这些要求，逐渐出现了利用图纸进行设计，然后根据图纸组织生产，图纸的出现使人们有可能：

——将自己的经验或构思记录下来，传于他人，便于设计的提高和改进。

——进行复杂产品的设计制造，满足人们对复杂产品的需求。

——同时有较多的人参加同一产品的制造过程，满足社会对产品的需求及生产率的要求，由此可见，利用图纸进行设计只是设计发展过程中的一个阶段。

当前，社会及科学技术的发展，尤其是计算机技术的发展和应用，已经对设计的发展产生了很大的影响和冲击，CAD 技术能得出所需要的生产图纸，一体化的 CAD/CAM 技术可直接利用有关信息控制 NC 机床直接加工出所需要的零件来，等等。这一切使得人们不得不重新认识设计、研究设计理论、研究先进科技成就对设计的影响。

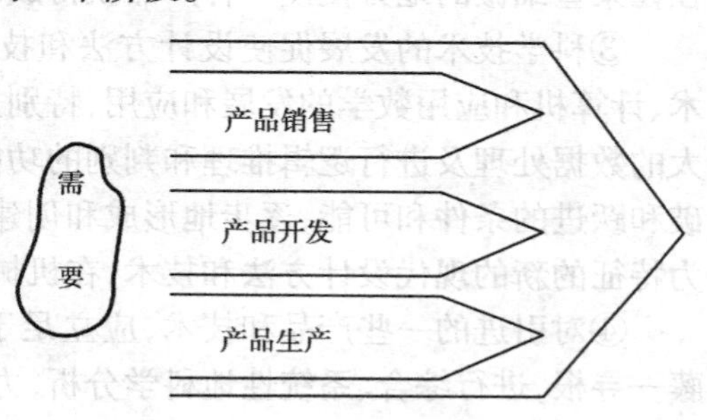

图 1-2　产品开发一体化模型

设计所涉及的领域继续扩大，更加深入，丹麦技术大学安德烈生博士（Andeasen）提出的市场需求作为产品设计依据的“产品开发一体化”模式，如图 1-2，认为在设计过程中自始至终应把产品的设计与销售（市场需要）及制造三方面作为整体考虑（甚至应考虑产品的销毁及回收），它要求设计部门在产品开发过程中就要与销售及生产部门密切配合，以便得到既有良好的性能又适合市场需要，便于制造及销售的优质产品。因此只有广义地理解设计才能掌握主动权，得到符合功能要求又成本低的创新设计。

五、现代设计法的发展及其特点

1. 形势对工程设计的要求

随着科学技术的发展，新材料、新工艺、新技术的不断出现，产品的更新换代周期日益缩短，如自行车从开始研究到定型差不多经过 80 年，19 世纪以前蒸汽机从设计到应用花了近 100 年时间；19 世纪中开发电动机用了 57 年（1829—1886），电子管用了 31 年（1884—1915），汽车用了 27 年（1868—1895）；进入 20 世纪后，由于科学理论和新技术的发展，开发雷达用了 15 年（1925—1940），电视机用了 12 年（1922—1934），原子反应堆用了 3 年（1939—1942），而开发激光仅用了 1 年。过去汽车工业发达国家的汽车新产品从开发到投产要经过七、八年（凌志车花了日本丰田公司 4 000 工程技术人员 6 年的时间），现在从概念设计到投放市场仅 24 个月，甚至 18 个月（1990 年还需 48 个月，到 1995 年仅需 36 个月）。当前生产和技术的发展更是对工程设计提出了新的要求。

①市场竞争激烈，要求提供质高、价廉和创新的产品。近年来，国民经济高速度发展和国

际国内市场竞争的形势,使我国生产类型由小品种大批量生产向多品种小批量过渡。产品要功能多、价格低、性能可靠、生产周期短才具有竞争能力。国际市场上商品的寿命周期平均只有3年左右。这要求工厂在进行产品生产时必须完成第二代产品的设计和试制,同时应该进行第三代产品的预研和开发。而我国有许多产品,特别是机械产品至今还是20世纪40~50年代的旧型号,性能差,成本高,远远不能满足要求。从生产需要和国内外市场竞争考虑,设计生产更多的创新优质产品是当务之急。中国号称自行车王国,每年生产自行车3 000万辆,居世界之首,但由于款式陈旧、质量差,出口量仅占世界市场的1.6%。深圳自行车厂在"全面追求卓越"的口号下发奋图强,设计人员根据国外市场的需求,利用计算机辅助设计手段进行产品开发,平均每两天更新一种车型,几年来已生产了2 000多个品种的高质量自行车,1990年出口104万辆,成为全世界出口量排名第二位的自行车厂。

②新兴技术对产品渗透、改造和应用,使产品的功能和结构产生很大的变化,市场竞争中往往某些细微的地方便使一种产品获得成功。

③科学技术的发展促使设计方法和技术现代化,以适应和加速新产品开发,由于控制技术、计算机和应用数学的发展和应用,特别是大型计算机及微机的广泛应用,具有高速运算,强大的数据处理及进行逻辑推理和判别的功能,组成了新的信息技术群体,以使设计方法有着突破和跃进的条件和可能,逐步地形成和创建了一系列包括脑力劳动自动化和各种人工智能化为特征的新的现代设计方法和技术,在机械产品的设计中将起着重要的作用。

④对引进的一些产品和技术,应立足于消化、改造、国产化。采用"反求工程",摸瓜—顺藤—寻根,进行综合、系统性地科学分析,力求掌握其技术关键,在这基础上推出国产的有竞争力的产品。反求的关键在于创新!

2. 现代设计法及其特点

现代设计法是以设计产品为目标的一个知识群体的总称,它运用了系统工程,实行人—机—环境系统一体化设计,使设计思想、设计进程、设计组织更合理化、现代化;大力采用许多动态分析方法,使问题分析动态化;设计进程和战略、设计方案和数据的选择广义优化;计算、绘图等计算机化,所以有人以动态、优化、计算机化来概括其核心。

现代设计法有如下特点:

①程式性　现代设计法研究设计的全过程,要求设计者从产品规划、方案设计、技术设计、总体设计、施工设计到试验、试制进行全面考虑,按步骤有计划地进行设计。

强调设计、生产与销售的一体化,必须超前考虑后续过程,实现DFM、DFA,以压缩废品、库存的消耗,确保产品的经济性。设计不是单纯的科学技术问题,要把市场需求、社会效益、经济成本、加工工艺、生产管理等问题统一考虑,最终反映到质高、价廉的产品上。

②创造性　现代设计突出人的创造性,充分发挥设计者的创造性思维能力及集体智慧,运用各种创造方法,力求探寻更多的突破性方案,开发创新产品。

③系统性　现代设计强调用系统工程处理技术系统问题。设计时分析各部分的有机联系,力求系统整体最优,同时要考虑系统与外界的联系,即人—机—环境的大系统关系。考虑集成化,即树立人—机一体化、机—电一体化、硬件—软件一体化观念,综合多方面测试分析数据指导、评价设计,融多种现代科技成果和技术于机械产品之中。

④优化性　通过优化理论及技术,对技术系统进行方案优选,参数优化,结构优化,争取使技术系统整体最优,以获得功能全、性能良好、成本低、价值优的产品。

⑤综合性　现代设计法是一门综合性的边缘性学科，突破了传统、经验、类比的设计。采用逻辑、理论、系统的设计方法。在系统工程、创造工程的基础上运用信息论、相似论、模糊论、可靠性、有限元、人机工程学及价值工程、预测学等理论，同时采用集合、矩阵、图论等数学工具和计算机，总结设计规律，提供多种解决设计问题的途径。

⑥CAD　全面引入设计，提高设计速度和质量。CAD不仅在于计算和绘图，在信息储存、预测、评价决策、动态模拟，特别是人工智能方面，将发挥更大的作用。

六、设计面临的形势和设计方法学研究

1. 设计面临的形势

社会的发展和科学技术的进步，使人们对设计的要求发展到了一个新的阶段，具体表现为：

①设计对象由单机走向系统。

②设计要求由单目标走向多目标。

③设计所涉及的领域由单一领域走向多个领域。

④承担设计的工作人员从单人走向小组，甚至大的群体。

⑤产品更新速度加快。

⑥产品设计由自由发展走向有计划地开展。

⑦计算机技术的发展对设计提出了新的要求。

与人们对设计的要求相比，现阶段的设计相对而言却是落后的。主要表现为：

①对客观设计过程研究、了解不够，尚未很好地掌握设计中的客观规律。

②当前设计的优劣主要取决于设计者的经验。

③设计生产率较低。

④设计进度与质量不能很好控制。

⑤设计手段与方法有待改进。

⑥尚未形成能为大家接受，能有效指导设计实践，较系统的设计理论。

面对这种形势，惟一的回答就是：设计必须科学化，这意味着要科学地阐述客观设计过程及其本质，分析与设计有关的领域及其地位，在此基础上科学地安排设计进程，使用科学的方法和手段进行设计工作。同时也要求设计人员不仅有丰富的专业知识，而且要掌握先进的设计理论、设计方法及设计手段，科学地进行设计工作，这样才能及时得到符合要求的产品。

2. 设计方法学研究及其在我国的开展

设计方法学（Design Methodology）是一门正在发展和形成的新兴学科，它的定义、研究对象和范畴等，当前，尚无确切的、大家公认的认识，但近年来它的发展极快，广泛受到各国及有关学者的关注。

最早涉及设计方法学研究的学者应该提到德国的F. Reuleaux，1875年他在《理论运动学》一书中第一次提出了"进程规划"的模型，即对很多机械技术现象中本质上统一的东西进行抽象，在此基础上形成一套综合的步骤。这是最早对程式化设计的探讨，因而有人称他为设计方法学的奠基人。此后直到20世纪40年代，Kutzbach等人相继在程式化设计的发展、设计评价原则、功能原理及设计中的应用等方面开展了一些工作，初步发展了设计方法学研究。

20世纪60年代初期以来，由于各国经济的高速发展，特别是竞争的加剧，一些主要工业国家往往采取措施加强设计工作，开展设计方法学研究，使得设计方法学研究在这一时期取得

了飞速发展。许多国家的专家、学者在设计方法学方面或出版专著、或从事专题研究，如设计目录的制订，有关设计和经济性问题，设计方法研究，产品功能结构及其算法化、设计方法学与CAD等，并开始探讨设计方法学研究的内涵，慕尼黑大学的Rodenacker在联邦德国（也是世界上）第一个被任命为从事设计方法学研究的正教授，因而有人称他为“设计方法之父”。由于经济文化背景的不同，不同学者的研究各有自己的特点和侧重方面，德国学者和工程技术人员比较着重研究设计的进程、步骤和规律，进行系统化的逻辑分析，并将成熟的设计模式、解法等编成规范和资料供设计人员参考，如德国工程师协会制定的有关设计方法学的技术准则VDI2222等；英美学派偏重分析创造性开发和计算机在设计中的应用。美国在二战末期，成立了“工业设计委员会”，到1972年改为“设计委员会”，1985年9月美国国家科学基金会提出了“设计理论和设计方法研究的目标和优化项目”的报告，该报告拟定了设计理论与方法学的五个重要研究领域：①设计中的定量方法和系统方法；②方案设计（概念设计）和创新；③智能系统和以知识为基础的系统；④信息、综合和管理；⑤设计的人类学接口问题。日本则充分利用国内电子和计算机优势，在创造工程学、自动设计、价值工程方面做了不少工作；前苏联和东欧等国家也在宏观设计的基础上提出了“新设计方法”。不少国家在高等学校中开始开设有关设计方法学的课程，多方面、多层次开展培训工作，推进设计方法学的研究和应用，有效地提高各自产品的设计质量及其竞争能力。

20世纪70年代末，欧洲出现了由瑞士V. Hubka博士、丹麦M. M. Andeasen博士及加拿大W. E. Eder教授组成的欧洲设计研究组织WDK。此后，它发起组织了一系列国际工程设计会议ICED，参加人员和范围逐渐扩大。它还组织出版了有关设计方法学的WDK丛书，除各次会议论文集以外，还包括有关设计方法学的基本理论、名词术语、专家评论和有选择的专著。此外，还建立了一批国际性的专题研究小组，如机械零件的程式化设计研究小组，定期开展活动。从此，设计方法学研究明显地从各国自行开展发展为国际性的活动，各学派充分交流，互相取长补短，将设计方法学研究及应用推向新的高潮，吸引了全世界学者的注意。

1980年前后，由于德国学者、西北欧学者、日本学者及美国学者先后不断来华讲学，以及我国学者不断引进，开始了对西方各学派的学习与研究。1981年中国机械工程学会机械设计学会首次派代表参加了ICED81罗马会议，此后即在国内宣传，并于1983年5月在杭州召开了全国设计方法学讨论会，探讨开展设计方法学研究活动，并成立了设计方法学研究组。有的高校选派人员出国，进行设计方法学研究，此后陆续成立了一些关于设计方法学研究的全国性和地区性学会，他们与有关单位合作，组织各种类型的讲习班、培训班，翻译出版了一批专著，开展国内外的学术交流，不少高校已开设了设计方法学课程，编写了自己的教材。1994年，浙江大学和中国机械工程学会联合主办，联邦德国施普林格出版社和柏林工业大学协办，浙江大学出版社承办，出版了国内设计领域第一本国际合作的科技刊物——《工程设计》，它主要反映和交流联邦德国和我国在技术系统设计理论、方法和技术方面的研究及其在工业界的应用，促进工业界更多了解和应用现代设计学的研究成果，同时促进设计学术界更多了解工业界的设计经验、现状和需要解决的问题。有的技术人员在自己的工作中开始了设计方法学的应用，初步取得一些成果。和其他国家一样，设计方法学研究在我国也正在蓬勃开展起来。应特别引起注意的是，这门学科具有强烈的社会背景，并受社会制度、哲学思想及工业技术现状所制约，若生硬照搬，必难适应我国国情，难以为现实工程技术人员所接受，而应博采众家之长，结合我国实际，在现实的基础上向前推进，探索出提高设计质量，提高设计速度，缩短产品换代周期，增强市场竞争能力的系统理论与方法，形成软件支撑，将现实工业设计水平提高一步，使传统的设计概念得到扩展与深化。

3. 设计方法学及其研究对象、研究内容

由前述知，国内外对设计本质及方法的研究已初步进入实用阶段，出版了一些有代表性的专著，召开了多次有关的国际学术会议，但是有关这门学科的名称并未得到统一，如，科学设计(Science Design)、工程设计(Engineering Design)、设计方法学(Design Mothodology)、工程设计原理(Principles of Engineering Design)、设计综合(Design Synthesis)、设计学、机械研究方法论、设计的设计等。名称相近，内容相互各有大同小异处，其共同特点都是总结设计规律，启发创造性，采用现代化的先进技术和理论方法，使设计过程自动化、合理化，其目的是设计出更多质高价廉的工程技术产品，以满足人民的需求和适应日趋尖锐的市场竞争形势的需要。

①关于什么是设计方法学，不同学者有不同看法，目前比较完整和有一定代表性的是瑞士V. Hubka 博士提出的一些观点。他认为：设计方法学是研究解决设计问题的进程的一般理论，包括一般设计战略及用于设计工作各个具体部分的战术方法，他还提出了它的主要领域及大致结构，包括进程模式、进程规划、进程风格、方法、方法学行动规划、工作方法、工作原则等。

②研究对象：设计方法学是在深入研究设计过程的本质的基础上，以系统的观点研究设计的一般进程，安排和解决具体设计问题的方法的科学。

③设计方法学研究内容

A. 设计思维

它表现为设计者综合运用直接的和间接的知识和经验，经过逻辑推理和判断来创造设计方案。科学地开发这种能力是非常重要的，因为它是设计中最富于创造性的部分。因此，研究设计的经验、知识和方法，使之表达为设计模型，并最后对设计方案做出决策的一套方法，是目前很吸引人的研究领域。

针对我国新产品的开发和老产品的改造以及产品的变型设计和引进产品的消化等工作，需要研究方案设计的理论和方法以及人工智能在设计过程中的应用。

B. 人机工程

机械和其使用者构成一个综合的人机系统。应用现代控制理论、数学方法、心理学及美学等方面的知识，创造一种机器与人最佳相互作用状态。针对机器使用者的方便性、舒适性和安全性及外观等方面进行研究。

C. 功能目标评价和设计决策技术

设计方案往往是多个解，这方面的研究目的在于从多个解中确定最终方案的问题。为了在每个设计阶段避免经验性和主观性，并使设计结果达到最佳化，需要研究一套依赖于价值工程原理的、采用计算机手段的、能对设计做出定量评价的方法，包括设计阶段的评价和设计整体的最终评价。当一项设计任务付诸实施之前，如果有一种有效的模拟试验方法对设计的可行性做出技术和经济的评价，可以避免或减少因决策不当造成的损失。这种评价系统与CAD系统相结合进行，会大大提高设计的一次成功率。机械产品功能目标的评价原理与方法、价值工程在设计决策中的应用以及机械产品设计决策与CAD一体化等方面，是研究的重点内容。

D. 新设计方法

随着设计工作的不断深入发展应研究一些新的设计方法，如基于特征的设计(Feature Based Design)，设计和优化中的分解方法(Decomposition Methods in Design and Optimization)，并行设计(Concurrent Design),可制造性设计(Design for Manufacturability)及DFX(Design for X)等等。

由以上分析可知,设计方法学是在深入研究设计过程本质的基础上,以系统论的观点研究设计进程(战略问题)和具体设计方法(战术问题)的科学。设计方法学研究现代设计理论与方法在设计领域中的应用。本身也构成现代科技发展的一个组成部分。设计方法学的研究在总结规律性,启发创造性的基础上促进设计中的科学理论、合理方法、先进手段的综合运用。

设计方法学的研究在提高设计人员素质、改善设计质量、减少设计失误、加快设计进度等方面也将发挥重大作用。

可见机械设计方法学涉及的知识面很广,它是一门多元综合、新兴交叉学科,本书不对各有关学科知识本身加以讨论,而是结合设计过程,综合地应用有关学科知识。

第二节 设计系统

系统工程是在控制论、信息论、运筹学和管理科学基础上发展起来的,用于解决工程问题,使之达到最优化设计、最优控制和最优管理的一门科学。传统的分析方法往往把事物分解为许多独立的互不相干的部分分别进行研究。由于是孤立、静止地分析问题,所得出的结论往往是片面的、有局限性的。而系统工程的方法是把事物当作一个整体的系统来研究,从系统出发,分析各组成部分之间的有机联系及系统与外界环境的关系,是一种较全面的综合研究方法。

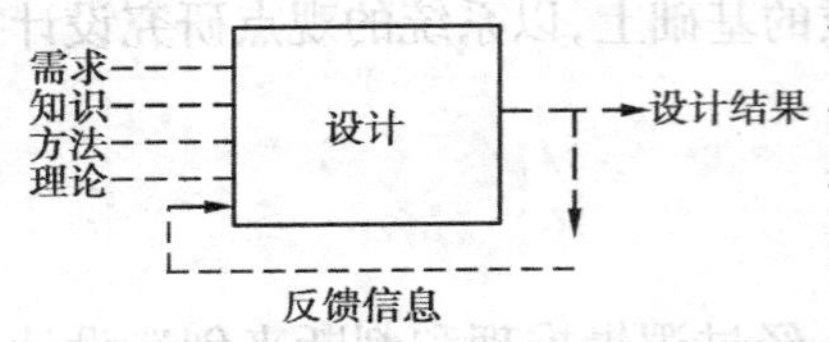

图1-3 设计-处理信息的系统

一、设计系统的概念

设计系统是一种信息处理系统,输入的是设计要求和约束条件信息,设计者运用一定的知识和方法通过计算机、试验设备等工具进行设计,最后输出的是方案、图纸、程序、文件等设计结果,如图1-3。随着信息和反馈信息的增加,通过设计者的合理处理,将使设计结果更趋完美。

从系统工程的观点分析,设计系统是一个由时间维、逻辑维和方法维组成的三维系统。时间维反映按时间顺序的设计工作阶段;逻辑维是解决问题的逻辑步骤;方法维列出设计过程中的各种思维方法和工作方法。设计过程中的每一个行为都反映为这个三维空间中的一个点。人们也可以通过这3个方面深入分析和研究设计系统的规律(见图1-4)。

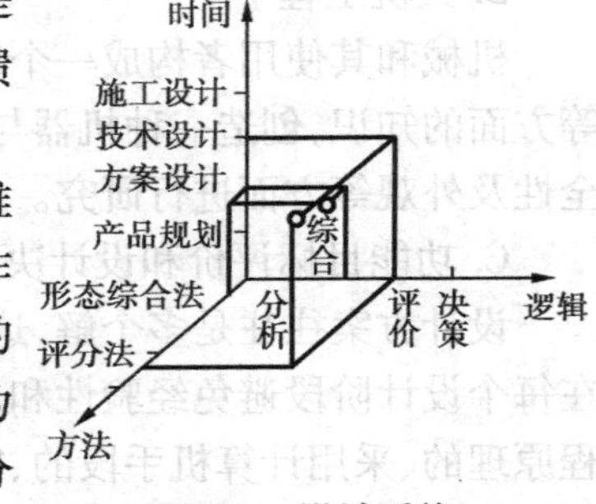

图1-4 设计系统

二、设计的一般进程模式(时间维)

在不同国家,不同作者的不同著作中对设计阶段的划分不尽相同,特别是繁简不同,重要的是明确不同阶段应当完成哪些工作内容,主要要求是什么。设计进程属于设计管理的内容,了解设计工作阶段有利于自觉掌握设计进程,尽量完成一个阶段的工作内容再进入下一阶段,例如许多设计人员接到的设计任务后,不是有计划地进行调查研究,全面分析,弄清设计任务的本质,而是匆匆忙忙地进入设计工作,这样做的结果,或者根本没命中要害,或是照旧框框拼凑。掌握设计各阶段的任务,安排设计进程的时间表,使不同阶段都得到应有的时间、人力、物力保证,这是设计管理的重要内容,当然设计过程中表现出的阶段性,又不能截然分开,许多问题在后续阶段中才能充分揭示,这时不可避免地要修改前面各阶段中有关的结论或设计。因此设计既有阶段性,又有一个反复进行的过程。

1. 我国的新产品研究和发展程序(表1-1)

根据系统方法论,不仅把设计对象(机械产品)当作一个系统,还把产品设计过程当作系统。不但研究各个设计步骤,而且研究各个设计步骤之间的联系,把全部设计过程按系统方法联结成一个严密的、符合逻辑规律的整体,以便全面考虑问题,使设计过程科学化。

研究设计过程,拟定科学的、具有普遍适用性的产品设计程序,是设计方法学领域内的重要内容,也是设计工作科学化的基础。参考国外学者提出的设计进程模式,结合我国具体情况,总结自己多年的产品设计经验,提出符合国情的产品设计程序,以帮助设计师通过最经济的途径,获得最满意的解。其设计程序模型如表1-1所示。把产品设计过程分为5个阶段:计划阶段、设计阶段、试制阶段、批量生产阶段、销售阶段。

产品计划阶段进行需求调查、市场预测、可行性论证及确定设计参数,选定约束条件,最后提出详细设计任务书。在此阶段,设计者尽可能全面地了解所要研究的问题,例如,弄清设计对象的性质、要素、解决途径等。因为客观地认识问题,就是创造过程的开始。

在产品设计阶段中,原理方案设计占有重要位置,它关系到产品设计成败和质量的优劣。在这阶段,设计师运用他们所有的经验、创新能力、洞察力和天资,利用前一阶段收集到的全部资料和信息,经过加工和转换,构思出达到期望结果的合理方案。结构方案设计是指对产品进行结构设计,即确定零部件形状、材料和尺寸,并进行必要的强度、刚度、可靠性计算,最后画出产品结构草图。总体设计是在方案设计和结构方案设计的基础上全面考虑产品的总体布置、人机工程、工业美术造型、包装运输等因素,画出总装配图。施工设计是将总装配图拆成部件图和零件图,并充分考虑冷、热加工的工艺要求、标注技术条件,完成全部生产用图纸。编写设计说明书、使用说明书、列出标准件、外购件明细表以及有关的工艺文件。

产品试制阶段是通过样机制造、样机试验来检验设计图纸的正确性,并进行成本核算,最后通过样机评价鉴定。在此阶段,设计师深入生产车间,跟踪产品各道加工工序,及时修正设计图纸,完善产品设计。同时深入使用现场,跟班试验,掌握产品性能并进行维护。这是设计人员积累知识、丰富实践经验的极好机会。

批量生产阶段是根据样机试验、使用、鉴定所暴露的问题,进一步作设计修改,以完善设计图纸,保证产品设计质量。同时验证工艺的正确性,以提高生产效率,降低成本,确保成批生产的产品质量。

销售阶段的任务是通过广告、宣传、展览会、订货会等形式将产品向社会推广,接受用户订货。与此同时,设计人员要经常收集用户对产品设计、制造、包装、运输、使用维护等方面意见和数据,加以分析整理,用于改进本产品或为下一代产品设计取得宝贵的信息。这种用户反馈是改进设计、提高设计质量的重要信息,应该十分重视。

总之,通过上述分析可以看出,产品开发程序表具有很大实用性,并且比较容易被广大设计者所理解和掌握。因为该程序是根据系统工程理论和设计方法学的基本思想结合我国产品设计习惯而编制的。与此同时,应该指出的是:产品开发程序是一种垂直有序的直线结构,但

表 1-1　机械产品开发程序表

引进样机消化	老产品改造	新产品	设计阶段		设计步骤	目标	方法
Δ		Δ	第一阶段（计划阶段）		市场调查	可行性研究报	调查研究方法
Δ		Δ			可行性研究	设计任务书	技术预测方法
Δ	Δ	Δ			产品开发计划		
			第二阶段	原理方案设计	设计要求	原理方案图	创造性科学方法 系统化设计法 机构综合设计法 参数优化法 相似设计法 模块化设计法
					功能分析		
					搜寻解法		
		Δ			方案组合		
					评价决策		
				结构方案设计	结构设计要求	结构设计图	结构设计原理及方法 结构优化设计 有限元设计 强度、刚度计算、可靠性设计
	Δ	Δ			结构设计（形状材料尺寸）		
					评价决策		
				总体设计	总体布置	总装配图	计算机辅助设计（CAD）
	Δ	Δ			人机工程设计		
					外观造型设计		
				施工设计	部件图设计	部件工作图 零件工作图 技术文件	计算机辅助设计（CAD）
	Δ	Δ			零件图设计		
					编写技术文件		
Δ	Δ	Δ	第三阶段（试制阶段）		样机制造	样机试验大纲	试验设计
Δ	Δ	Δ			样机试验		
Δ	Δ	Δ			样机鉴定评价	样机鉴定文件	
	Δ	Δ	第四阶段（批量生产阶段）		修改图纸	工艺文件	计算机辅助制造（CAM）
Δ	Δ	Δ			验证工艺	修改设计图	
Δ	Δ	Δ			批量生产		
Δ	Δ	Δ	第五阶段（销售阶段）		技术服务	信息反馈	反馈控制法
Δ	Δ	Δ			用户访问		

Δ:设计步骤

又有不断循环反馈过程。设计者就要按程序有步骤地进行产品设计,以保证提高设计质量,提高设计效率,少走弯路,减少返工浪费。每个设计阶段完成后,都要经过审查批准,所有图纸和技术文件都要由各级技术负责人签字,这种逐级负责的责任制度对设计少走弯路,防止返工浪费具有重要作用。

2. 美国 R. C. Johnson 教授推荐的设计进程(图 1-5)

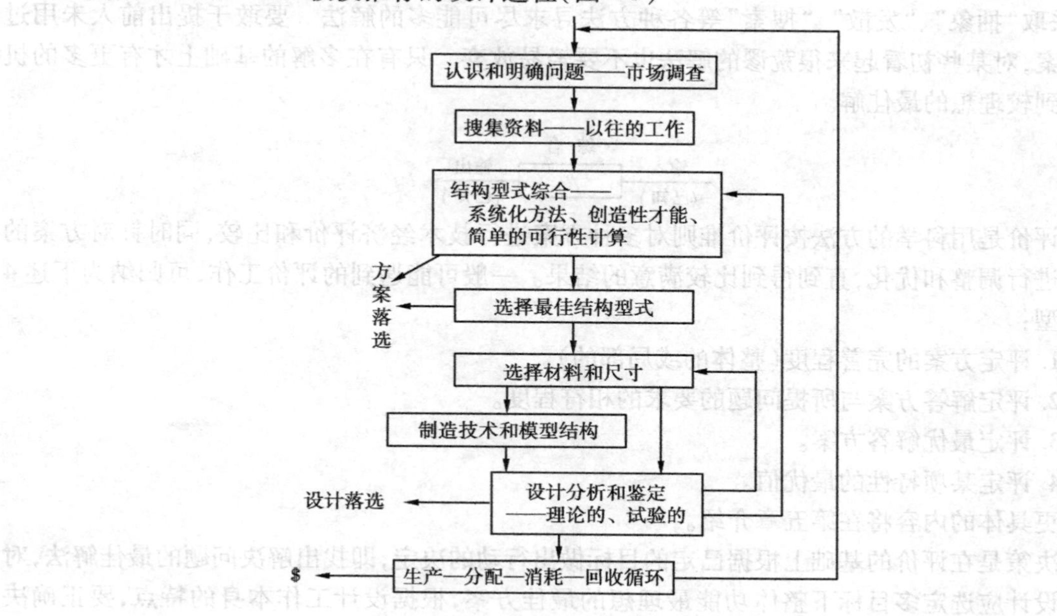

图 1-5　设计进程

三、解决问题的逻辑步骤(逻辑维)

设计的目的是解决生产问题,而设计过程中寻找原理方案、构型方案等又都要解决一个又一个的具体问题。解决问题的合理逻辑步骤是:分析—综合—评价—决策。

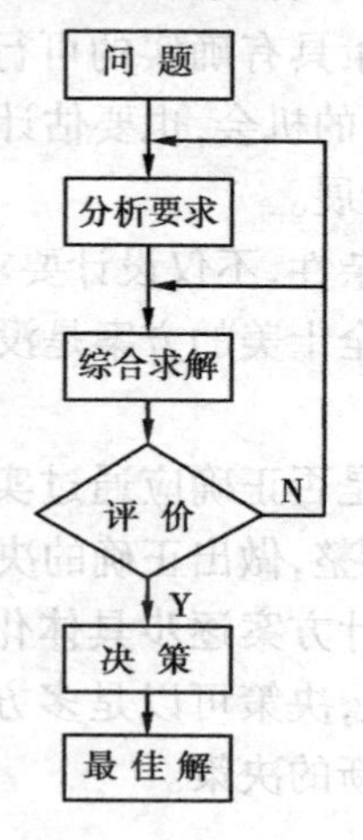

分析是解决问题的第一步,其目的是明确任务的本质要求。

分 析

输入 → 技术系统 → ?

(已知)

综合是在一定条件下对未知系统探寻解法的创造性过程。在综合过程中需发挥创造性思维,采取"抽象"、"发散"、"搜索"等各种方法寻求尽可能多的解法。要敢于提出前人未用过的方案,对某些初看起来很荒谬的解法也不要轻易放弃。只有在多解的基础上才有更多的机会找到较理想的最佳解。

综 合

输入 → ? → 输出 → ?

(已知) (已知)

评价是用科学的方法按评价准则对多种方案进行技术经济评价和比较,同时针对方案的弱点进行调整和优化,直到得到比较满意的结果。一般可能遇到的评价工作,可归纳为下述4种类型:

1. 评定方案的完善程度(整体的或局部的)。

2. 评定解答方案与所提问题的要求的相符程度。

3. 评定最优解答方案。

4. 评定某项特性的最优值。

更具体的内容将在第五章介绍。

决策是在评价的基础上根据已定的目标做出行动的决定,即找出解决问题的最佳解法,对工程设计应选定多目标下整体功能最理想的最佳方案,根据设计工作本身的特点,要正确决策,一般应遵循以下基本原则:

1. 系统原则　从系统观点来看,任何一个设计方案都是一个系统,可用各种性能指标来描述。方案本身又会与制造、检验、销售等其他系统发生关系。决策时不能只从方案本身或方案中某一性能指标出发,还应考虑以整个方案的总体目标为核心的有关系统的综合平衡,达到企业总体最佳的决策。

2. 可行性原则　要使所做出的决策具有确实的可行性。成功的决策不仅要考虑需要,还要考虑可能,要估计有利的因素和成功的机会,也要估计不利因素和失败的风险。要考虑当前状态和需要,也要估计今后的变化和发展。

3. 满意原则　由于设计工作的复杂性,不仅设计要求涉及很多方面,而且很多方面本身就无法准确评价。因而在设计中追求十全十美的方案是没有意义的。只能在众多方案中求得一个或几个相对满意的方案来。

4. 反馈原则　设计过程中的决策是否正确应通过实践来检验,要根据实践过程中各因素的发展变化所反馈的信息,及时做出调整,做出正确的决策。

5. 多方案原则　设计过程中各设计方案逐步具体化,人们对它的认识也逐渐深刻。为了保证设计质量,特别是在方案设计阶段,决策可以是多方案的。几个选出的方案同时发展,直到确实能分出各方案的优劣后再做出新的决策。

四、设计方法(方法维)

方法(Method)一词起源于希腊文$\mu\varepsilon\zeta\alpha$(沿着)和$o\delta o\zeta$(道路),设计方法是指达到预定设

计目标的途径。

在很长的一段时间内，工程设计方法多采用直觉法、类比法及以古典力学和数学为基础且大量采用经验数据的半经验设计法，设计中反复多，周期长。20 世纪 70 年代以后，随着计算方法、控制理论、系统工程、价值工程、创造工程等学科理论的发展以及电子计算机的广泛应用，促使许多跨学科的现代设计方法出现，使工程设计进入创新、高质量、高效率的新阶段。

表 1-2　产品设计过程中的方法和理论

设计阶段	方　法	理论及工具	
明确设计任务 （产品规则）	预测技术与方法	技术预测理论 市场学 信息学	
方案设计	系统化设计法	系统工程学 图论 形态学	计算机
	创造性方法	创造学 思维心理学	
	评价与决策方法	决策论 线性代数 模糊数学	
技术设计	构形法	系统工程学	计算机
	价值设计	价值工程学 力学 摩擦学 制造工程学	
	优化设计	优化理论学	
	可靠性设计	可靠性理论	
	宜人性设计	人机工程学	
	产品造型设计	工业美学	
	系列产品设计	相似理论	
	模化设计及模型试验		
施工设计		工程图学 工艺学	

设计过程的主要方法与理论列表 1-2。

在所有的方法中，哲学的普遍性的方法论如“自然辩证法”中“量变到质变”、“对立和统一”等是认识世界和改造世界的根本科学方法，是一切方法的基础。

各学科、专业中有针对性的解决问题的理论和专门方法，如力学、摩擦学、有限元法等，以及现代设计方法中的计算机辅助设计、优化、可靠性、人机工程学、工业美学等另有专著介绍。

本书中主要介绍工程设计中通用的战术方法如功能分析设计法、创造性方法、评价与决策方法、机械结构方案设计方法、商品化设计思想及方法、变型产品设计中的模块化方法和相似产品系列设计方法等。

第三节　设计类型及设计的原则

一、产品设计类型

（1）开发性设计：在设计原理、设计方案全都未知的情况下，根据产品总功能和约束条件，进行全新的创造。这种设计是在国内外尚无类似产品情况下的创新，如专利产品、发明性产品都属于开发性设计。

（2）适应型设计：在总的方案和原理不变的条件下，根据生产技术的发展和使用部门的要求，对产品结构和性能进行更新改造，使它适应某种附加要求。如电冰箱从单开门变双开门。单缸洗衣机变双缸洗衣机、全自动洗衣机等。

（3）变参数型设计：在功能、原理、方案不变的情况下，只是对结构设置和尺寸加以改变，使之满足功率、速比不同要求。如：不同中心距的减速器系列设计；中心高不同的车床设计；排量不同的发动机设计等。

（4）测绘和仿制：按照国内外产品实物进行测绘，变成图纸文件，其结构性能不改变，只进行统一标准和工艺性改动。仿制是按照外单位图纸生产，一般只作工艺性变更，以符合工厂的生产特点与技术装备要求。

二、产品设计原则

（1）创新原则：设计本身就是创造性思维活动，只有大胆创新才能有所发明，有所创造。但是，今天的科学技术已经高度发展，创新往往是在已有技术基础上的综合。有的新产品是根据别人研究试验结果而设计，有的是博采众长，加以巧妙的组合。因此，在继承的基础上创新是一条重要原则。

（2）可靠原则：产品设计力求技术上先进，但更要保证使用中的可靠性，即无故障运行的时间长短，是评价产品质量优劣的一个重要指标。所以，产品要进行可靠性设计。

（3）效益原则：在可靠的前提下，力求做到经济合理，使产品“价廉物美”，才有较大的竞争能力，创造较高的技术经济效益和社会效益。也就是说，在满足用户提出的功能要求下，有效地节约能源，降低成本。

（4）审核原则：设计过程是一种设计信息加工、处理、分析、判断决策、修正的过程。为减少设计失误、实现高效、优质、经济地设计，必须对每一设计程序的信息，随时进行审核，决不许有错误的信息流入下一道工序。实践证明，产品设计质量不好，其原因往往是审核不严造成的。因此，适时而严细的审核是确保设计质量的一项重要原则。

第二章　原理方案设计
——功能分析设计法

本章重点讨论:明确设计任务与原理方案设计。这二者决定了整个设计的方向与基本构思,因而是决定设计水平、设计质量与产品成本最重要的阶段。

本章学习要求是:

1. 了解"明确设计任务"阶段在整个设计过程中的重要性,了解"设计任务书"内容;

2. 初步掌握"黑箱法"的有关概念,会抽象系统的总功能;掌握从功能出发进行设计的基本观点;

3. 掌握总功能的分解,并能用功能树的形式表达分功能;

4. 掌握分功能求解的基本思路,并能实际应用;

5. 熟悉变体分析方法;

6. 掌握形态学矩阵的应用。

第一节　明确设计任务

一、需求识别

任何产品的开发都是从某种需求的识别开始的。这种需求可能由用户提出,也可能由设计、经营人员分析得出。

认识到一种需求,本身是一个创造过程。"识别需求"是从"社会与技术发展的实在情景"出发,寻求要解决的问题,问题要解答者自己定义,解答也不是惟一的。

能否识别需求,关键是有一个"问题意识"的头脑,只有细心观察,不满足现状,才能感到有问题,才会去探索。只有对汽车制动时因车轮抱死产生的危险状况(如方向稳定性和操纵性降低、制动距离加长)感到不满意,甚至恐惧时,人们才会去探索、开发、应用汽车防抱制动装置(Anti-lock Braking System,简称 ABS)。

要注意发现潜在的需求。许多伟大的设计师就是在社会本身还没有领悟到某种需求以前,就已经认识到了这种需求。在社会对电灯有明确需求之前,爱迪生研制电灯的工作已经进行了很长时间。日本近年来高级公寓逐渐增多,但大多缺乏阳台不便晒被,高龄老人希望棉被经常保持松软舒适,棉被烘干机应运而生,它因适应了高龄者的潜在需求而获得畅销,其实它的构造和吹风机差不多。所以问题的关键常常不是解决技术上的难题,而是产生新构想。

要善于抓住问题的实质。解决老鼠糟踏粮仓粮食的问题,某些设计师会看做是设计一种捕杀老鼠的装置。但问题的实质是保护粮食免遭老鼠糟踏。只有这样认识问题,才有可能提出驱赶老鼠的超声波发生器等方案。

所以新产品开发中最困难的不一定是科学技术上的措施，而是首先确定需要什么样的产品。

为了了解需求，必须知道，人是工业产品所有需求的根源，这是十分重要的。吃饭、穿衣和工作（劳动）的需求不能全靠自己完成，而是由别人来做或者至少使之减轻，这些需求正是开发工业产品的起因。开发工业产品更进一步的重要根源是在人类和技术的影响下保护好环境和在人类和环境的影响下保护好技术的必要性。下述是了解需求的一些方法：

——对于现实需求，可采用

- 缺点分析、损伤统计、批评意见、专利文件等的评价分析
- 向顾客、销售人员和维修人员咨询
- 有效值分析

——对于隐性需求，可采用

- 观察体力或脑力劳动，目的在于使其减轻或实现自动化
- 了解产品特性值的不足
- 了解应用时的缺点（使用方便性）
- 了解合乎愿望的能力（功能）
- 了解繁琐或昂贵的工作、工艺和过程

——对于未来需求，可采用

- 未来研究法和预测，统计评价（趋势外推法、趋势修正）
- 创造性思维方法

二、调查研究

调查研究是针对一个特定的目的和任务，对有关情报资料的收集和分析，并提出研究结果的过程。实质上就是进行可行性研究（可行性分析从20世纪30年代起开始用于美国，目前已发展为一整套系统科学的方法），有人把新开发项目不做可行性研究就盲目上马称为“赌棍行为”。

1. 技术分析

对所开发的新产品来说，技术选择一旦发生错误，就根本谈不上经济效果，而且会造成严重的经济损失。因此，在可行性研究过程中，首先要进行技术分析，分析新产品在技术上的先进性、适用性和可靠性。

（1）先进性　是指该产品处在国内外技术领域的前沿，而不是落后淘汰的技术。为此，要大量搜集国内外情报技术资料，了解现状，掌握该产品的今后发展方向，确定所开发的新产品性能参数指标。

（2）适用性　是指使用效果，是新产品适应变换工作对象或服务对象的能力。汽车设计从一定的社会需要出发，这种既定的社会需要意味着一定的汽车服役条件，包括运输对象，使用地区的气候和道路情况、燃料供应、维修能力等。设计必须使汽车适应这些服役条件。在这方面的任何疏忽都会招致损失。1985年中国从日本某公司进口的几千辆载货车断纵梁，全部退货更换，就是一例。

（3）可靠性　是指产品可信赖的程度，或用无故障工作时间来衡量，要求新产品在满足性

能、成本等约束条件下使其可靠性达到最高。可靠性是产品取得用户信任和赢得市场竞争的主要条件之一。例如载重汽车,要求具备无故障运行20万公里的可靠性。

2. 经济分析

把经济目的与技术手段相结合,力求以最少的人力、物力和财力消耗得到满意的功能,取得较好的经济效果。加强经济分析对选定产品或明确有关产品改进方向是非常重要的。

3. 社会分析

分析有关项目对社会和环境的影响。随着生产的发展和生产项目的大型化、综合化,生产项目对社会的关系日益密切。所以设计人员必须重视产品的社会效果。

美国发展超音速飞机的教训就很值得我们记取。随着飞行技术的发展,1963年美国作为国家计划决定开发马赫数为3(速度为音速的3倍)的超音速客机。技术上可行,期望销售500架,按400万美元/架计算经济效益也很好,问题是对社会和环境因素分析不足。这种超音速飞机飞行时,每小时消耗燃料17~18 t,燃烧产生的氢氧化合物在地面上造成对人体有害的光化学烟雾。发热能影响局部小气候升高1~2 ℃,尤其是冲击波带来的影响(噪音)使人无法忍受。以致纽约市议会决定超音速客机不得在距市中心160 km以内的地方起落。以速度为生命的客机不能接近城市便失去了高速的优越性。1973年3月美国政府不得不做出决定,停止开发这种超音速飞机。

经过以上分析,最后应提出产品开发的可行性报告。可行性研究报告包括以下主要内容:

(1)从市场需求预测出发,论述该设计项目的必要性;

(2)该产品目前国内外现状及水平;

(3)确定产品的技术规格、性能参数和约束条件;

(4)提出该产品的技术关键和解决途径;

(5)预期达到的技术、经济、社会效益;

(6)预算投资费用及项目进度、期限。

三、技术系统

这一概念在第一章中已经做过介绍,在此,再做一个比较详细的回顾,因为这一概念是比较重要的。人类进行设计工作的目的总是为了满足一定的生产或生活需要,为了满足这种客

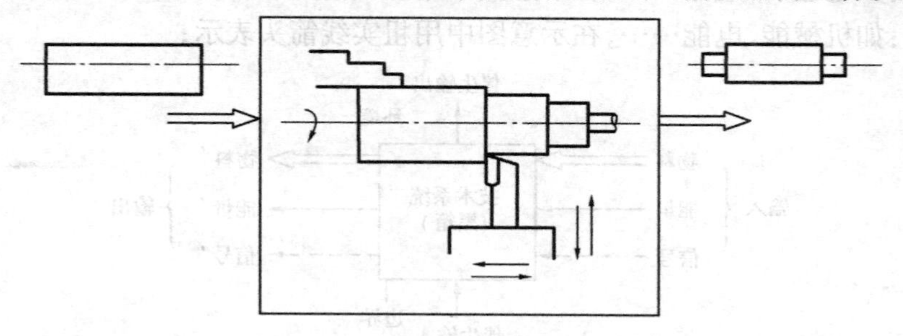

图2-1 轴的车削

观需要,常需经过一定的过程,如图2-1所示,为了得到一定形状和尺寸的轴类零件,可以在车床上进行车削(当然车削不是满足这一需要的惟一途径,还可以视条件采用锻造、轧制、磨削等)。轴的毛坯通过车削过程,其形状、尺寸、表面性质等产生了一系列变化,得到了合乎要求

的轴，客观需要得到满足。这一过程应用了金属切削理论中的车削原理，并由操作者通过车床实现。

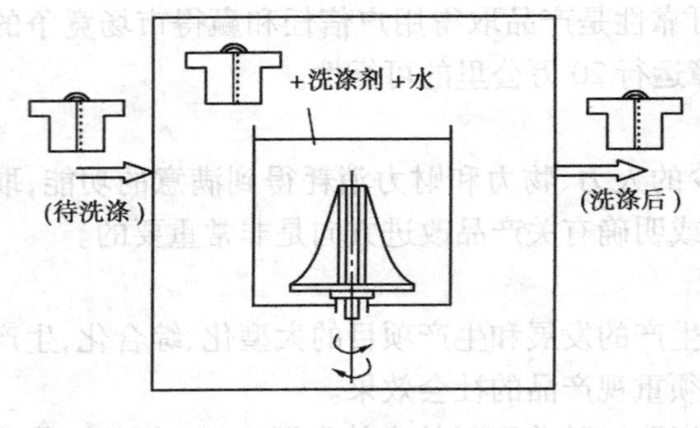

图 2-2　衣物的洗涤

再如，衣服脏了，需要去除其上的脏物，则可通过洗涤过程，如图 2-2 所示，将脏衣物放在洗衣机中，加入水及洗涤剂，通过波轮搅动，将衣服洗净。根据要求不同，还可增加脱水环节或直接采用干洗过程。

1. 系统与环境

设计人员所设计的产品，是以一定技术手段来实现社会特定需求的人造系统，即技术系统。如机床、洗衣机、离合器等。

与技术系统（以下简称系统）发生相互作用和联系的全部外界条件的总和，称为环境，主要是指与所研究的系统有直接关系的事物。

由于系统与其外界因素密切交织，所以设计产品时必须明确系统范围，即确定系统边界。比如设计薄钢板落料机，应明确料片运送、包装是否作为设计内容。

环境对系统的限制条件称为约束。环境条件包括物理的和技术的条件、经济的和经营管理的条件、社会的和人际的条件等。

主要约束条件有：

(1) 生产条件约束：设备、生产工艺、生产人员技能、检验方式；

(2) 操作条件约束：维修能力、操作人员技能；

(3) 经济条件约束：生产费用、销售价格；

(4) 性能约束：安全要求，人机工程学要求等；

(5) 设计过程约束：设计时间、设计经费、实验设备、人员水平等。

2. 系统的输入和输出

技术系统的任务是把输入量转换为输出量。一个技术系统就是一个转换装置。

输入量和输出量表现为 3 种相互联系的形式。

(1) 物料：如毛坯、半成品……，在示意图中用双线箭头表示；

(2) 能量：如机械能、电能……，在示意图中用粗实线箭头表示；

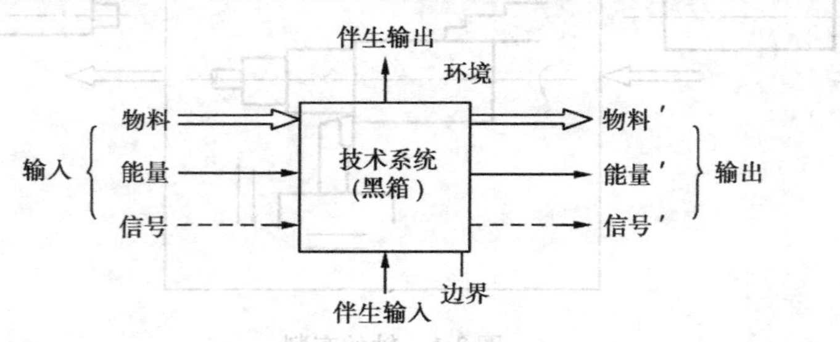

图 2-3　技术系统与环境

(3) 信号：如测量值、指示值、控制信号……，在示意图中用虚线箭头表示。

除了设计任务所期望的物料、能量和信号的转变外，还不可避免地存在不期望发生的伴生输入和伴生输出，如振动、温度、噪声、灰尘、边角料等。

以上关系可用框图表示，见图2-3。

伴生输入与输出，如无特殊说明的必要，则不必画出。

水泵的物料流是水，它经过水泵而获得能量，并受控制信号控制停启或调节流量，如图2-4所示。冲床这一机械系统是用来使物料分离或产生塑性变形，其输入—输出如图2-5所示。

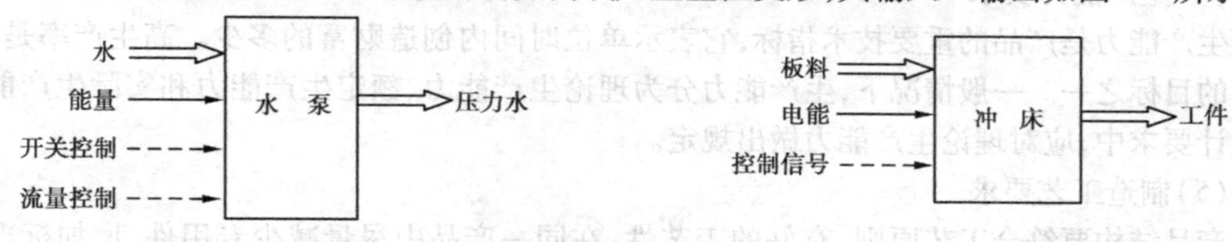

图2-4 水泵系统　　图2-5 冲床系统

主要传递信号流的技术系统称为仪器，主要传递能量流与物料流的，称为机器。其中有的机器以转换能量为主，如电机、气轮机、锅炉；有的以转换物料为主，如机床、管道输送系统等。

四、产品设计任务书（设计要求表）

作为明确设计任务阶段的成果，是以表格形式编写的设计任务书（设计要求表），它将作为设计与评价的依据。

1. 拟定设计任务书的一般原则

拟定设计任务书的一般原则是：详细而明确，合理而又先进。所谓详细，就是针对具体设计项目应尽可能列出全部设计要求，特别是不要遗漏重要的设计要求。所谓明确，就是对设计要求尽可能定量化。例如生产能力、工作中维修保养周期等等。此外，要区别主要要求和次要要求。所谓合理，就是对设计要求提得适度，实事求是。定得低，产品设计很容易达到要求，但产品实用价值和竞争力也低；定得过高，制造成本增加，或受技术水平限制而达不到要求。所谓先进，就是与国内外同类产品相比，在产品功能、技术性能、经济指标方面都有先进性。

2. 产品设计要求

产品设计要求是设计、制造、试验和鉴定的依据，一项成功的产品设计，应该满足许多方面的要求，要在技术性能、经济指标、整体造型、使用维护等方面都能做到统筹兼顾、协调一致，这项设计才是合理的，才会受到用户欢迎。

设计要求视具体产品而定，有些产品可依据国际标准、国家标准或专业标准；有些可通过统计法、类比法、估算法、试验法来确定；有些产品可通过直接计算得到。

产品设计要求可采用“要求明细表”或逐条叙述两种方式提出。下面列举一些通用的主要要求。

(1)产品功能要求

功能是指产品的用途。同一产品功能越多，价值越高。因此，在满足主要功能情况下，还应满足用户附加功能要求，做到功能齐全，一机多用。

(2)适应性要求

在设计任务书中应明确指出该产品的适应范围。所谓适应性，是指工况发生变化时，产品适应程度。工况变化包括作业对象、工作载荷、环境条件等变化。从用户要求来讲，产品适应性越广越好。

(3)性能要求

性能是指产品的技术特征,包括动力、载荷、运动参数、可靠度、寿命等。例如汽车有动力性、燃油经济性、制动性、操纵稳定性、通过性、平顺性、可靠度、维护保养等等。

(4)生产能力要求

生产能力是产品的重要技术指标,它表示单位时间内创造财富的多少。高生产率是人们追求的目标之一。一般情况下,生产能力分为理论生产能力、额定生产能力和实际生产能力。在设计要求中,应对理论生产能力做出规定。

(5)制造工艺要求

产品结构要符合工艺原则,有好的工艺性,在同一产品中尽量减少专用件,增加标准件。零件工艺性好,加工制造费用降低,对批量生产的产品,要求零件有较高的互换性。

(6)可靠性要求

产品的可靠性是一项重要的技术质量指标,关系到设备系统或产品能否持续正常工作。故障率的多少,甚至关系到设备和人身安全问题。产品的可靠性,在很大程度上取决于设计的正确性,因此,设计是可靠性活动的重点。

可靠性设计要求包括:产品固有可靠性设计、维修性设计、冗余设计、可靠度预测和使用可靠度设计。

(7)使用寿命要求

产品的使用寿命是指产品的耐用性。不同产品,其使用寿命不同,有的是一次性使用寿命(如婴儿用的一次性尿布),有的则是多次性使用寿命(经过多次大修如汽车)。在设计中,理想的情况是将所有零件设计成等寿命,但这是不可能的。零件的磨损有快有慢,失效有先有后,因此,在设计中要找出提高整机寿命的综合方法,使得产品在耗费最少的条件下,进一步延长产品的使用寿命。

(8)降低成本要求

产品质量提高,成本下降才有竞争能力。产品成本包括设计成本、材料费用、制造过程费用和附加管理费用。据统计,材料费用超过50%,有的高达70%~80%,它与材料品种、利用率及废品率有关。设计人员要注意经济效益,把产品成本、价格、利润直接联系起来。

(9)人机工程要求

在现代工业生产中,所有机器和设备都要由人操纵和控制,或者由人监督和维护。人是生产的核心和主导,人—机器—环境形成一个不可分割的系统。因此要根据人—机器—环境系统要求进行产品设计。

(10)安全性要求

设计新产品必须认真考虑工作安全性,它包括改善劳动条件、减轻劳动强度、确保人身和机器的安全。如产品设计采用过载保护装置、触电保护装置、逻辑动作联锁装置、安全报警装置等。对某些特殊产品(具有高温、高压以及射线、酸、碱、毒等有害影响)更要采取有效防护措施。

(11)包装、运输要求

所有产品都要通过运输送给用户。产品包装既能保护产品在运输中不遭破坏,又能给产品以美观的外形,提高产品的竞争能力和扩大市场销路。特别是对进出口产品,美观可靠的包装更显重要。产品设计要考虑产品的运输方法、交通工具、起吊条件、总体尺寸和运输重量等。

上述各项设计要求都是对整机而言,而且是主要设计要求,在设计时,应针对不同产品加以具体化,定量化。

3. 设计任务书的格式

产品设计要求拟定后,以设计任务书或说明书的形式固定下来。设计任务书是设计师进行产品设计的“路标”,是产品鉴定和验收的依据,是解决设计单位和委托单位之间矛盾的准绳。目前设计任务书没有统一的格式,它可用明细表、合同书等方式表达。下面将设计任务书“表格化”,如表2-1所示,仅供参考。

表2-1 设计任务书

课题编号		课题名称	
设计单位		起止时间	
主要设计者		课题经费	

设 计 要 求

1	功　　能	基本功能 辅助功能
2	适应性	作业对象:物料形状、尺寸、理化性质等 工　　况:负荷变化 环　　境:温度、湿度、振动、噪声、灰尘等
3	性　　能	动　　力:功率、力、转矩等 运　　动:运动型式、速度、加速度 结构尺寸:作业尺寸、体积、重量
4	生产能力	生产率(理论的、额定的、实际的)
5	可靠性	可靠度、维修度和有效度
6	使用寿命	一次性使用寿命、多次性使用寿命(经过大修)
7	经济成本	材料费用、设计费用、制造加工费用、管理费用
8	人机工程	操作方便、省力、视野宽广、舒适;仪表显示清晰;造型美观适度
9	安　　全	保证人身、设备安全。如过负荷保护、触电保护、联锁装置等
10	包装运输	考虑产品运输方法,如起重防震、防腐、防锈等,各种标记

第二节　功能分析设计法

功能分析是方案设计的出发点,是产品设计的第一道工序。机械产品结构如同人体结构组成,因为人是一部世界上最复杂的机器。人有头部、胸、腹、四肢等解剖结构件,机器有齿轮、轴、连杆、螺钉、机架等结构件;人有消化、呼吸、血液循环等功能件,机器有动力、传动、执行、控制等功能件。这种人—机比较,有助于加深对机器功能的理解。

机械产品的常规设计是从结构件开始,而功能分析是从对机械结构的思考转为对它的功能思考,从而做到不受现有结构的束缚,以便形成新的设计构思,提出创造性方案。

一、功能概念

功能是抽象地描述机械产品输入量和输出量之间的因果关系,对具体产品来说,功能是指产品的效能、用途和作用。人们购置的是产品功能,人们使用的也是产品功能。比如,运输工具的功能是运物载客;电动机的功能是电能转换为机械能;减速器的功能是传递转矩,变换转速;机床的功能是把坯料变成零件等等。功能还可表述为:功能 = 条件 * 属性。其含义是在不同的条件下利用不同的属性,同一物体可实现不同的功能。

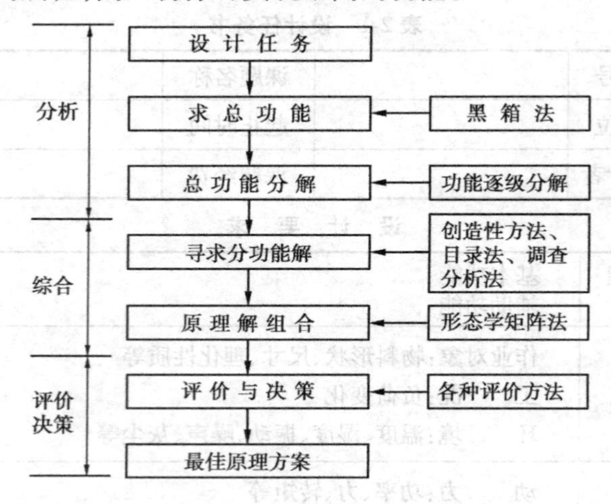

图 2-6　原理方案设计步骤

按照功能的重要程度,功能分为两类:基本功能和辅助功能。基本功能是实现产品使用价值必不可少的功能,辅助功能即产品的附加功能。例如,洗衣机的基本功能是去污,其辅助功能是甩干;手表的基本功能是计时,其辅助功能有防水、防震、防磁、夜光等。

采用功能分析法进行方案设计时,按下列步骤进行工作:

设计任务抽象化,确定总功能,抓住本质,扩展思路,寻找解决问题的多种方法;

将总功能分解为分功能直至功能元;

寻求分功能(功能元)的解;

原理解组合,形成多种原理设计方案;

方案评价与决策。

图 2-6 表达了功能分析确定方案的工作步骤。

必须指出,原理方案设计过程是个动态优化过程,需要不断补充和更新信息,因此它是一个反复修改的过程。必要时,原理方案设计阶段也可以安排模型和样机试验。

二、确定总功能

1. 设计问题抽象化

从抽象到具体、从定性到定量是产品设计的战略思想方法。所谓抽象,就是将设计要求抽象化,而不是像常规设计那样,一接到任务就开始具体设计。

抽象化是人们认识事物本质的最好途径,无需涉及具体解决方案就能清晰地掌握产品的基本功能,把设计人员思维集中到关键问题上来。通过抽象,抛开头脑里的框框和偏见,放开视野，有利于寻求更为理想的设计方案。

抽象化的目的是为了确定产品的总功能。例如，采煤机抽象为物料分离和移位的设备；载重汽车抽象为长距离运输物料的工具。设计洗碗机，抽象为除去餐具上污垢的装置；设计和改进一个迷宫密封，抽象为不与轴接触而使密封的元件；设计轴的支承，抽象为相对运动表面间传递力和转矩。

如何将设计问题抽象化呢？

在设计任务书中，列出了许多要求和愿望，在抽象过程中，要抓住本质，突出重点，淘汰次要条件，将定量参数改为定性描述，对主要部分充分地扩展，只描述任务、不涉及具体解决办法。

上述步骤，根据设计任务具体情况可作适当删减。

下面举例说明通过问题抽象化获得的功能定义能扩大解的范围。

台钳的功能表述对解法的影响见表 2-2。

又如砸开核桃壳取出果仁的功能描述，若用“砸”则已暗示了解法，而较抽象的表达才可能得到思路更开阔的解答（见表 2-3）。

表 2-2　台钳功能表述对解法的影响

	功能表达	解　　法
适度抽象化↓	螺旋加压	螺旋丝杠
	机械加压	+偏心机构……
	形成压力	+气动机构、液压机构……

表 2-3　取桃仁的功能描述

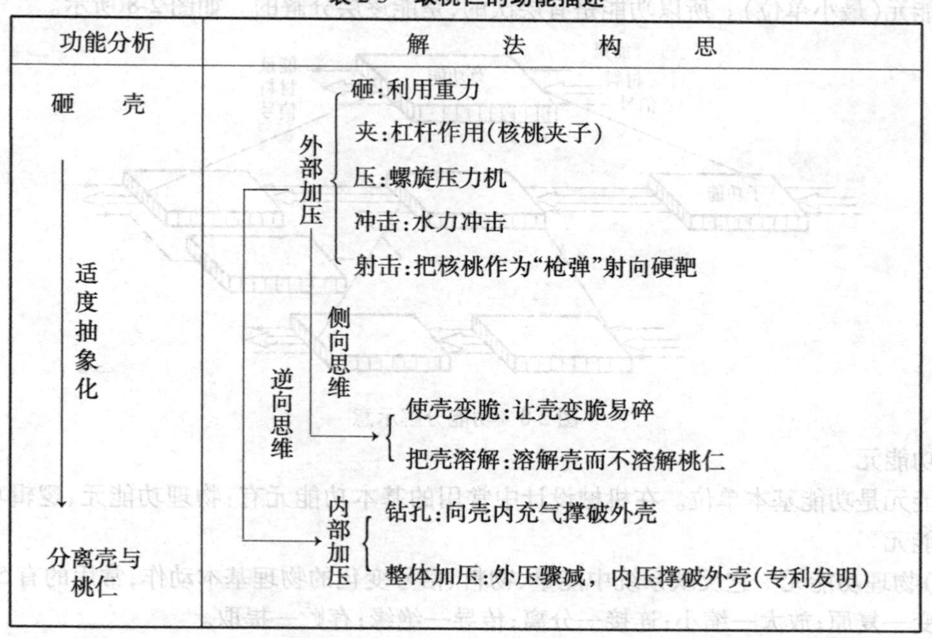

功能分析	解法构思
砸　　壳	外部加压：砸：利用重力
	外部加压：夹：杠杆作用（核桃夹子）
	外部加压：压：螺旋压力机
适度抽象化↓	外部加压：冲击：水力冲击
	外部加压：射击：把核桃作为“枪弹”射向硬靶
	侧向思维：使壳变脆：让壳变脆易碎
	侧向思维：把壳溶解：溶解壳而不溶解桃仁
	逆向思维→内部加压：钻孔：向壳内充气撑破外壳
分离壳与桃仁	逆向思维→内部加压：整体加压：外压骤减，内压撑破外壳（专利发明）

2. 黑箱法

对于要解决的问题，设计人员难以立即认识，犹如对待一个不透明、不知其内部结构的"黑箱"。利用对未知系统的外部观测，分析该系统与环境之间的输入和输出，通过输入和输出的转换关系确定系统的功能、特性，进一步寻求能实现该功能、特性所需具备的工作原理与内部结构，这种方法称为黑箱法（图 2-7）。黑箱法要求设计者不要首先从产品结构着手，而应从系统的功能出发设计产品，这是一种设计方法的转变。黑箱法有利于抓住问题本质、扩大思路、摆脱传统结构的旧框框，获得新颖的较高水平的设计方案。

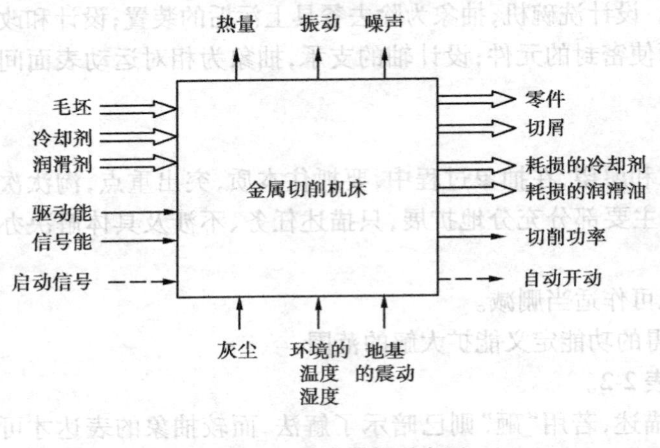

图 2-7　机床黑箱示意图

图 2-7 为金属切削机床黑箱示意图。图中左右两边输入和输出都有能量、物料和信号 3 种形式，图下方为周围环境（灰尘、温度和地基震动）对机床工作性能的干扰，图上方为机床工作时，对周围环境的影响，如，散发热量、产生振动和噪声。通过输入、输出的转换，得到机床的总功能是将毛坯加工成所需零件。

三、总功能分解

机械系统的总功能可以分解为分功能（或称一级分功能、二级分功能……），分功能再分解为功能元（最小单位）。所以功能是有层次的，是能逐层分解的。如图 2-8 所示。

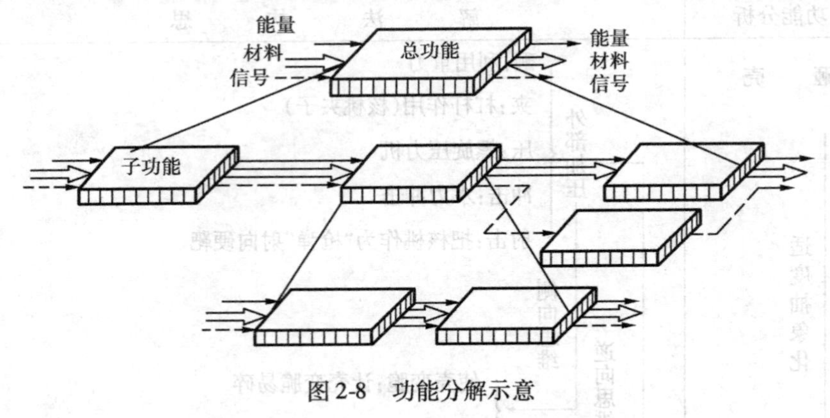

图 2-8　功能分解示意

1. 功能元

功能元是功能基本单位。在机械设计中常用的基本功能元有：物理功能元、逻辑功能元、数学功能元。

（1）物理功能元　它反映系统中能量、物料、信号变化的物理基本动作，常用的有 5 个：

转变—复原；放大—缩小；连接—分离；传导—绝缘；存贮—提取。

"变换—复原"功能元包括各种类型能量之间的转变、运动型式的转变、材料性质的转变、物态的转变及信号种类的转变等。

“放大—缩小”功能元，是指各种能量、信号向量（力、速度等）或物理量的放大及缩小，以及物料性质的缩放（压敏材料电阻随外压力的变化）。

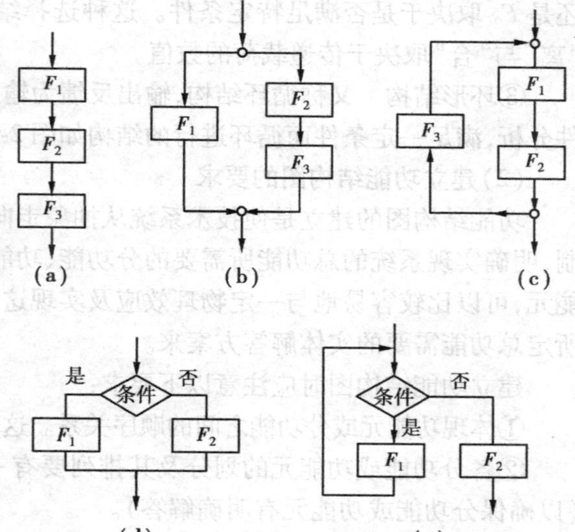

图 2-9　功能基本结构形式

（a）串联结构；（b）、（d）并联结构；（c）、（e）环形结构

“连接—分离”功能元，包括能量、物料、信号同质或不同质数量上的结合。除物料之间的合并、分离外，流体与能量结合成压力流体（泵）的功能也属此范围。

“传导—绝缘”功能元，反映能量、物料、信号的位置变化。传导包括单向传导、变向传导，绝缘包括离合器、开关、阀门等。

“存贮—提取”功能元，体现一定时间范围内保存的功能。如飞轮、弹簧、电池、电容器等，反映能量的贮存；录音带、磁鼓反映声音、信号的贮存。

（2）数学功能元　它反映数学的基本动作，如加和减、乘和除、乘方和开方、积分和微分。数学功能元主要用于机械式的加减机构和除法机构，如差动轮系、机械台式计算机、求积仪等。

（3）逻辑功能元　包括“与”、“或”、“非”三元的逻辑动作，主要用于控制功能。

2. 功能结构

类似电气系统线路图，分功能的关系也可以用图来描述，表达分功能关系的图为功能结构图。功能结构图的建立是结合初步的工作原理或简单的构形设想进行的。

（1）3 种基本结构形式

任何功能结构图，都由下面 3 种基本结构形式组成。

①串联结构　又称顺序结构，它反映了分功能之间的因果关系或时间、空间顺序关系，其基本形式如图 2-9（a）所示，F_1、F_2、F_3 为分功能。

虎钳的施力与夹紧两个分功能就是串联关系。

②并联结构　又称选择结构，几个分功能作为手段共同完成一个目的，或同时完成某些分功能后才能继续执行下一个分功能，则这几个分功能处于并联关系，其一般形式如图 2-9（b）。例如车床需要工件与刀具共同运动来完成加工物料的任务（如图 2-10）。

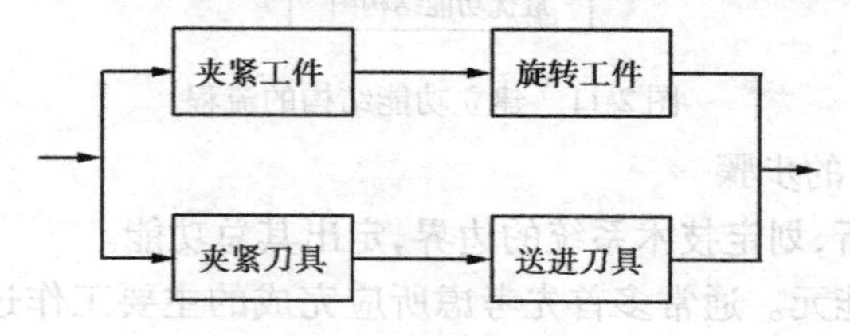

图 2-10　车床的部分功能

当按逻辑条件考虑分功能关系时，如它们处于图 2-9（d）所示选择关系，则执行分功能 F_1

还是 F_2 取决于是否满足特定条件。这种选择结构在机械设计中常常见到,如安全离合器的"离"与"合"取决于传递载荷的数值。

③环形结构　又称循环结构,输出反馈为输入的结构(图 2-9(c))为循环结构。按逻辑条件分析,满足一定条件而循环进行的结构如图 2-9(e)所示。

(2)建立功能结构图的要求

功能结构图的建立是使技术系统从抽象走向具体的重要环节之一。通过功能结构图的绘制,明确实现系统的总功能所需要的分功能、功能元及其顺序关系。这些较简单的分功能和功能元,可以比较容易地与一定物理效应及实现这些效应的实体结构相对应,从而可以得出实现所定总功能需要的实体解答方案来。

建立功能结构图时应注意以下要求:

①体现功能元或分功能之间的顺序关系。这是功能结构图与功能分解图之间的重要区别。

②各分功能或功能元的划分及其排列要有一定的理论依据(物理作用原理)或经验支持(以确保分功能或功能元有明确解答)。

③不能漏掉必要的分功能或功能元。要保证得到预期的结果。

④尽可能简单明了,但要便于实体解答方案的求取。

(3)功能结构图的变化

实现同一总功能的功能结构可有多种,改变功能结构常可发展出新的产品。改变的途径有:

①功能的进一步分解或重新组合。

②顺序的改变。例如能量进入系统以后,其转换与传递顺序不同,实体解答方案亦将不同。

③分功能联接形式改变。

④系统边界的改变。必要时可扩大或缩小系统的功能,以求得更合理的解答方案。提高系统机械化、自动化程度是其重要方面。

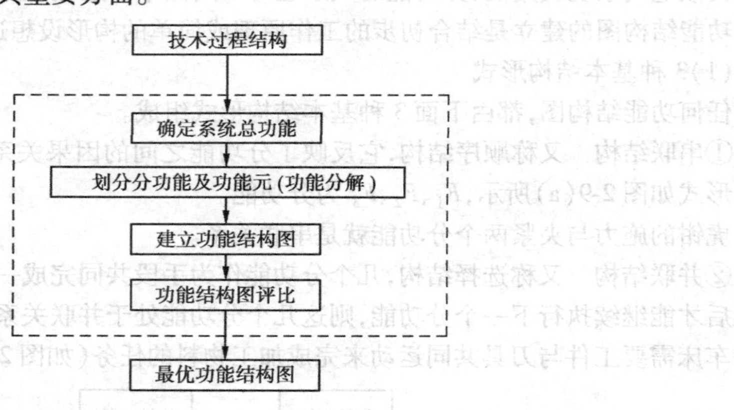

图 2-11　建立功能结构的流程

(4)建立功能结构图的步骤

①通过技术过程分析,划定技术系统的边界,定出其总功能。

②划分分功能及功能元。通常多首先考虑所应完成的主要工作过程的动作和作用,具体作法可参见功能分解。

③建立功能结构图,根据其物理作用原理、经验或参照已有的类似系统,首先排定与主要工作过程有关的分功能或功能元的顺序,通常先提出一个粗略方案,然后检验并完善其相互关

系，补充其他部分。为了选出较优的方案，一般应同时考虑几个不同的功能结构。

④评比，选出最佳的功能结构方案。进行评比的方面是：实现的可能性；复杂程度；是否易于获得解答方案；是否满足特定要求。通常可取少数较好的方案进一步具体化，直至实体解答完全确定，可以明确看出差异时再最后选定。

建立功能结构图的流程可归纳如图 2-11。

例 1 确定波轮式洗衣机分功能及功能结构图。

解： (1)确定系统总功能：

洗衣机的总功能是洗涤衣物，包括容纳衣物和水、搅动衣物和水、定时、排水、能量转换、联接和支承

(2)划分分功能及功能元

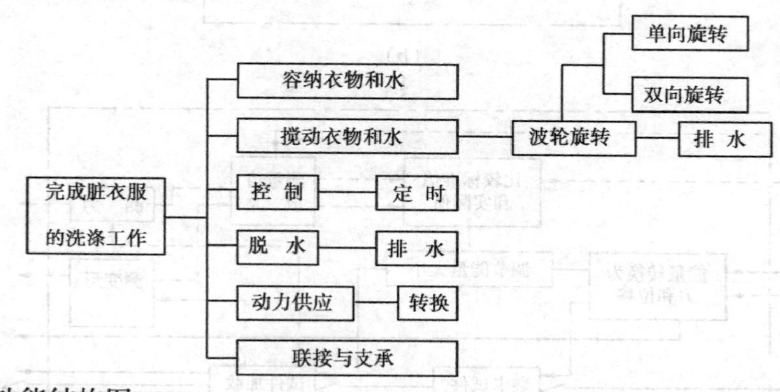

(3)建立功能结构图

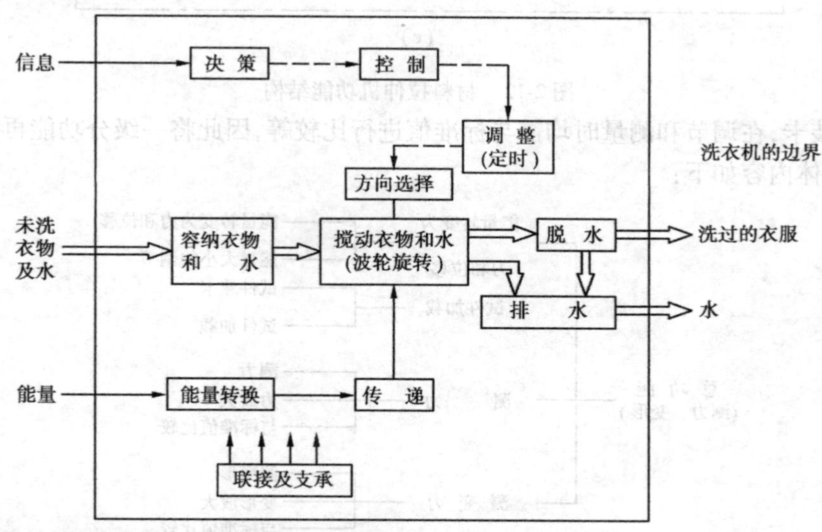

例 2 建立材料拉伸试验机的功能结构图。

解： (1)用黑箱法求总功能。通过分析输入和输出关系，得到材料拉伸机的总功能：测量试件受力与变形，如图 2-12(a)。

(2)总功能分解

总功能分解为一级分功能：能量转换为力和位移；力测量；变形测量；试件加载。然后考虑到各分功能的实现尚需满足其他要求，如输入能量大小要调节、力和变形测量值需放大，试件

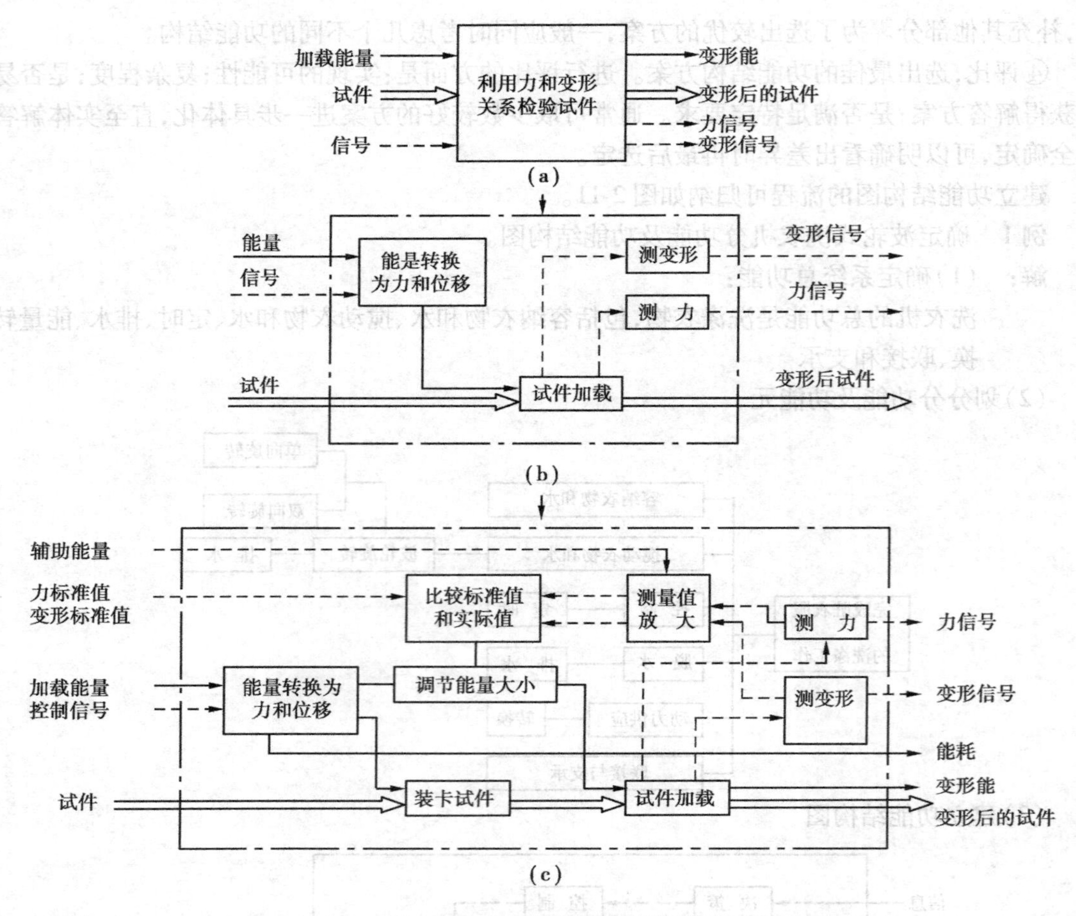

图 2-12 材料拉伸机功能结构

加载拉伸要装卡，在调节和测量时均需与标准值进行比较等，因此将一级分功能再分解为二级分功能，其具体内容如下：

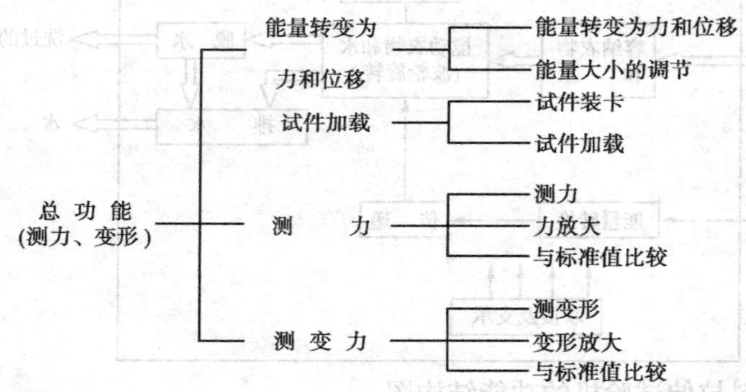

(3)建立功能结构

有了总功能图后，接着建立一级分功能结构图，如图 2-12(b)。最后建立二级分功能结构图，如图 2-12(c)。

四、功能元(分功能)求解

通过前面进行的各个工作步骤,已经弄清机械系统的总功能、分功能、功能元之间的关系。这种功能关系说明系统的输入和输出以及内部的转换。那么怎样才能实现这些功能呢?这就是分功能或功能元的求解问题。分功能求解是方案设计中重要的"发散""搜索"阶段,它就是要寻求实现分功能的技术实体——功能载体。

国外学者认为:"一切机械系统都是以能够满足某一确定目标和功能的物理现象为基础的。一切设计任务都可以说是物理信息同结构措施相结合的产物"。[德]R·柯勒教授,把实现分功能或功能元的解,定义为"原理解法",并且指出原理解法是物理作用及作用件的函数:

$$原理解法 = f(物理作用,作用件)$$

也就是说,功能元的原理解法是通过物理作用和作用件确定的。现在的任务是,寻找实现各个分功能的物理作用,就是求得功能元的原理解。下面介绍几种求解方法:

1. 直觉法

直觉法是设计师凭借个人的智慧、经验和创造能力,包括采用后面将要论述的几种创造性思维方法,如质量功能配置、智暴法、类比法和综合法等,充分调动设计师的灵感思维,来寻求各种分功能的原理解。

直觉思维是人对设计问题的一种自我判断,往往是非逻辑的、快速的直接抓住问题的实质,但它又不是神秘或无中生有的,而是设计者长期思考而突然获得解决的一种认识上的飞跃。日本富士通用电气公司青年职工小野,一次雨后散步,在路旁发现一张湿淋淋的展开的卫生纸,由此激发了他的灵感:天晴时,废纸是一团团的,而被雨水淋湿后,都自动伸展开来。后来,他利用"废纸干湿卷伸原理",研制成功了"纸型自动控制器",获得一项日本专利。

2. 调查分析法

设计师要了解当前国内外技术发展状况,大量查阅文献资料,包括专业书刊、专利资料、学术报告、研究论文等,掌握多种专业门类的最新研究成果。这是解决设计问题的重要源泉。

我们的知识来源于大自然,设计师有意识地研究大自然的形状、结构变化过程,对动植物生态特点深入研究,必将得到更多的启示,诱发出更多新的、可应用的功能解,或技术方案。当前,研究生物学和工程技术方面的关系,开辟了仿生学或生物工程学科。利用自然现象解决工程技术问题。例如,雷达与声纳的发明就是仿蝙蝠的"导航系统",机器人的出现就是模仿人的听觉、视觉和部分思维而动作。

调查分析已有的机械产品,如同类型的样机,进行功能和结构分析,哪些是先进可靠的?哪些是陈旧落后的、需要更新改进的?这都对开发新产品,构思新方案,寻找功能原理解法大有益处。

3. 设计目录法

设计目录是设计工作的一种有效工具,是设计信息的存贮器、知识库。它以清晰的表格形式把设计过程中所需的大量解决方案规律地加以分类、排列、贮存,便于设计者查找和调用。设计目录不同于传统的设计手册和标准手册,它提供给设计师的不是零件的设计计算方法,而是提供分功能或功能元的原理解,给设计者具体启发,帮助设计者具体构思。

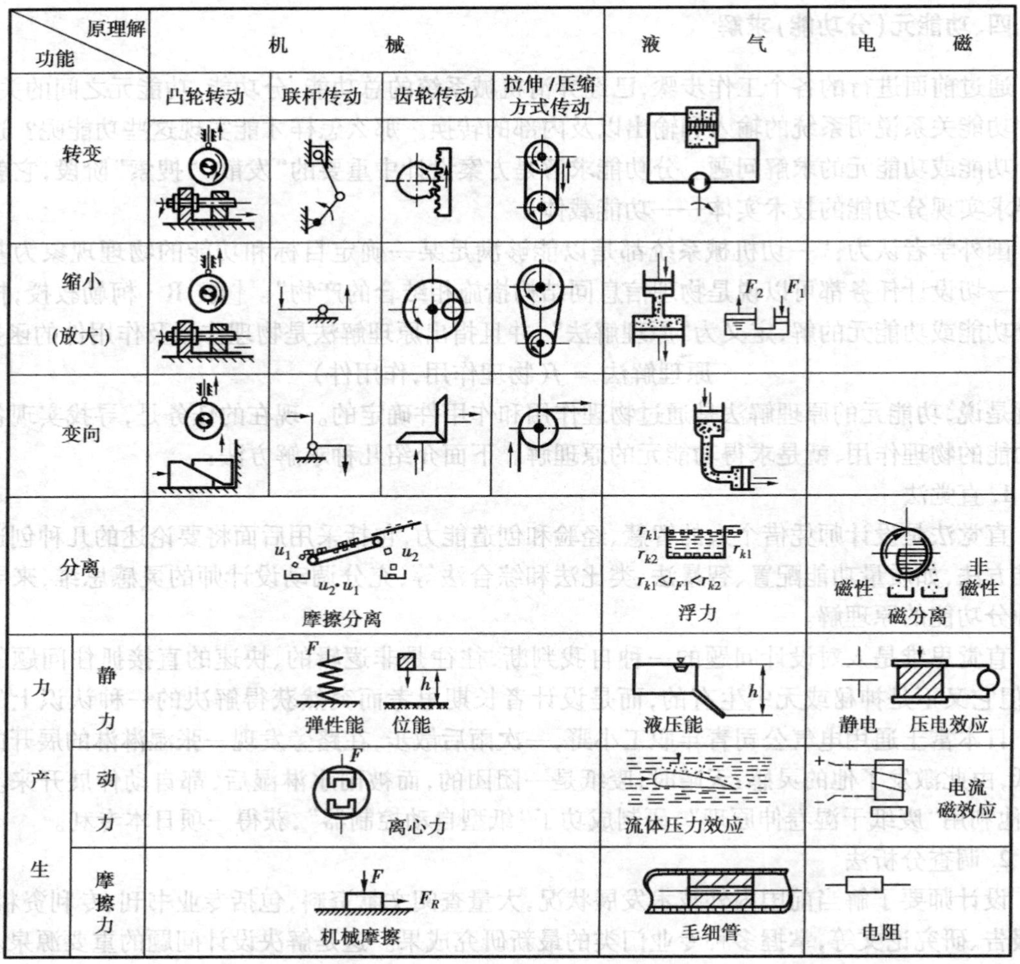

功能 \ 原理解	机械				液气	电磁
	凸轮转动	联杆传动	齿轮传动	拉伸/压缩方式传动		
转变						
缩小(放大)					F_2 F_1	
变向						
分离	u_1 u_2 $u_2>u_1$ 摩擦分离				r_{k1} r_{k2} r_{k1} $r_{k1}<r_{F1}<r_{k2}$ 浮力	磁性 非磁性 磁分离
力产生 静力	F 弹性能	h 位能			h 液压能	静电 压电效应
力产生 动力	F 离心力				流体压力效应	电流磁效应
力产生 摩擦力	F F_R 机械摩擦				毛细管	电阻

图 2-13　部分常用物理基本功能元解法目录

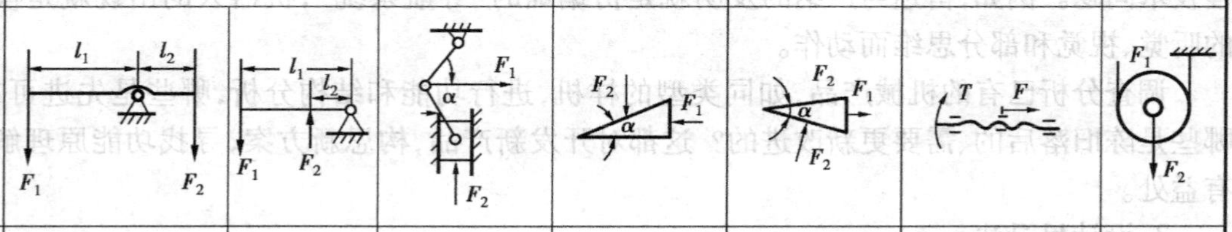

机构名称	杠杆		肘杆(曲杆)	斜面	楔	螺旋	动滑动
机构简图	l_1 l_2 F_1 F_2	l_1 l_2 F_1 F_2	F_1 α F_2	F_2 F_1 α	F_2 F_1 α F_2	T F	F_1 F_2
计算公式	$F_2=\frac{l_1}{l_2}F_1$ $l_1>l_2$	$F_2=\frac{l_1}{l_2}F_1$	$F_2=F_1\cdot\tan\alpha$ $\tan\alpha>1$	$F_2=\frac{F_1}{\tan\alpha}$	$F_2=\frac{F_1}{2\sin\frac{\alpha}{2}}$	$F=-\frac{2T}{\tan(\lambda+\rho)}$ d_2—螺纹中径 λ—螺纹升角 ρ—当量摩擦角	$F_2=\frac{F_1}{2}$

图 2-14　机械一次增力功能元解法目录

对各种基本功能元可以列出多种解法目录。图 2-13、图 2-14、图 2-15 供参考用。

例 3 设计手动订书打孔机。

设计要求:(1)操作手柄旋转运动; (2)打孔针作直线往复运动;

(3)杆件数目为 4 个; (4)省力。

解: (1)确定总功能:打孔。

(2)总功能分解:输入旋转运动变为输出的直线移动运动;力增大。

(3)由于是一个由旋转变为移动运动的四杆机构,故可查图 2-15,寻求解法。

(4)选取 2、4、7、9 四个方案。

(5)增力机构选取曲杆机构,见图 2-14。

(6)订书打孔机的 4 种原理方案解见图 2-16。

此外,功能元(分功能)的求解还可采用模拟研究和模型试验等方法。

四杆机构图		运动副转换			四杆机构图		运动副转换		
		旋转/旋转	旋转/平移	平移/平移			旋转/旋转	旋转/平移	平移/平移
1	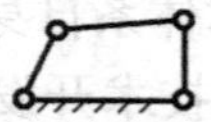	○	⊗	⊗	9	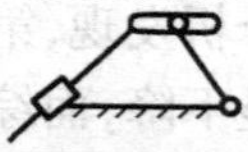	⊗	○	⊗
2	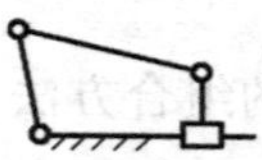	⊗	⊗	⊗	10	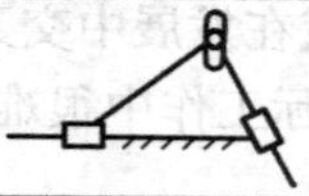	⊗	⊗	○
3	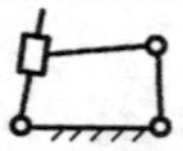	○	⊗	⊗	11	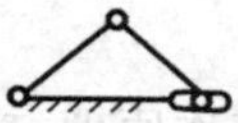	○	○	⊗
4	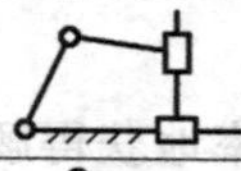	⊗	○	⊗	12	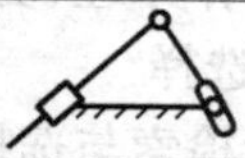	⊗	○	○
5		⊗	○	⊗	13	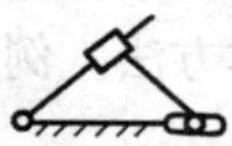	○	○	⊗
6	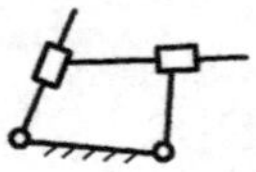	○	⊗	⊗	14	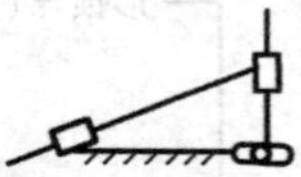	⊗	⊗	○
7	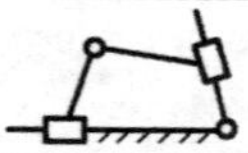	⊗	⊗	○	15	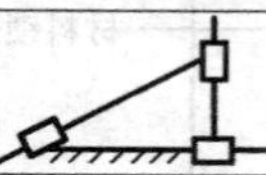	⊗	⊗	○
8		○	⊗	⊗	16		⊗	⊗	○

注:○ 行;⊗不行;—□—移动副; 回转副;

滑动枢轴,高副

图 2-15 四杆机构运动副转换解法目录

五、求解的组合方法

以新构思制成的技术系统将在变异(variation)中发展变化。

最早的木旋床,木质工件夹住后,用绳索绕数周,绳索一端系于脚踏板上,另一端系在当弹簧使用的木条上(英文车床 Lathe 即来源于木条 Lath),脚使工件旋转,手持刀具加工工件。这

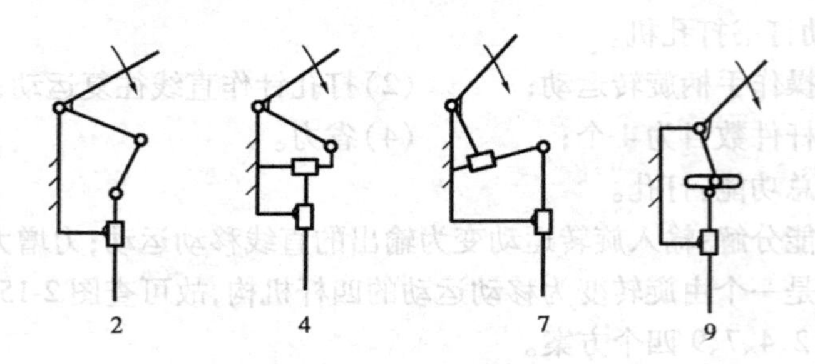

图 2-16　订书打孔机原理方案解

一构想实现后,工作原理没有本质的变化,经过逐步变异而发展为机械装置的车床和计算机控制的数控车床。

同时,产品设计中,对已有技术的综合(synthesis)运用,已占越来越大的比例。如人造卫星、宇宙飞船、航天飞机等航天技术系统,组成其系统整体的各个单项技术系统几乎都是早已成熟的材料技术、燃料技术、动力技术、控制技术、通讯技术。有人对 1990 年以来的 480 项世界重大技术成果加以统计分析发现,第二次世界大战以后突破性的、对技术体系自身发展产生重大影响的成果的比例明显下降,而综合型技术成果所占比例显著上升。技术开发向综合方向发展,是科学技术各领域在发展中交叉、渗透和结合的必然结果。

由于变异和综合在实际工作中很难划分明确界限,所以统称为求解的组合方法。下面介绍其基本操作方法。

1. 检索与选择

设计者首先对现有的工作原理、功能载体进行信息检索与选择。

(1)按从属关系检索与选择

按事物的从属关系进行检索与选择,可以有效地利用已有知识,高效率地获得解答,这是日常技术工作中应用的基本方法。例如联接件按锁合原理不同其从属关系如下:

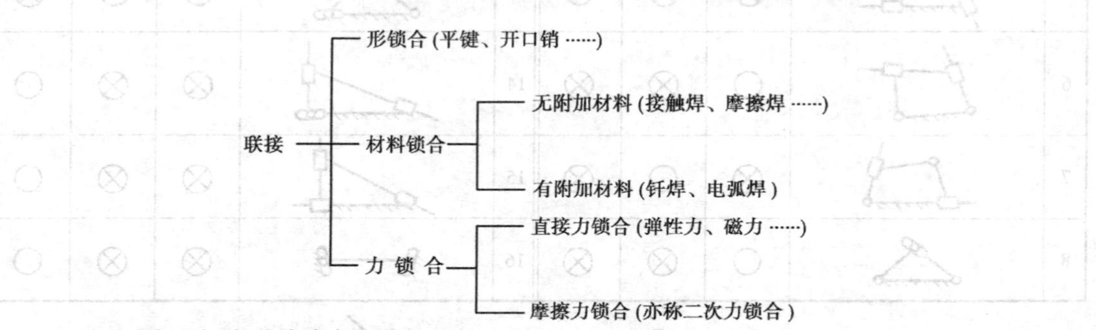

(2)按类同对应关系检索与选择

不考虑事物在学科分类上的从属关系,只要发现事物属性有类同对应关系,即可作为原型,探求工作原理,改变条件加以应用。从这个角度,首先认为"闪光的都是金子"(根据"闪光"这一属性去寻找金子),然后把找来的原型一一鉴别,"闪光的东西不一定都是金子",最后确定可供选用的几个原型。

杂技演员用鞭子抽断报纸,和割草机把草割断,在完成"切断"功能这一点上是相同的。设计者类同对应关系检索各种"切断"的原理,从鞭子抽断报纸的现象中,找出其原理:只要有足够高的速度,软的物体也可切断某些物体。根据这个道理可设计出新型割草机:用高速旋转的尼龙线修剪草地。

要能够在非从属关系中找到有启发的原型，需要丰富的实践经验，细心的观察，流畅的联想和一定的机遇。

2. 变异

经过检索与选择得到的信息（解法原理或功能载体），有的需经过变异才能满足设计要求。同时，变异也是产品自身发展所要求的。

一般说来，变异是以社会需求和技术自身发展的要求为根据。但也有只出于人们的兴趣，或偶然的发现而得到的变异。变异获得的产品是否成功，取决于能否得到社会公众的承认。

变异的主要操作方法如下：

（1）扩大与缩小

这一操作方法可以表示为 $M \Rightarrow kM$，M 为包括几何要素在内的参数，k 为变换系数。

最初的汽车轮胎比现在小得多，缓冲力很小；约半个世纪前，一位轮胎商制造大轮胎，迅速得到普及，成为标准轮胎。

相反地，收音机、电子计算机等产品，由于晶体管、集成电路的出现实现小型化而获得成功。肌电控制假肢机构必须安装小型机构，目前微型机械装置已经问世。

日用品向两极发展的例子更是举不胜举：向大型、长寿命、多功能方向发展的例子有落地式收音机等，向微型、一次性使用方向发展的例子有纸片香皂、手指拉力器等。

（2）增加与减少

对某一主体 M 增加或减去一部分 n，被减去的部分不再是系统的组成部分。这一方法可表示为 $M \pm n$。

$M+n$ 如磁性保温杯、尾部有纸带的笔、塑料瓶带挂钩等等。

$M-n$ 产品减去一部分以改善性能，或实现特定功能。如铁锹面挖出几排孔，在挖泥、铲雪时不会在锹面上形成难以清除的堆积物。畚箕底改成金属网，在花园清扫工作中，可以不扫走泥土。

（3）组合与分解

组合与分解所处理的诸要素 M、N…大体上是平等的，分解后的要素仍然是系统的组成部分，可表示为 $M \pm N$。

组合的例子有：

电动机 + 制动器→锥形电动机；

混凝土搅拌器 + 卡车→混凝土搅拌车；

普通改锥口 + 十字改锥口→通用螺钉；

天然木材是纤维与木质素的组合；

钢筋混凝土是钢筋与混凝土的组合。

现代复合材料是充分利用各组成部分特性的新型材料，如金属纤维加强的陶瓷。在易碎的陶瓷中还可加入一定数量弥散分布的亚稳态物质（如氧化锆），受外力作用时，因发生相变而吸收能量，使裂纹扩展减慢而中止，形成增韧陶瓷，甚至能耐受铁锤敲击。

分解的例子有：

橡胶油封与转动轴接触的部分要求耐磨而使用较贵的耐磨橡胶，而与固定机座接触的部分则不必使用同一种材料。一些较大的油封已改用两种材料。

三角带传动径向拉力较大。卸荷装置使拉力由机座承受,轴只传递转矩。

不但产品、材料可以组合、分解,还可以把技术方法与多种产品进行组合。

折叠法+产品:如折叠刀、折叠书挡、折叠闹钟、折叠望远镜、折叠衣架、折叠椅、折叠自行车、折叠箱、折叠飞机、折叠手推车、折叠锹、折叠床、折叠船……。

微胶囊技术是一种储存固体、液体、气体的微型包装技术,具有保护、保存物质及改变物质形态的作用,且能控制药物及易挥发物质的释放速度;可使有害化学品因包裹起来而成无害化学品。应用微胶囊技术可制成无碳复写纸、微胶囊香料(液体香料固体化)、定位释放的微胶囊药物、缓释微胶囊胶物、聚合物的阻燃添加剂(遇热时囊膜才熔融破裂,平时不挥发,不影响其他成分)、液晶微胶囊(温度卡、无损探伤……)、空心微胶囊(置于石油表面减少挥发量)……。

组合分为两类:

①叠加组合　合成前后各部分形式、功能大体不变。上面大部分例子为叠加组合。

②有机综合　合成后原有构造经过加工综合,形成新的整体。

(4)逆反

逆反操作是改变要素间的位置、层次等关系($MN \to NM$),或将某要素改变为相反的要素($M \to \bar{M}$,即非M)。

在设计中,改变构件的主动、从动关系,运动与静止关系、变换高副与低副,都是机构综合中经常采用的方法。四杆机构,按固定件是最短杆、最短杆的相邻杆或最短杆的对边而成为双曲柄机构、曲柄摇杆机构或双摇杆机构。车床是刀具固定、工件旋转,若变换为刀具旋转、工件固定,则成为镗床。

逆反操作在创新构思中十分重要,是打破老框框束缚的重要方法。

改变物体温度时,一般将热源置于下方,冷源置于上方,这是起码的科学常识。但日本人常用的烤鱼器最初电阻丝放在鱼的下方,烤鱼滴下的油产生大量油烟,污染空气与鱼盘。经过改进,把电阻丝放在盖子里,即置于鱼的上方,消除了上述缺点而成为畅销品。"违背"热学原理的逆反操作所以能成立,关键是特殊条件——烤鱼器内部空间密封而狭小。

圆珠笔问世初期,需要解决圆珠磨损后漏油的问题。运用逆反操作,不考虑如何减少圆珠磨损,而考虑减少装油量,使圆珠未磨损到漏油程度油已用完,从而出现了应用至今的圆珠笔芯。

把垃圾单纯看做废料,就会消极处理——堆、埋……。如对垃圾分类再生利用,则化害为利。巴黎市还进一步用垃圾发电,其发电量已能满足全市所需电量的20%。

多向思维(包括逆向思维)所以能引导设计者打破习惯性思维,获得创造性成果,原因在于事物的属性是多方面的,已有的经验、结论是有条件的,设计者必须善于变换条件、变换观点,从不同的角度、不同的侧面、不同的方法去认识事物,解决问题。

(5)置换

系统中的某一要素N被另一要素Q所置换,以实现期望的功能,这种操作方法可以表达为$MN + Q \to MQ + N$。

输送钢球的管道,由于钢球的撞击,拐弯部分的管道磨损较快。如在弯头外部安放吸力适当的磁铁吸住管内钢球,使钢球代替弯头承受撞击;但吸力又不过大,使钢球不断更换。

材料置换也很重要。如联接件应用弹簧钢、有弹性的塑料或磁性材料,都可使联接件结构简化，磁性材料还可改善表面接触状况，不划伤工件。

3. 变体分析

对于零件、机构、产品的发展变化进行系统地分析，称为变体分析。这是一种动态分析方法。

变体分析的目的是：

将零件、机构、产品的演化过程，按一定原则分类排列，用以总结变化规律，找出进一步发展的方向，并可以发现空白点，及时设计新产品来填补空白。

变体分析着重从不同工作原理建立的技术模型出发，有利于深刻地认识产品本质，开发更先进的产品。

通过变体分析还可以归纳变异操作方法，加以普遍应用。

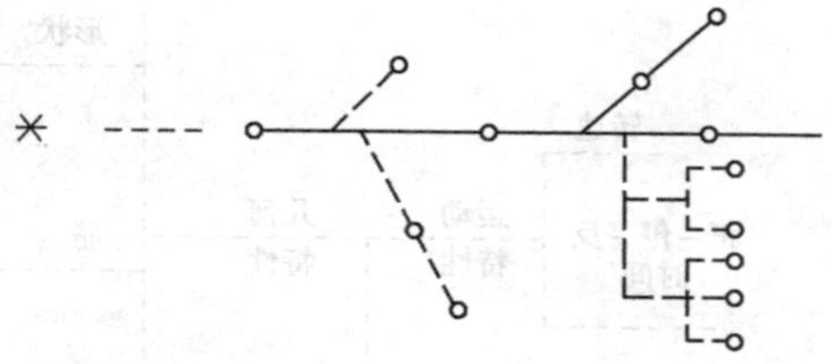

图 2-17 变体分析图基本形式

变体分析图的基本形式见图 2-17。

以产品所依据的工作原理为出发点，画在左侧，以星号标识。

开发型产品以实心圆圈表示，由它出发的实线，为该产品发展的主要线索。依据某一工作原理新开发的产品为开发型产品，对应于前面介绍的开发型设计。如水力机械作用的洗衣机、电磁振动作用的洗衣机。

开发型产品发展过程中出现的有较大突破的产品，用圆圈画在实线上。所谓有较大突破的产品，如传统压力机发展为数控步进压力机即是。数控步进压力机不只是控制方式的变化，而且改变了冲制产品的构形原理。传统压力机冲制的产品和模具轮廓完全相同；步进压力机冲制产品的形状可以是模具轮廓的包络线，因而可实现单件生产和构成柔性生产系统。

由改进、变异所得的变体以空心圆圈表示，但画在由实线分叉出来的虚线上。这样变体称为改良型产品，对应于适应型设计。如对洗衣机局部改良所得的双缸洗衣机、全自动洗衣机等等。它们主要是改变控制方式、增加功能等变化，而未改变洗涤原理。

变参数型设计产品一般在变体分析中不作考虑。

图 2-18 以洗衣机的部分变体为例进行说明。

图 2-18 只列出了一部分洗衣机的变体。波轮式洗衣机工作原理的变异主要是解决洗净度与磨损率、功率消耗的矛盾。为了控制水流与衣物的相对运动，设计者在波轮与桶的形状、尺寸、相互位置、波轮转速等方面作了一系列变换，有的洗衣机还引进新的物料流，从直径 8mm 的喷泡口向水中喷泡，每分达 10 L，既减少衣物缠绕，又有利于水流与衣物接触，促使污垢下沉，使洗涤剂节省 2/3。其他从增加功能、改善性能、变化构形等方面变化所得的产品，都是向纵深发展的改良型产品。

显然，波轮式洗衣机的内在矛盾会对它的发展起一定限制作用。滚筒式洗衣机和波轮式洗衣机在世界不同地区分别占领主要市场。

超声波洗衣机注水后，启动气泵和超声波发生器，使衣物上的污垢在超声波作用下分解，由气泡带出，从而洗净衣物。

电磁洗衣机的电磁线圈使夹住衣物的洗涤头产生每秒 2 500 次的微振，污垢因而脱离衣物。

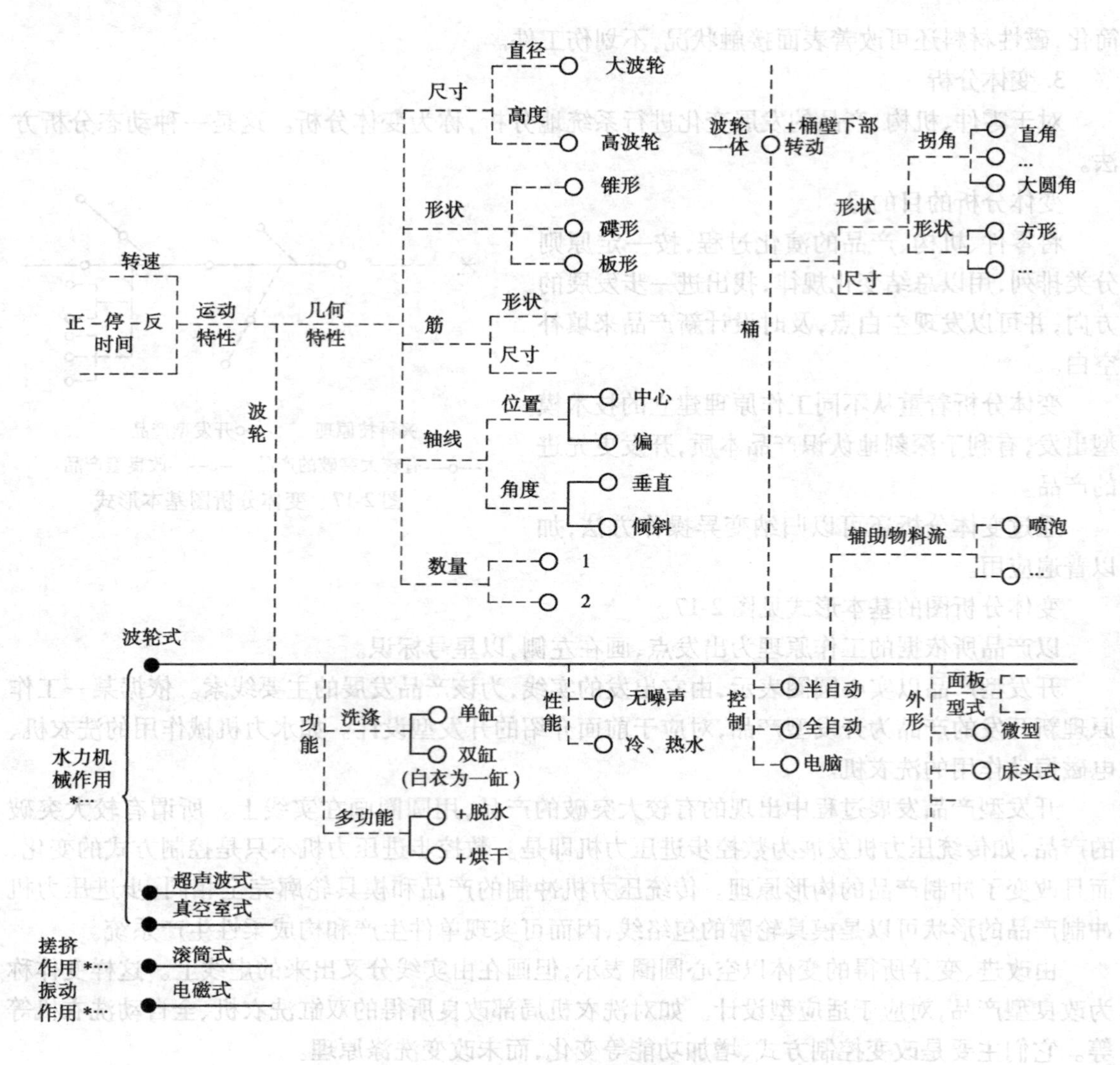

图 2-18　洗衣机部分变体分析图

真空室洗衣机使浸泡脏衣物的水因真空而沸腾,产生气泡使衣物洗净。

电磁振动、超声波振动、真空沸腾都是人们熟知的科学原理,关键是提出技术构想应用于技术系统。

变体分析同样可应用于通用机构、零件(如联接件、支承件),或各企业的专用机构(如执行机构),它们将对设计工作提供一种有益的工具。

图 2-19 及图 2-20 便是自行车的变体分析图。

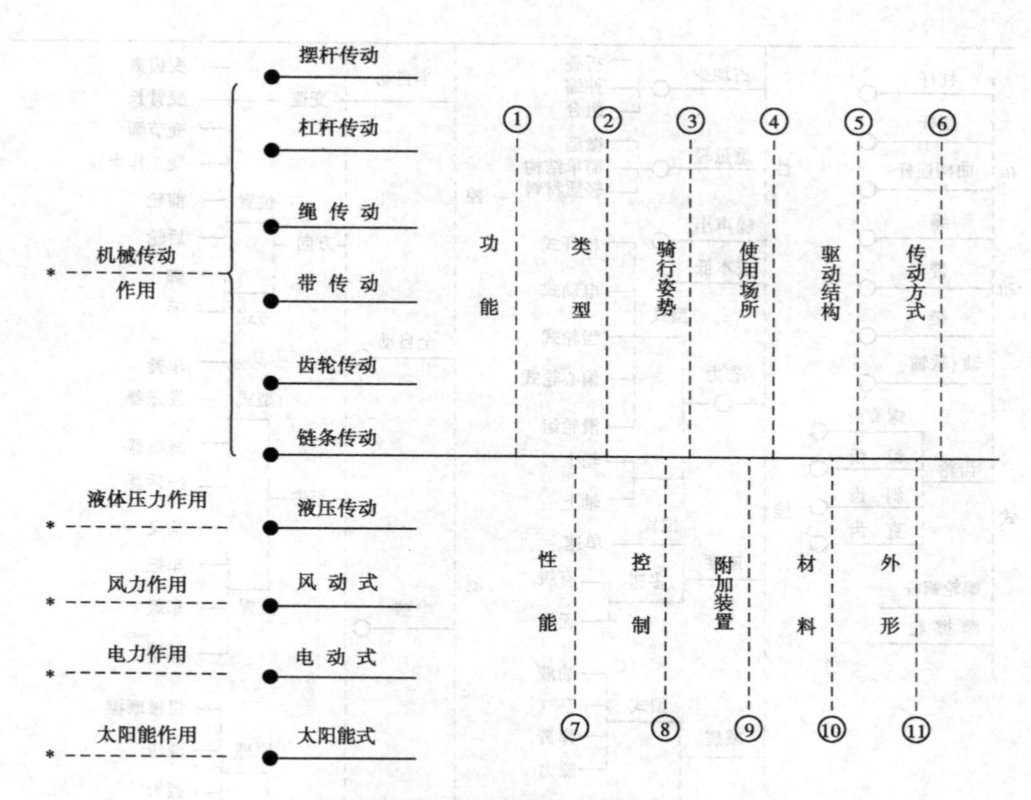

图 2-19　自行车变体分析图基本框架

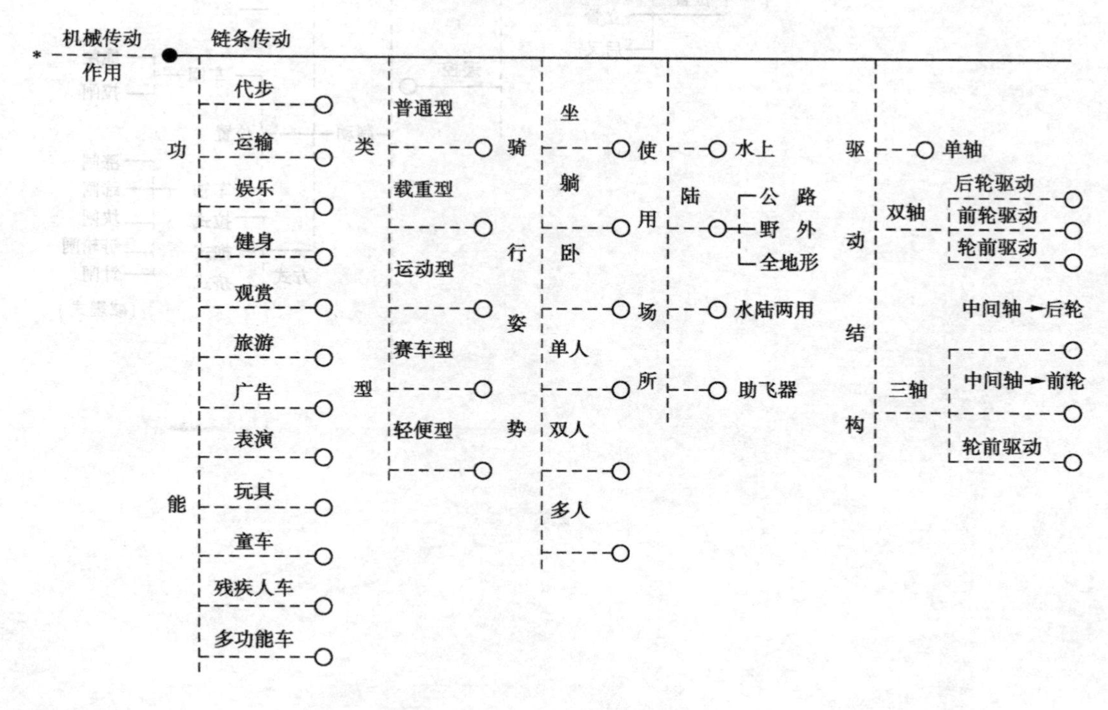

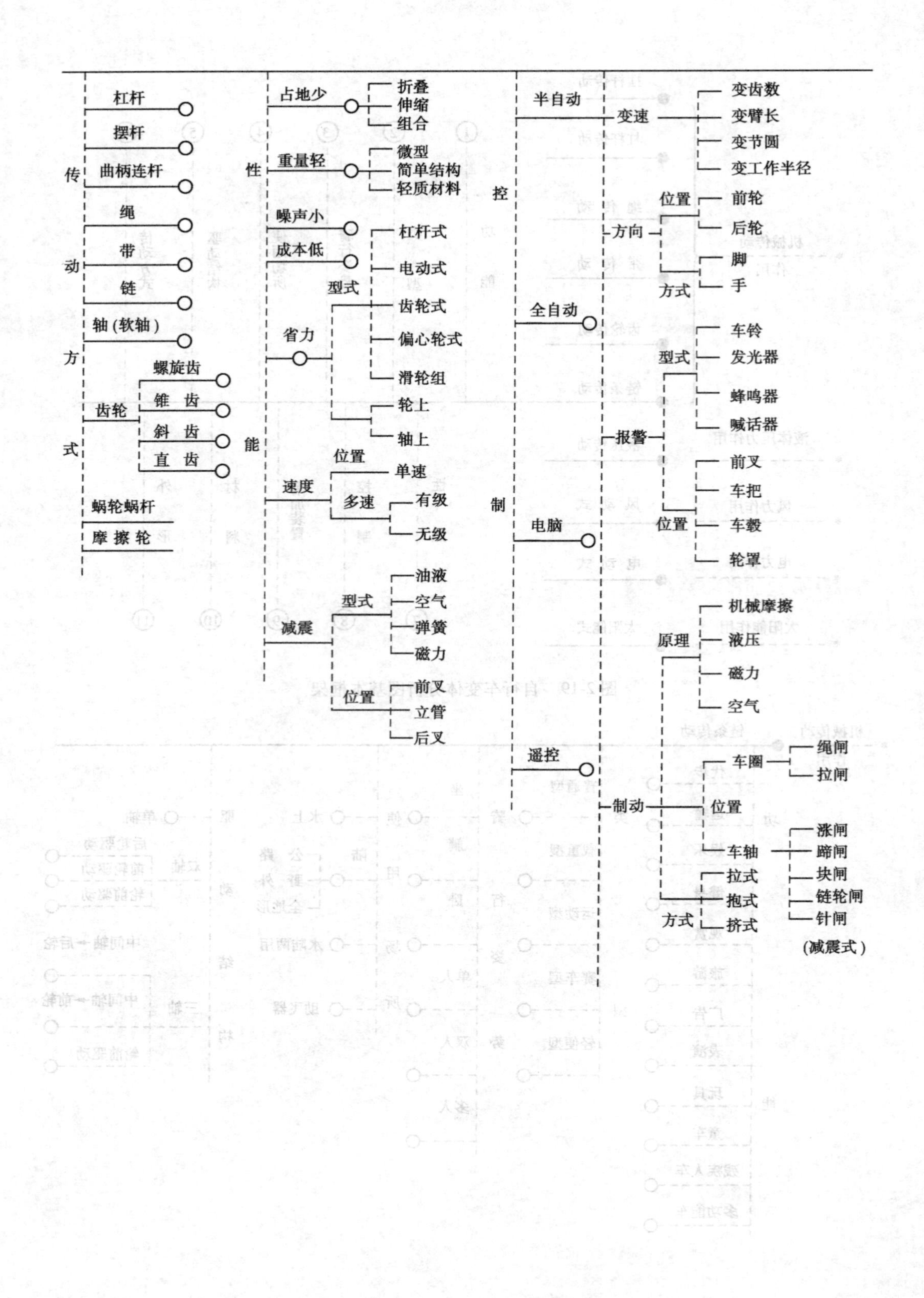

传动方式
杠杆
摆杆
曲柄连杆
绳
带
链
轴(软轴)
齿轮
螺旋齿
锥 齿
斜 齿
直 齿
蜗轮蜗杆
摩擦轮
性能
占地少
折叠
伸缩
组合
重量轻
微型
简单结构
轻质材料
噪声小
成本低
省力
型式
杠杆式
电动式
齿轮式
偏心轮式
滑轮组
轮上
轴上
位置
速度
单速
多速
有级
无级
减震
型式
油液
空气
弹簧
磁力
位置
前叉
立管
后叉
控制
半自动
变速
变齿数
变臂长
变节圆
变工作半径
方向
位置
前轮
后轮
方式
脚
手
全自动
报警
型式
车铃
发光器
蜂鸣器
喊话器
位置
前叉
车把
车毂
轮罩
电脑
遥控
制动
原理
机械摩擦
液压
磁力
空气
位置
车圈
绳闸
拉闸
车轴
涨闸
蹄闸
块闸
链轮闸
针闸
(减震式)
方式
拉式
抱式
挤式

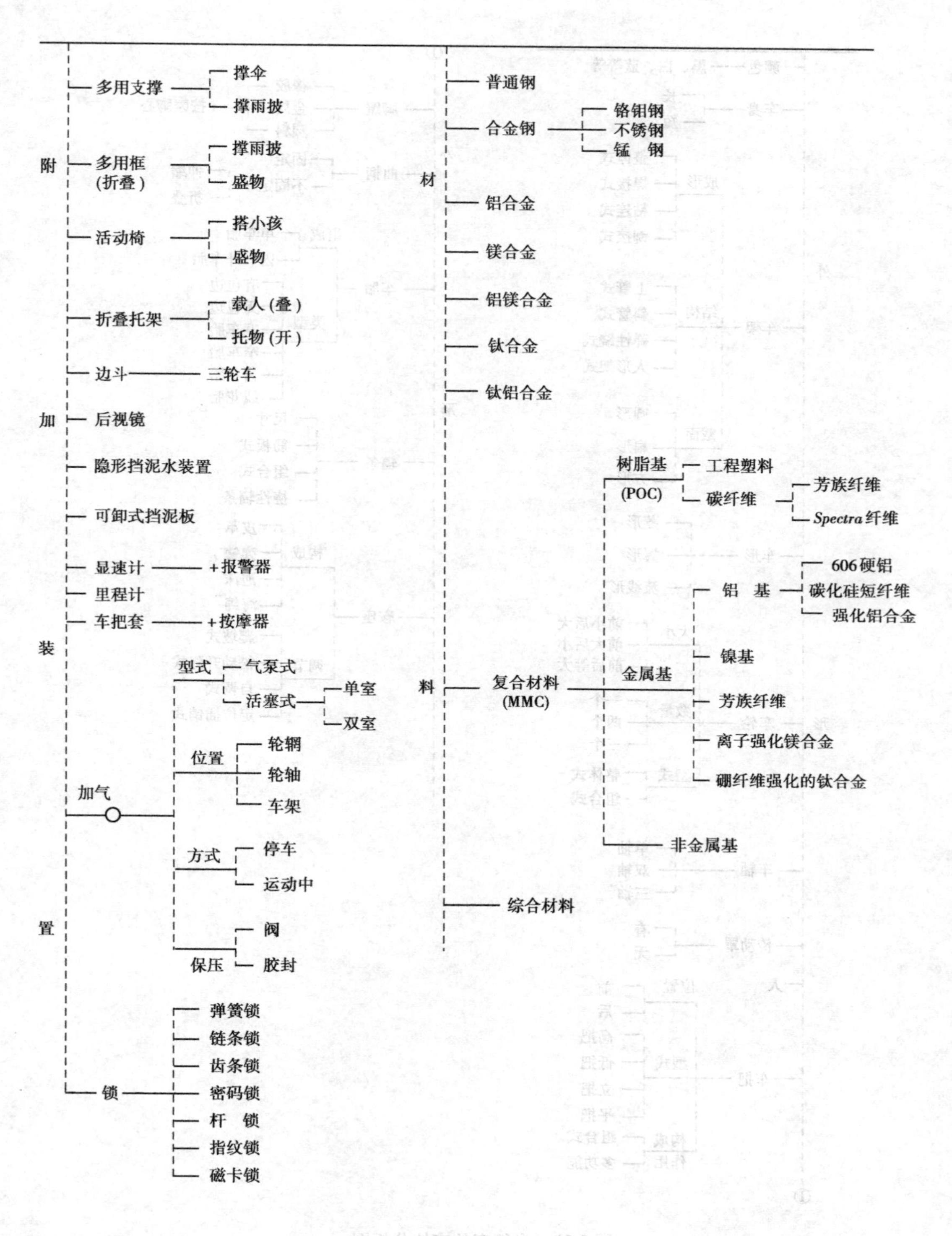
附加装置
多用支撑
撑伞
撑雨披
多用框
(折叠)
撑雨披
盛物
活动椅
搭小孩
盛物
折叠托架
载人(叠)
托物(开)
边斗
三轮车
后视镜
隐形挡泥水装置
可卸式挡泥板
显速计
+报警器
里程计
车把套
+按摩器
型式
气泵式
活塞式
单室
双室
位置
轮辋
轮轴
车架
加气
方式
停车
运动中
保压
阀
胶封
锁
弹簧锁
链条锁
齿条锁
密码锁
杆 锁
指纹锁
磁卡锁
材料
普通钢
合金钢
铬钼钢
不锈钢
锰 钢
铝合金
镁合金
铝镁合金
钛合金
钛铝合金
复合材料
(MMC)
树脂基
(POC)
工程塑料
碳纤维
芳族纤维
Spectra纤维
金属基
铝 基
606硬铝
碳化硅短纤维
强化铝合金
镍基
芳族纤维
离子强化镁合金
硼纤维强化的钛合金
非金属基
综合材料

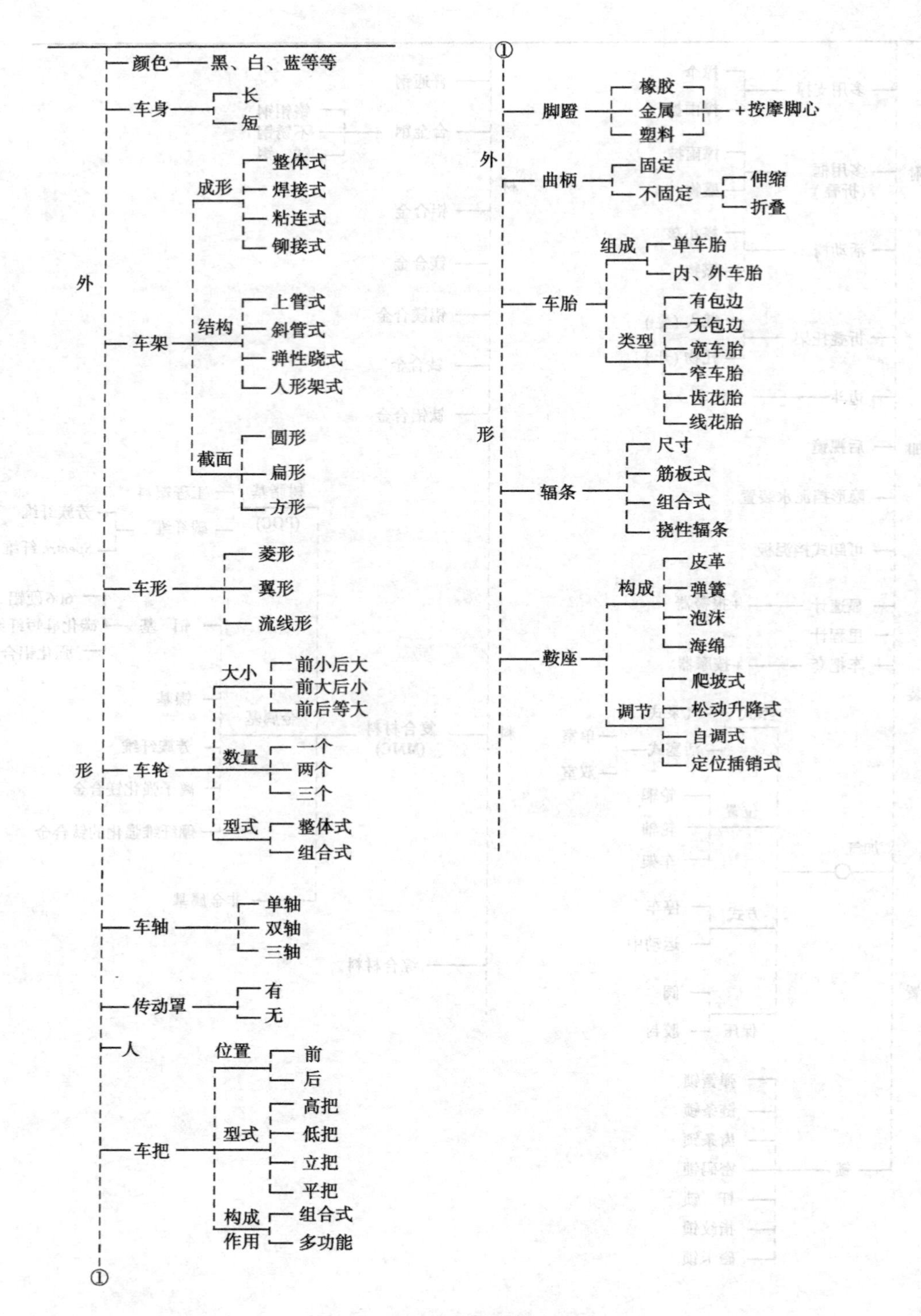

图 2-20　自行车的变体分析图

六、原理方案综合

原理方案综合是把分功能解法合成为一个整体以实现总功能的过程。

1. 形态学矩阵

在功能分析阶段，确定了产品的分功能；通过分功能求解，经选择与变异，得到一些分功能载体的备选方案；在变体分析中，对主要分功能解的发展有了较清楚的认识，各备选方案在机构、产品发展演化中的地位有了大致的了解；在这些工作的基础上，把分功能解加以组合，寻求整体方案最优。

形态综合法建立在形态学矩阵的基础上，通过系统的分解和组合寻找各种答案。形态学(Morphology)是19世纪由美国加州理工学院F·兹维奇教授(Fritz Zwicky)从希腊词根发展创造出来的词，是用集合代数的表达方法描述系统形态和分类问题的学科。

形态学矩阵是表达前面各步工作成果的一种较为清晰的形式。它采用矩阵的形式(表2-4)，第一列 *A*，*B*，…，*N* 为分功能，对应每个分功能的横行为其解答，如 *A*1，*A*2，*A*3…由每个分功能解中挑选一个解，经过组合可以形成一个包括全部分功能的整体方案。如 *A*2—*B*3…*N*1，*A*1—*B*1…*N*2 等等。从理论上说，可以组成整体方案的数量，为各行解法个数的连乘积。

表2-5是一个液墨书写器形态学矩阵的例子。

表2-4　形态学矩阵

分功能	可能的解法						
	1	2	3	…	*i*	*j*	*k*
A	*A*1	*A*2	*A*3	…	*Ai*		
B	*B*1	*B*2	*B*3	…	…	*Bj*	
⋮	⋮						
N	*N*1	*N*2	*N*3	…	…	…	*Nk*

表2-5　液墨书写器的形态学矩阵

设计参数		可能的解答			
		1	2	3	4
A	墨库	刚性管	可折叠的笔	纤维物质	—
B	装填机构	部分真空	毛细作用	可更换的储液器	把墨注入储液器
C	笔尖墨液输出	裂缝笔尖毛细供液	圆珠—粘性墨	纤维物质的笔尖毛细供液	—

这个矩阵中的分功能可以形成 3×4×3=36 个整体方案，例如 *A*1—*B*1—*C*1，*A*1—*B*1—*B*2，…。其中 *A*3—*B*3—*C*3 为新型“签字笔”。

形态学矩阵组成的方案数目过大，难以进行评选。一般通过以下要点组成少数几个整体方案供评价决策使用，以便确定1~2个进一步设计的方案。

①相容性。分功能解之间必须相容，否则不能组合，如往复式油泵与转动的链传动是不能直接耦合的。表2-5中的圆珠粘性墨书写器(*C*2)同毛细作用(*B*2)输送墨水是不相容的。因为粘滞力的作用阻碍产生毛细作用的表面张力，使表面张力失效而不能产生任何有效的墨流量。此外，*A*1—*B*2—*C*2，*A*1—*B*4—*C*2 也都是不相容的。

②优先选用主要分功能的较佳解,由该解法出发,选择与它相容的其他分功能解。

③剔除对设计要求、约束条件不满足,或不令人满意的解答,如成本偏高、效率低、污染严重、不安全、加工困难等等。

从大量可能方案中选定少数方案作进一步设计时,设计人员的实际经验将起重要作用,因此要特别注意防止只按常规与旧框框设计。继承与创新是贯穿于设计过程中的一对矛盾,设计人员要处理好这一对矛盾。

例 4 试设计进行露天矿开采的挖掘机的原理方案。

解: 1. 用黑箱法寻找总功能和转换关系,见图 2-21 黑箱示意图。

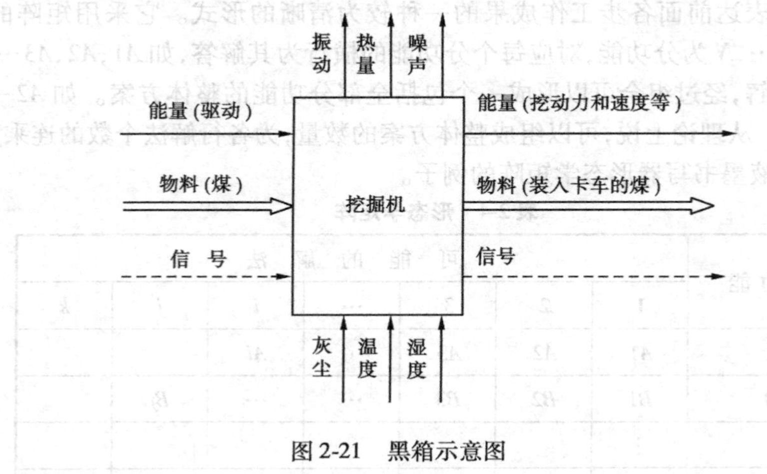

图 2-21 黑箱示意图

2. 总功能分解

(1)总功能分解的依据

机器一般都是由 5 部分组成:原动机、传动部分、工作机构、控制和支承。其技术过程通常是:原动机→传动→控制→工作机构,而这 4 部分都安装在支承部件上。工作机构就是每台机器的执行机构,为了表示这种技术过程和周围环境关系,用技术过程流程图来表示,见图 2-22。

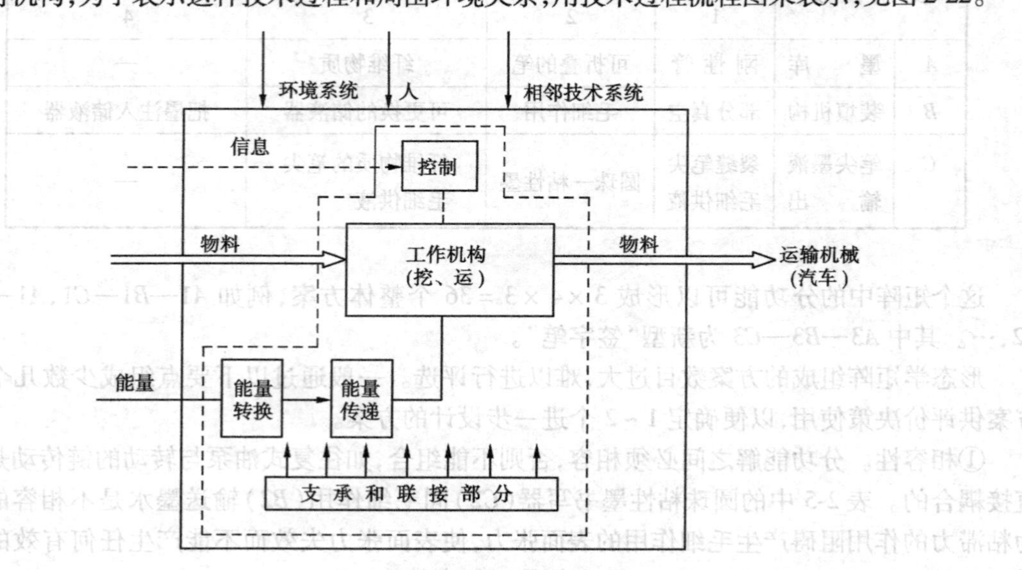

图 2-22 技术过程流程图

图 2-22 中几点说明：

①环境系统：是根据设计要求明细中提出的，如爬坡、作业范围等等要求；

②“人”是指操作人员对机器的要求，即考虑人机工程学设计；

③相邻技术系统是指运输机的种类，设计要求中已提出为汽车，这实质是提出卸煤的高度要求；能源的种类为柴油机；

④虚线方框以内表示机械内部结构，而机械与外界联系用实线大方框表示。

通过上面技术流程图粗线条地看清楚了机器的技术轮廓，其技术系统是很复杂的，能直接求得总功能的解，同时流程图还为总功能的分解提供了可靠的依据。

(2)总功能分解

将总功能分解为一级、二级分功能：

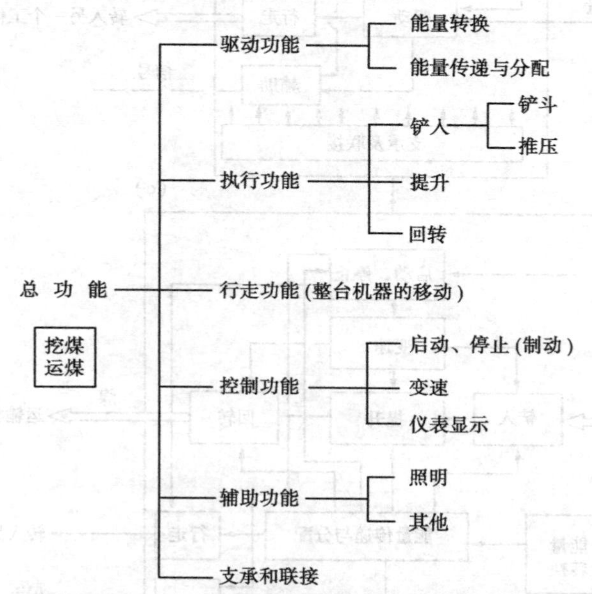

二级分功能若还找不到解，还可以接着往下分解，直到可找到相应的原理解(技术)为止。

3. 建立功能结构图

第一步　首先建立总功能与一级分功能的功能结构图。如图 2-23(a)、(b)。建立的过程是：

(1)做出总功能输入、输出转换关系图(a)，然后再建立一级分功能的结构图(b)；

(2)先画出最基本的功能即执行功能，然后画它的输入和输出；

(3)画出行走、辅助、控制、驱动功能，画每个功能的输入和输出；

(4)各个功能的输入、输出关系的连接；

(5)支承和联接功能与上述每个功能相关，故用多个箭头表示。

第二步　建立二级功能的结构图(c)。建立步骤与上相同。

接着往下，还可以逐步地建立更加详细的完善的功能结构图。

4. 寻找原理解法和原理解组合

功能结构图建立后，就可寻找各功能的原理理解，然后用形态学矩阵进行原理解组合，可得到设计方案的多种解。见表 2-6。

$$组合方案数 = 3 \times 3 \times 2 \times 3 \times 1 \times 4 \times 4 \times 3 \times 4 = 10\ 368$$

①方案为履带式正铲机械挖掘机($A1 + B1 + C2 + D2 + E1 + F1 + G2 + H2 + I1$)

②方案的轮胎式正铲液压挖掘机($A3 + B1 + C1 + D2 + E1 + F2 + G3 + H1 + I2$)

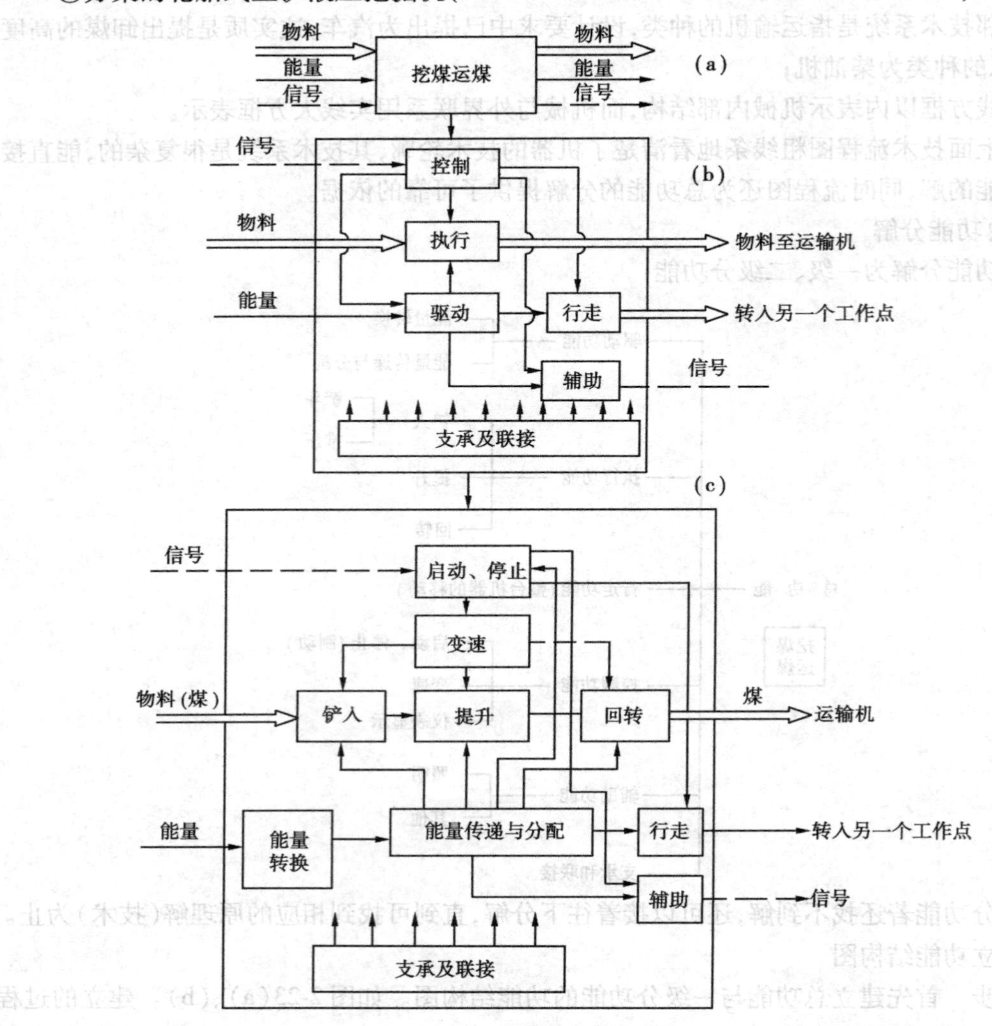

图 2-23　功能结构图

根据设计要求表中功率的要求，在能量传递与分配中，采用链传动和皮带传动，显然不相容的，应去掉。故组合方案数 $= 3 \times 3 \times 2 \times 2 \times 3 \times 1 \times 2 \times 4 \times 3 \times 4 = 5\ 184$。在众多的方案中，进行定性筛选，然后进行详细评价，最后决策最佳方案。

例 5　汽车举升机原理方案设计。

汽车举升机主要用于汽车的举升维修和保养，它可以根据不同的修理部位，将汽车举升到适宜的高度，以改变地沟工作地点窄小，潮湿阴暗、工作效率低等劳动环境。

表 2-6　原理解组合

分功能＼理解＼技术物 序号		1	2	3	4
A	推压	齿　条	钢丝绳	油　缸	
B	铲斗	正铲斗	反铲斗	抓　斗	
C	提升	油　缸	绳　索		
D	回转	内齿轮传动	外齿轮传动	液　轮	
E	能量转换	柴油机			
F	能量传递与分配	齿轮箱	油　泵	链传动	皮带传动
G	制动	带式制动	闸瓦制动	片式制动	圆锥形制动
H	变速	液压式	齿轮式	液压—齿轮	
I	行走	履　带	轮　胎	迈步式	轨道—车轮

1. 用黑箱法寻找汽车举升机的总功能。

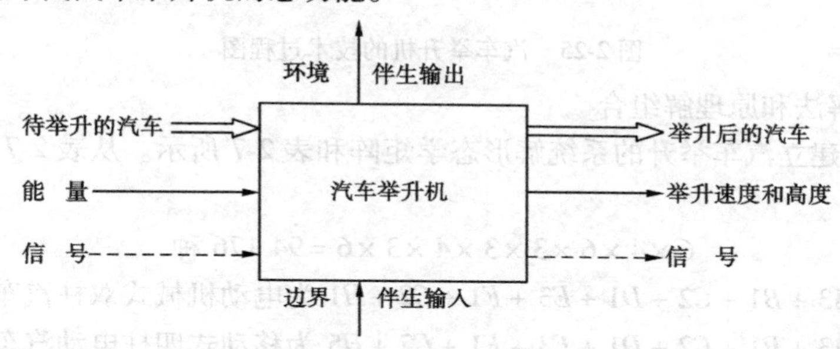

图 2-24　汽车举升机

汽车举升机的总功能：举升汽车（升降物体位置）。

2. 总功能分解

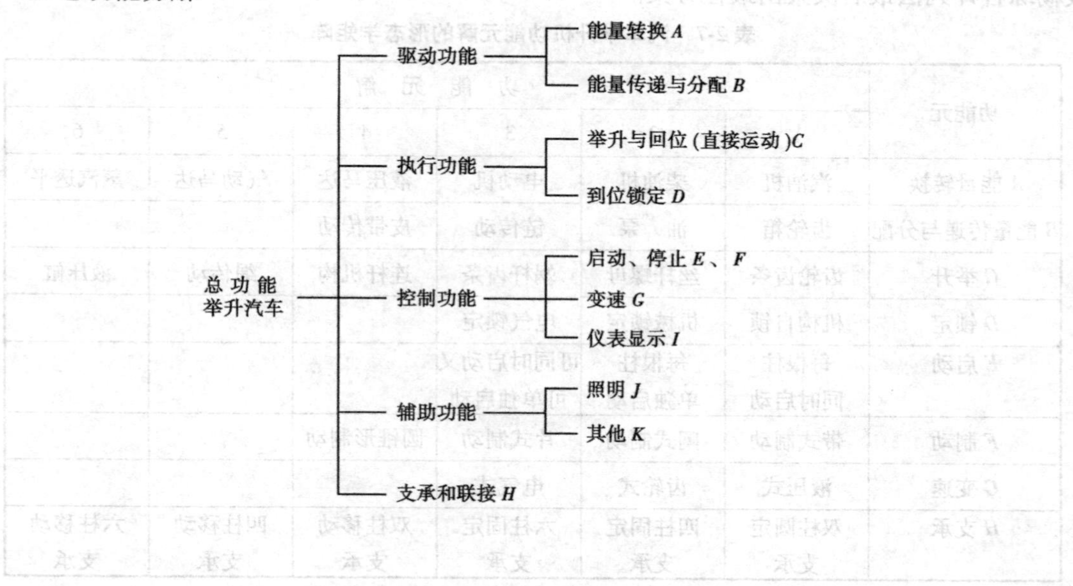

(1)技术过程图

根据前述可以画出汽车举升机的技术过程图如图2-25所示,作为其总功能分解的依据。

(2)总功能分解

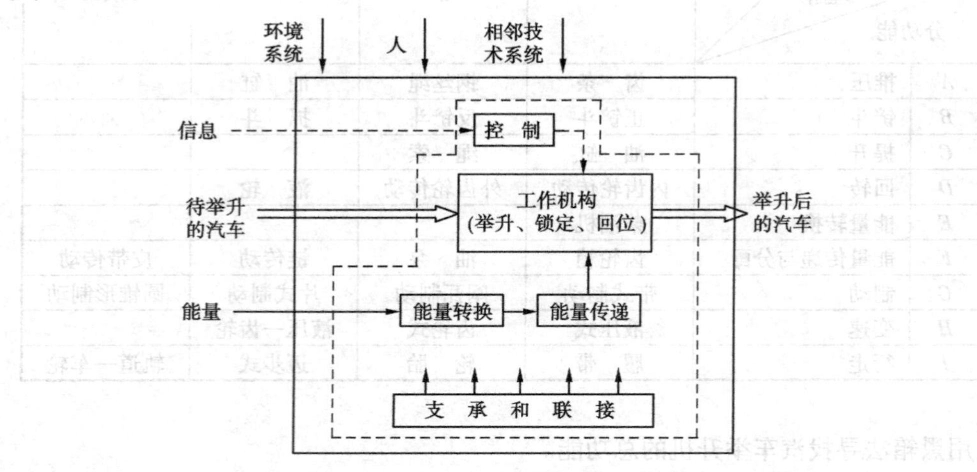

图2-25 汽车举升机的技术过程图

3. 寻找原理解法和原理解组合

根据上述,可建立汽车举升的系统解形态学矩阵和表2-7所示。从表2-7中可得到,组合方案数为:

$$6 \times 4 \times 6 \times 3 \times 3 \times 4 \times 3 \times 6 = 94\ 176 \text{ 种}$$

如方案①为 $A3 + B1 + C2 + D1 + E3 + F1 + G2 + H1$ 为电动机械式双柱汽车举升机

方案②为 $A3 + B1 + C2 + D1 + E3 + F1 + G2 + H5$ 为移动式四柱电动汽车举升机

在上表的94 176种组合案中,根据确定原理方案的3条原则,结合工程设计经验、现有资料信息及来自其他方面的建议,筛选出少数几个整体方案供评价决策使用,用工程设计方案的模糊综合评判法最后决策出最佳方案。

表2-7 汽车举升机功能元解的形态学矩阵

功能元	功 能 元 解					
	1	2	3	4	5	6
A 能量转换	汽油机	柴油机	电动机	液压马达	气动马达	蒸汽透平
B 能量传递与分配	齿轮箱	油 泵	链传动	皮带传动		
C 举升	齿轮齿条	丝杆螺母	蜗杆齿条	连杆机构	绳传动	液压缸
D 锁定	机构自锁	机械锁定	电气锁定			
E 启动	每根柱同时启动	每根柱单独启动	可同时启动又可单独启动			
F 制动	带式制动	闸式制动	片式制动	圆锥形制动		
G 变速	液压式	齿轮式	电气式			
H 支承	双柱圆定支承	四柱固定支承	六柱固定支承	双柱移动支承	四柱移动支承	六柱移动支承

七、小结——原理方案设计的主要步骤

(1)明确设计任务　把设计任务作为更大的系统的一部分,研究社会需求与技术发展趋势,确定设计目标,并分析设计的产品将产生的社会、经济、技术效果。设计人员要对社会、对历史负责。

这一阶段的成果是设计任务书(设计要求表)。

(2)确定系统的整体目的性——总功能　把设计对象看做黑箱,通过系统与环境的输入和输出,明确系统的整体功能目标和约束条件,由功能出发去决定系统内部结构。

(3)进行功能分析　系统是由互相联系的分层次的诸要素组成,这是系统的可分解性和相关性。通过功能分析把总功能分解为相互联系的分功能(功能元),使问题变得易于求解;分功能的相互联系可用功能树或功能结构图表达。

(4)分功能求解:原理探索　功能求解的基本思路是通过能实现分功能的工作原理选择或设计出功能载体。

(5)分功能求解:组合方法　除了关键问题或无现成解答的分功能需要从探索原理着手进行构思,设计任务的大部分,甚至全部分功能可以通过组合方法求解,即对已有的科技成果进行检索与选择,然后进行变异操作,使之符合特定的约束条件。

变体分析是从动态方面分析产品、机构、零件的演化规律,为确定产品发展方向,为判定分功能较优解提供根据。

(6)将分功能解综合为整体解:原理方案　用形态学矩阵表达分功能求解的结果,将相容的分功能解综合为整体方案。综合时从最重要的分功能的较优解出发,追求整体最优。整体性原则是功能分析设计方法的核心,这一原则认为,任何系统都是由部分组成的,但整体不等于部分的机械相加,这是由于各部分之间的相互作用、关系和层次产生了系统的整体特性。

最后组成几个整体方案,通过评价比较(详见第五章),筛选出综合为1~2个原理方案,作为继续进行技术设计的基础。

第三章　创造性思维与方法

本章主要介绍思维的各种形式、创造性思维的特点和创造性技法。

本章学习要求：

1. 认识掌握创造性方法的必要性。

2. 了解创造性思维的特点，了解各对思维形式的特点，并能举例说明正确运用不同思维形式来达到创造性设计成果。

3. 理解各种创造技法的实质，并会应用各种技法解决设计中的问题。

在工程设计中，无论是确定技术原理、技术过程或者确定机器系统的功能结构、工作原理、结构布局以至具体零件的尺寸、形状、制造方法等等，都有个求解的问题。所谓求解，就是寻求消除不足之处，获得工作对象所希望的条件，或者达到希望的结果或其他性能的实际方法。

充分发挥人的创造潜力，用创造性的方法求解问题，或者至少在主要问题上获得成功，将可能获得始料未及的成果，在当前生产迅速发展，国内外市场竞争日趋剧烈的形势下，技术创新是企业保持旺盛生命力的根本保证。任何一个企业必须抓紧老产品的改进，新产品的开发，以争取市场，这样对设计人员提出了创新设计的要求。创造性设计方法是提出新方案，探求新解法，提高设计质量，开发创新产品的重要基础。除此之外，创新的组织形式，创新的生产管理和创新的销售手段也是企业满足市场需求，提高竞争能力的有力保证。

爱因斯坦曾说过："想象力比知识更重要，现实世界只有一个，而想象力却可以创造千百个世界"。掌握创造性方法、调动和训练工程技术人员的创造性思维是提高文明素质，进行企业技术创新，提高竞争机制的需要。

实际上在第二章已经学到了一些创造技法，如形态学矩阵法。如何进行系统的创造性思维训练和掌握更多的创造技法，便是本章的任务。

第一节　工程设计人员的创造力开发

一、常规性设计与创新性设计

前面已经较为详细地探讨了设计的内涵，广义地讲，人类从事任何有目的的活动之前都要有所构思或谋划，这种构思或谋划便是广义的设计。

工程设计是广义设计在工程技术领域中的特有表现，工程设计按其性质可分为常规性设计与创新性设计。

（1）常规性设计：以成熟结构为基础，运用常规方法而进行的产品设计。它在工业生产中大量存在，并且是一种经常性的工作。

(2)创新性设计:在设计中采用新的技术手段、技术原理和非常规的方法进行设计,以满足市场需求,提高产品的竞争能力。

创新性设计在当代社会生产中起着非常重要的作用,首先,当前国际间的经济竞争非常激烈,关键是看能否生产出适销对路的新产品,要求设计者必须打破常规,充分发挥自己的创造力。其次,大量新产品的问世,进一步刺激了人们的需求,不仅增大了人们对商品的选择,同时也使需求层次不断提高。高新技术产品的生产大多具有小批量、多品种、多规格、生产工艺复杂、工作条件或环境特殊等特点。因而对高新技术产品的设计往往不能沿用传统产品设计的老一套方法,需要有针对性地进行创新性设计,使设计的产品处于竞争优势。所谓竞争优势,是一种综合优势,不是指所有各种技术都最新最好。应该认识到,任何单项技术的好坏都是有条件、相对的,"优势设计"正是要建立一种综合优势,即各项技术恰到好处地组合,形成总体最佳的效果。

二、设计的实质在于创造

进行设计工作,正如在第一章中给大家介绍的一样,不是简单的模仿、测绘,更重要的是要革新和创造,把创造性贯穿于设计过程的始终。作为工程设计,一般具有下面3个基本特征:

①约束性　设计是在多种因素的限制和约束下进行的,其中包括科学、技术、经济等发展状况和水平的限制,也包括生产厂家所提出的特定要求和条件,同时还涉及环境、法律、社会心理、地域文化等因素。这些限制和要求构成了一组边界条件,形成了设计师进行谋划和构思的"设计空间"。设计师要想高水平地完成设计工作,就要善于协调各种关系,灵活处置、合理取舍、精心构思,而这只有充分发挥自己的创造力才能办到。

②多解性　一般说来,真理只有一个,而解决同一技术问题的办法却是多种多样的,要满足一定目的的设计方案通常也并不是惟一的,如汽车车窗的开启机构的原理方案。任何设计对象本身都是包括多种要素构成的功能系统,其参数的选择、尺寸的确定、结构形式的设想等等都有很强的可选择性,因此思维活动仍有很大的空间。

③相对性　设计结论或结果都是相对准确的,而不是绝对完备的,比如利用优化技术对某一系统求解的结果,也只能是近似该系统的数学模型的局部最优解或全局最优解,而且这个模型的建立会因人而异,也可能会因条件而异。同时设计者还会经常处于一种相互矛盾的情境之中,比如即要降低成本,又要增加安全性、可靠性等,这种相互矛盾的要求给设计工作增加了难度,加上事先难以预料的一些不确定因素的影响,使得设计者在对设计方案的选择和判定时只能做到在一定条件下的相对满意和最佳。工程设计的这种相对性特征一方面要求设计者必须学会辨别思考;另一方面,也给设计者提供了显示和发挥自己创造才能的机会,同样设计要求,不同的人做出水平不同的设计成果,增加了设计的吸引力。

三、创造的特征与一般过程

1. 创造的特征

①人为目的性。任何形式的创造,包括创新性设计,其主体都是具有主观能动性的人,并且是一种有目的的活动。

②新颖独特性。创造不是单独的重复和模仿,而是在自己、前人或他人已经获得的结果基础上的新扩展、新开拓。它所追求的是新奇、新颖、独特和非重复性的结果。

③社会价值性。创造必须体现为一定的价值(这种价值可以是多方面的,包括学术价值、经济价值、审美价值等)。作为工程技术人员,技术发明和工程技术设计创造的价值主要看其经济价值以及是否具有实用性、有效性、可靠性。

④探索性。创造通常是在知识、手段、方法等不甚充分的条件下进行的活动。

2. 创造活动的一般过程

①准备期　包括发现问题,明确创新目标、初步分析问题,搜集充分的资料。

②酝酿期　这个阶段通过思考与试验,对问题做各种试探性解决。寻求满足设计目的要求的技术原理以及对各种可能设计方案的构思。常需要加以变换、分解、组合。如果原有技术原理不能解决问题,还必须通过大量实验、试验与理论分析探索新的原理,或将已有的科学理论开发成技术原理(这个阶段持续的时间相对较长)。

③明朗期　经过长期的酝酿、潜伏或不同寻常的观念和办法,使问题的解决一下子豁然开朗,创新性设计中顿悟的出现有时是受到偶然因素的启发产生的,有时以灵感的形式出现。

④验证期　即对新想法进行检验和证明,并完善创造性成果。

四、工程技术人员的创造力开发

1. 工程技术人员的创造力构成

创造力是人的心理活动在最高水平上实现的综合能力,是保证创造活动得以实现的诸种能力和各种积极个性心理特征的有机结合,而不是一种单一能力,它包括:

——智力因素

• 观察力:有目的的感知事物的能力。

• 记忆力:是将知识、经验、信息存贮于大脑中的基础。

• 想象力和思考力:是对知识、信息进行加工、变换的能力。它们是创造活动的两大支柱,其中思考力居于整个智力结构的中心,对其他智力因素起着支配和统御作用。流畅、灵活、独立的思考力以及丰富、奇特的想象力是促使创造成果出现的基本条件。

• 表达力:是对头脑中已经产生的新知识、新信息的输出能力。

• 自控能力:是指创造性按照一定的目的和要求,对意识、心理、行为进行自约束、自组织、自协调、自控制的能力。

——非智力因素

如理想信念(它标志一个人的抱负水平)、需求与动机模式、兴趣爱好、性格等。

智力因素是创造力的基础性因素,而非智力因素则是创造力的导向、催化和动力因素,同时也是促使创造力由潜变显的制约因素。

2. 灵感——创造的火花

人们在创造性活动中,有时会陷入困境,冥思苦想,不得其解,突然,脑海闪过一星"火花",茅塞顿开,这种现象,人们称之为"灵感"。

科学家十分重视灵感的作用。爱因斯坦说:"我相信直觉和灵感"。他认为,"狭义相对论"就是在灵感的启示下创立的,心理学家曾对 232 位美国科学家作过调查,询问他们在解决一些科研重大难题时,是否受过灵感的启示,结果 83% 科学家的回答是肯定的。

灵感是我们在创造性活动中经常出现的心理现象,它的心理结构主要由创造性思维、创造性想象和记忆组成,这是一种创造力的飞跃,具有突如其来、稍纵即逝的特点,如果我们能主动触发和及时捕捉灵感,不但可以提高创造效率,而且对生活、工作和学习也有极大的意义。

人们往往经过长时间思索,会出现思路堵塞,倘若在紧张之余做些轻松愉快的事,如与亲密朋友交谈、在乡间田野漫步、听美妙的音乐,都可触发灵感,正如心理学家赫尔姆霍茨说:"在紧张思考之后,安闲自在的时刻,灵感就会到来。"

日常生活中的一些事物,常给人启迪,引起人们的联想和想象,因此对日常生活的关注和思索,常常可以触发灵感,穿孔卡自动控制程序的计算机,就是它的设计者拜比吉在巴黎展览会上受到一台加卡提花机的启示设计出来的。英国一位名叫皮金顿的工程师,一天在帮太太洗碗时,对洗碗水的肥皂沫发生了兴趣,顿悟出灵感,设计出一种制造平板玻璃的新方法。

习惯性思维容易使人思路闭塞和思想僵化,因此,摆脱习惯性思维的束缚,也是触发灵感的一个重要方面,常有这种情况,把非常复杂的问题,搁置几天不去想它,待过去的思想和联想被遗忘或淡漠后,再拣起来重新研究时,竟很容易解决。

与别人讨论和争辩,因大脑处于积极活动状态,思维的灵活性、敏捷性提高,容易产生强化或否定自己观念的思想火花,所以也有助于触发灵感,著名物理学家海森堡、狄拉克、鲍利的许多新思想,常常是在咖啡馆的争论中萌发的。

灵感并非天赋神赐,它是长期创造性活动升华的结果。只有积极开展创造性活动,才会迸发灵感。

3. 如何使科技发明转变为产品

传真机是在什么时候发明的?1955年?1968年?苏格兰钟表匠亚历山大·贝恩1843年获得了第一台传真机的专利。20年后,一位名叫乔瓦尼·卡塞利的意大利传教士制造出第一个商用传真机系统。法国皇帝拿破仑三世在19世纪60年代就在巴黎和里昂之间架设了一条专用传真路线。在差不多一个半世纪之后,传真机成了销量极大的消费品,1994年销售额高达20亿美元。

在中间相隔的那些年代里,把这个卓越的技术上的想法变成市场上获胜商品所需要的那些因素逐渐明朗起来:电话公司在全球建立起设施来传送信号;联邦捷运公司及其竞争对手告诉人们,可以指望会出现能快速传递文件的办法;微处理机使得生产出价格适合在市场上大量推销的效力强大的机器成为可能。

据专家们说,全世界的实验室里好主意多的是,难做到的是想出办法来如何处理这些好主意。硅谷首屈一指的风险资本家约翰·多尔说:"使技术发挥作用并不难,我一再见到的事实是,技术发挥了作用,但却没有进入市场。"就应用技术而言,推销往往比发明它更难。

值得特别一提的是,在卢·格斯特纳担任国际商用机器公司总裁以前的几年里,这家公司在开发超级技术方面有过失败的特殊记录,这家公司除着手开发激光盘项目外,还发明了速度很快的精简指令系统计算机微处理机,这种机器目前用在计算机工作站和强力个人计算机上。但是,国际商用机器公司把从中得到的早期利润让给了太阳微电子公司和其他公司。尽管在20世纪80年代,国际商用机器公司的个人计算机设计大受欢迎,但是它把早期取得的领先地位拱手让给了别人。前不久,这家公司还在个人计算机方面赔了本。

那么,怎样做才有利于一个好主意获得成功呢?美国伦斯勒理工学院的管理学院院长约瑟夫·莫伦说,第一条法则是,这项技术对于开发他的公司的战略必须是必不可少的。他解释道,在把某些特别新的东西投入市场的过程中,公司几乎不可避免地会遇到严重的麻烦。莫伦说:"凡是把所有那些没有把握的事物坚持到底的公司,都是属于除了一干到底之外别无选择的公司。如果不存在战略紧迫感,在若干年内忍受痛苦和投入资金的可能性就是微乎其微的。”

历史,而且不只是国际商用机器公司的历史表明莫伦是正确的,20 世纪 20 年代,也就是拿破仑三世被赶下台后 50 年,《纽约时报》公司开始涉猎传真技术。《纽约时报》一直把注意力集中在普通的出版技术上,在 1990 年以前一直回避采用传真机传输业务。到 1990 年,数字传输技术开始发挥更大的作用,而传真机的规模仍然很小。

全身心投入会取得好的结果。辉瑞公司由于从开发药品中能获得相当大的收入,它退出了开发 CT 扫描机的竞争。生产 X 射线机的通用电气公司医疗系统部门必须坚持不懈地保护其核心的诊断显像业务。部分是由于 CT 扫描机的销路很好,通用电气公司的这个部门 1994 年的收入达到了 35 亿美元左右,与此相似的是,从长途电话业务获得大量资金的美国电话电报公司在 70 年代没有坚持开发光纤,科宁公司有可能损失更多,但它不惜花费 15 年的时间和耗资 1 亿美元来开发这项技术。如今,光纤成为科宁公司利润的主要来源。

法则之二是技术需要有提倡者。曾经获得诺贝尔物理奖这一殊荣的贝尔实验室研究所副所长阿尔诺·彭齐斯说:“一项劣质产品的定义是这项产品在公司内没有对手。”几乎任何一件新产品的销售都会蚕食掉某人从事的现有业务。新产品从战略意义上来看对公司越重要,被吞噬掉的产品就越有可能是它自己的产品。

解决这个问题的办法就是使风险加倍。1984 年,惠普公司推出了两种相互竞争的供个人计算机用的打印机:激光打印机和喷墨打印机,对惠普公司来说,激光打印机在市场上占强有力的地位,部分是由于受到推销像喷墨用的墨水盒这样的利润率很高的一次性产品的前景的引诱。惠普公司抵挡住了把注意力局限在激光打印机上的诱惑。如今,惠普公司的激光打印机和喷墨打印机都是首屈一指的,不管别的公司怎么说。几乎很少有哪家公司像惠普公司一样乐意出于竞争的考虑而吃掉自己现有的企业。

法则之三是技术对客户必须具有很高的价值,而且这种价值是一经解释就会使人一目了然的。负责管理惠普公司 5 家研究开发实验室的托尼·恩贝里说:“你必须要能够讲述这项技术,以便人们能直观地了解到这项技术对他们和他们的企业的重要性。”

时机问题是非常微妙的。许多后来流行的产品都因为过早地推出而受到损害,其中包括打字机(1874 年)、静电复印机(1938 年)、微波炉(1953 年)以及计算机鼠标(1964 年)等。也许电动汽车也属于此列,莲花公司的穆尔说,新产品要满足的需要必须是很强烈,但又还没有明确表达出来的。

彭齐斯在一本名为《协调:文书工作之后的企业、技术和生活》的书中概括了想要从几乎是任何种类的产品方面得到满足的三大需要。他写道明天的产品必须与用户、其他产品和环境协调一致。换言之,今天许多成功的产品,如个人计算机、移动电话,都不具备上述三大需要。对用户来说,它们都是累赘,不大可能互相配合,注定很快就会成为不能回收的废物。

法则之四是产品方便易用。就像彭齐斯指出的那样,用起来方便是很重要的,但仅此还不够。一项新产品取得成功的可能性会大得多,如果设计使得它能轻而易举地转变为其所取代的产品的话。当新产品能取代市场上业已存在的旧产品时,利润通常总是最高的。

第三种方便也同样需要,那就是用起来容易。托马斯·爱迪生为了使他发明的电灯泡对用户有用,而不得不建立电力基础设施,他最后拥有了发电厂和电线厂。

4. 具有创新精神的公司的七大秘密

美国罗林斯学院罗伊·克拉默商业研究生院管理学教授詹姆斯·希金斯指出，一个公司从它诞生时起，就面临着“要么创新，要么消亡”，一个具有创新精神的公司，必然在下列诸方面比别的公司更胜一筹：

（1）制定明确的和切实可行的创新战略，不一定是大公司才制定明确的和切实可行的创新战略。

以年销售额600万美元的超级面包公司为例。该公司在20世纪80年代初执行的是该行业中典型的保守战略，销售额和利润停滞不前。1987年，公司决定采取新的战略，强调产品和服务两方面的创新。例如，它开始强调销售同食品分配商的关系，寻找减轻它们工作困难的办法。该公司还教给学校系统如何获得以前没有想过的政府资助的方法，最后，该公司还照顾到它的客户的顾客，并设法向他们提供他们将会需要的产品，这样就使超级面包公司的产品通过这条供应系统源源不断地推销出去，所有这些行动以及对许多公司来说是标准做法的其他行动，对这一行业来说都是创新行动。

所有这些创新做法的结果是非常了不起的。1993年该公司销售额总共约为600万美元。从1983年到1992年，该公司每年平均降低成本2%，尽管在此期间出现了通货膨胀。节省的大部分成本费均来自生产率的提高，同时还改进了为客户服务的措施，如使销售订单准确无误、产品符合质量标准以及按时供货等等。

（2）成立班组　霍尼韦尔公司的一个客户扬言，如果该公司不能很快生产出新的监测气象装置，它就同别的公司做这笔生意。于是霍尼韦尔公司便成立了由销售、设计和工程制造部门的人组成的“老虎队”。公司让老虎队打破常规，把产品开发时间从4年缩短为1年，这样做的结果是公司留住了这家客户。

成衣制造商米利肯公司的经理们同客户组成小组，共同开发新产品和提供新的服务项目。事实已经证明，这个十分成功的战略在增加该公司同一些非美国公司的竞争力方面尤其有效。

（3）奖励创造力和创新　直到最近还有许多专家认为，研究人员、科学家、工程师和其他专业创新者的最大动力是工作本身，即技术上的挑战、创造的机遇和自主权。在大多数情况下，这也许仍然是对的。但是各公司发现，他们的专利创新者也非常愿意接受经济上的和其他一些非内部的奖励。

国际商用机器公司技术计划部的主任乔治·豪威说：“国际商用机器公司有一个名叫国际商用机器公司研究员的计划，这些人都是在公司工作了15年到20年的极富创造力和富有成果的工程师，他们拿总裁一样高的薪水，他们有5年的时间，可以用支持其研究所需要的人力物力从事他们希望进行的研究工作。”

3M公司为有创新精神的员工设立了自己版本的诺贝尔奖——金步奖。公司每年将颁发几个金步奖，授予那些开发的新产品所获收益和利润达到可观水平的员工。

此外，3M公司还制定了双梯提升计划，一个是为管理人员设立的；另一个是为奖励专业上的成功设立的。著名的告示贴发明人阿特·弗里就是通过双梯制被提升的，他最终获得了公司科学家的位子，这是该公司技术方面的最高职位。

（4）允许出错　在强生公司，出一次差错可能是一位创新者获得荣誉的标记，早在20世纪60年代，公司总裁吉姆·伯克设法为公司推出的第一个重要产品失败了，但是他却得到公司董事长罗伯特·伍德·约翰逊的祝贺，因为他为此项革新承担了风险，伯克永远也忘不了那次教训,后来他取得了成功。

(5)训练创造力　越来越多的公司训练员工进行创造的方法并鼓励他们使用这些方法。科宁公司和埃克森公司就是这样的公司。科宁公司已培训26 000名员工掌握这些技术。埃克森公司培训了7 000人。

杜邦公司则采取5种方法:横向思考、比喻性思考、正面思考、联想触发性思考以及抓住和解释各种梦想。

(6)驾驭企业文化　微软公司是通过大量艰苦努力,大批技术人才,以及精心驾驭企业文化而成为世界上主要的软件生产厂家的。微软公司创办人、公司总裁比尔·盖茨将公司文化建立在授予权力的原则之上。经理人员把权力授予编写和设计软件的开发者。

微软公司的具体布局安排有助于创造性和创新精神的发挥,公司总部就像是一个大学校园,有运动场、室外就餐区和篮球场。几乎每个办公室都有窗户,几乎每扇门都是开着的。员工们辛勤工作,同时也玩得痛快。

(7)有预见性地创造新的机遇　硅图形公司以其三维图形震动了整个计算机业。它同任天堂公司、时代-沃纳公司以及柯达公司的联盟,正在分别帮助计算机游戏、家庭录像以及电影业实现革命化。

纽克尔钢铁公司最初是通过使美国钢铁成本在全球具有竞争力而使这家小厂获得成功的,从而永远改变了美国钢铁业的面貌。然后它又发明了平面轧钢法,使钢铁业实现了第二次革命。

美国航空公司以其萨伯系统为航空业确立了预定机票制度的标准,从而改变了这个行业预定座位的方法,并使公司获得了巨大的战略优势。该公司还创立了"搭机常客计划",这是该行业中的另一个第一。

克莱斯勒汽车公司向美国消费者重新推出折篷轿车。它曾发明微型轿车,就在最近又制定了"前置驾驶室"计划。所有这些都给竞争者造成了沉重的打击。

所有这些有创新精神的公司都清楚的一点是:不进则退。了解未来是很重要的,创造未来更加重要。如果公司要想在21世纪生存下去并兴旺发达,他们就必须估价自己的创新能力。然后再采取战略行动改进其创新技能。

5. 工程技术人员的创造力开发的几点注意事项

①工程技术人员需要掌握创造性技法　设计过程是一个创造过程,设计人员创造能力的高低及发挥如何,将直接影响产品创新程度,设计质量,为此,必须使广大工程技术人员掌握创造技法,调动和训练工程技术人员的创造性思维能力。

②破除束缚,自我突破,调动创造性　创造并不神秘,人人都具有创造性,若能消除思想上的束缚,自我突破并掌握正确方法,即能调动创造性获得出乎意料的创造性成果。创造学的研究告诉人们,每个正常的人都具有一定的创造力,即都有进行创造活动的基础,同时尽管人的创造力和先天禀赋有关,但主要是在后天的实践中取得的。

③通过培养训练,提高创造能力。

④分析矛盾是创造的基础　需要是创新的源泉,矛盾是促进创造的动力,分析矛盾是创新的出发点。对待矛盾有4种态度:一是视而不见,习以为常,安之若素;二是抱怨矛盾,牢骚满腹,只说不动;三是看到矛盾不问方法,屡屡碰壁;四是分析矛盾,探索解法,不折不挠。只有第4种态度,才能解决矛盾,取得突破性的成就。

如湖北某厂一位技术人员与测量打了多年交道,发现专用量规制造成本高且磨损后就要报废,而通用量规测量效率低,针对这个矛盾,经过反复琢磨和试验,他设计出一种游标量规卡尺。在游标卡尺上加副游标尺,上下4个量爪中有3个可以移动调整,形成了不同尺寸的过规和不过规。这种卡尺把通用量具的可调性与专用量具的高效性结合起来,解决了多品种批量测量的需要。

再如成都量具刃具研究所的黄潼年高级工程师针对齿轮测量项目多,量具复杂,测量精度不高等矛盾,提出齿轮全误差测量理论,并在此基础上开发出微机控制的齿轮全误差测量仪,其测量精度好,效率高,在国内外都有很大影响。

6. 培养创造力的长期性方法

A. 开阔思路　不论是自己还是他人的,最好不要过于匆忙地把考虑出来的想法简单地批判为"无用"。

B. 建设性地不满足。

C. 摆脱已有观念。

问题一:假设某颗星球上的重力是向上的,生活在那里的居民是瞎眼和独脚,请为这些居民设计住宅和交通机械吧!

问题二:假若狗和人具有同样的智能,请为狗设计汽车吧!(设狗的身体结构保持现在的状态)

D. 自信　正如爱迪生所言:"已经知道有一千个是无用的,我们就有了巨大的进展"。这种能从失败中得到深刻认识,怀有将来一定会产生一种创造的自信心,是完成创造必不可少的必要条件。

E. 乐观论　一般认为乐观对发明和发现是重要的,悲观论占上风时,恐怕不会产生新的想法。悲观论在评价和批判阶段是重要的,但对酝酿正在发展的想法时是无益的。

第二节　创造性思维

一、创造性思维的定义

目前尚无统一的定义,可概略定义为:反映了事物本质属性和内在、外在有机联系,具有新颖的广义模式的一种可以物化的思想心理活动。换言之,创造性思维是指有创见的思维,即通过思维,不仅能揭示事物的本质,且能在此基础上提出新的、具有社会价值的产物。

创造性思维使人们突破各种束缚,在一切领域内开创新的局面,不断满足人类的精神与物质需要。

二、创造性思维的特点

1. 独创性(突破性,求异性)

具备与前人、众人不同的独特见解,突破一般思维的常规惯例,提出新原理,创造新模式,贡献新方法。

如灯的开关许多年来一直是机械式的,随着科学技术的发展,出现了触摸式,感应式、声控式开关,使用时更方便了。光控式开关能在一定暗度下使路灯自动点亮,而在天明时又自动熄灭。红外线开关在人进入室内时自动亮灯,并准确做到“人走灯灭”。原理性突破为许多工程技术问题开创了新局面。

近年来,新开发的混凝土搅拌车在建筑行业很受欢迎。这种车从料场装料后,在运输途中开动搅拌罐搅拌料,到达工地后即可卸下合格的混凝土。混凝土搅拌车能同时完成搅拌与运输两项工作,效率高,效果好,这是一种新工作模式的突破。

独创性思维具有求异性,敢于对司空见惯或“完美无缺”的事物提出怀疑,敢于向传统的陈规习惯挑战,敢于否定自己思想上的“框框”,从新的角度分析问题。

如50年代在研究制造晶体管的原料过程中,人们发现锗是一种比较理想的材料,但是需要提炼到很纯才能满足要求。各国科学家在锗的提纯工艺上做了许多探索都未能成功。只要混进极少量杂质即影响材料的性能。日本新力公司的江崎和黑田百合子在对锗多次提纯失败后,采取和别人完全不同的“求异”探索法。他们有计划地一点一点加入小量杂质,同时观察其性能,最后发现在锗的纯度降低为原来一半时形成一种性能优异的电晶体,此项发明轰动了世界,因而获得诺贝尔奖。

2. 连动性

由此思彼的连动思维引导人们由已知探索未知而开阔思路。连动思维表现为纵向连动、横向连动和逆向连动3种形式。

①纵向连动针对问题和现象纵深思考,探寻其原因和本质从而得到新的启示。

前苏联车工邱吉柯夫在车床边工作,由于突然停电,正在切削工件的超硬质合金车刀在工件失去动力降速运转的过程中,牢固地粘结在工件上而报废了。他正是通过这件偶然事故,深入分析工件和车刀粘连的原因而发明了摩擦焊。

②横向连动是根据某一现象联想到特点与其相似或相关的事物,进行“特征转移”而进入新的领域。如针对面包多孔松软的特点进行横向连动的特征转移,在各个领域内,人们开发出塑料海绵、多孔塑料、夹气混凝土等不同产品。

③逆向连动思维针对现象、问题或解法,分析其相反的方面,从“顺推”到“逆推”,从另一角度探寻新的途径。如法拉第把人们公认的“电流产生磁场”的原理从相反方面进行研究,针对“磁能产生电”的设想,提出了电磁感应定律,从而诞生了世界上第一台发电机;再如司马光砸缸救人,由“人离开水”逆向到“水离开人”。

3. 多向性

即善于从不同的角度想问题,这种思维的产生并获得成功,主要是依赖于:

①“发散机智” 即在一个问题面前,尽量提出多种设想,多种答案,以扩大选择余地。美国康涅狄格大学行为科学教授阿尔伯特·卢森堡经过大量的调研和分析认为,当今科学技术上有突出才能、获得过重要荣誉奖的人物在创立新科学理论的过程中,多路思维都异常突出。创造性活动中成功的几率与设想出供选择的方案往往是成正比的。

如要解决人和物的渡河问题,可以用横越水面或把水引开两种方法,针对横越水面可以采用桥、船、飞行器、空中索道、河底隧道等措施;而若想把水引开可以截流使河流改道或设法把水抽干。对桥来说可能设计成拱桥、珩架桥、悬索桥或浮桥等,在充分提出各种可能性的条件下,结合工作实际要求和经济性,才能选择出较现实的渡河方案。

②“换元机智” 即灵活地变换影响事物数和量的诸多因素中的一个,从而产生新的思路,如通过形状、大小、数量、位置、顺序等变换得到构形的各种变型。

③“转向机智” 即思维在一个方面受阻时，马上转向另一个方向。

④“创优机智” 即用心寻找最优解答，不满足对问题和现象的已有解答或解释。

4. 跨越性

从思维进程来讲，它表现为常常省略思维步骤，加大思维的“前进跨度”；从思维条件的角度讲，它表现为能跨越事物“可见度”的限制，迅速完成“虚体”与“实体”之间转化，加大思维的转换跨度。换言之，在无意之中做出发明，这反映了偶然性中的洞察力。如居里夫人发现镭，诺贝尔发明黄色炸药都是抓住了偶然的苗头，深入研究取得成果。

近年来研究发明学的学者经常提及一个英语单词“塞伦迪·比蒂”（Serendipity），这个词源于古波斯神话故事，说的是古代一个名叫 Serendipity 的地方有3个王子，他们总是在无意之中发现宝藏。1954年有一个名叫霍雷斯·韦尔的美国学者首先把这个词用于对发明的研究中，它的意思是指那种能在无意中作出伟大发明的能力。无疑在韦尔首创使用这个词很久很久以前，人类就经常于无意作出伟大发明，而且在今后，即便科学已进步到人类可以有目的地去发明需要的新事物的时候，Serendipity 仍会在科学发明中创造奇迹。

5. 综合性

对已有材料进行深入分析，综合概括出其规律或利用已有的信息、现象、概念等组合起来形成新的技术思想或设计出新产品。

要成功地进行综合思维，又必须具备3种能力：

①智慧杂交能力 即把大量选取前人智慧宝库中的精华，通过巧妙结合，形成新的成果。

②思维统摄能力 即把大量概念、事实和观察材料综合在一起，加以概括整理，形成科学概念和系统。

③辩证分析能力 它是一种综合性思维能力，即对占有的材料进行深入分析，把握它们的个性特点，然后从这些特点中概括出事物的规律。

如思考 A、B 两点连接的方式问题。最单一的是直线联系，其他是折线、曲线联系。再发散思考，可以想到图案上 A、B 两点联系及文字上 A、B 两点联系。空间性思维则可想到两个眼睛联系构成视觉，两颗心联系为“爱”，两个人结婚组成家庭等等。

三、创造性思维的类型

创造性思维是整个创造活动中体现出来的思维方式，它是多种思维类型的复合体，特别是那些成对思维的辩证组合。把握创造性思维的关键是在认识不同思维类型的特点，功用的基础上，进行综合运用。下面介绍成对的思维类型，它们依据不同的角度划分：

1. 形象思维与抽象思维

这是依据思考问题的过程中思维活动运用的材料形式不同而划分的。

形象思维所使用的材料是形象化的意象（不是抽象的概念）（意象是对同类事物形象的一般特征的反映）。例如设计一个零件或一台机器时，设计者在头脑中浮现出该零件或机器的形状、颜色等外部特征，以及在头脑中将想象中的零件或机器进行分解、组装等等的思维活动，就属于形象思维，在工程技术的创新活动中，形象思维是基本的思维活动，工程师在构思新产品时，无论是新产品的外形设计，还是内部结构设计以及工作原理设计，形象思维都起着不可忽视的作用，运用形象思维，可以激发人们的想象力和联想、类比能力。

抽象思维是以抽象的概念和推论进行的思维方式，概念是反映事物或现象的属性或本质的思维形式。掌握概念,是进行抽象思维,从事科学创新活动的最基本的手段。如伽利略进行的斜面小球实验。

形象思维具有灵活、新奇的特点,而抽象思维较为严密,在实际的创新过程中,应该把二者很好地结合起来,以发挥各自的优势,互相补充,相辅相成,创造出更多的成果。

2. 发散思维与集中思维

	发散思维	集中思维
定义	指思维者根据问题提供的信息,不依常规而是沿着不同的方向和角度,从多方面寻求问题的各种可能答案的一种思维方式	它是一种在大量设想或方案的基础上,引出一两个正确答案或引出一种大家认为最好的答案的思考方式
模式	信息　各种可能的解答	问题解答
特征	发散思维在人们的言语或行为上表现出3个特点:(1)流畅。就是思维者反映敏捷,能在较短的时间内想出多种答案,如前面的"渡河术","A、B 两点连接"。(2)灵活。能触类旁通,不受思维定势的影响,转换问题的角度,提出新构想新观念,再如"渡河术",外行人胆大是也!(3)独特。所提出的解决方案或方法打破常规,有特色	来自各方面的知识和信息都指向同一个问题

这两种思维活动在一个完整的创造活动中是相互补充、相辅相成的。发散思维的能力越强,提出的可能方案越多样化,才能为集中思维在进行判断时提供较为广阔的回旋余地,也才能真正体现集中思维的意义。但是反过来,如果只是毫无限制地发散而无集中思维,发散也就失去了意义,因为在严格的科学试验和工程技术设计等活动中,实验结果或设计方案最终只能是有限的少数几个,因此,一个创新成果的出现,既需要以充分的信息为基础,设想多种方案,又需要对各种信息进行综合、归纳,从多种方案中找出较好方案,即通过多次的发散、收敛、再发散、再收敛的循环,才能真正完成。

3. 逻辑思维与非逻辑思维

(这两种思维方式是按照在思维过程中是否严格遵守逻辑规则划分的)

	逻辑思维	非逻辑思维
定　义	逻辑思维是严格遵循逻辑规则按部就班,有条不紊地进行思维的一种思考方式	与逻辑思维相对而言的另一类思维方式,不严格遵循逻辑规律,突破常规,更具灵活的自由思维方式

续表

	逻辑思维	非逻辑思维
基本形式	(1)分析　把作为整体的认识对象分解后,分别认识和把握。可以化繁为简,化整为零,将问题的思考引向深入,但由于破坏了整体性,易发生认识的片面性,如盲人摸象 (2)综合　是在分析的基础上把对象的各个部分、单元、环节及要素按照其固有联系结合起来的思维方式,与分析相辅相成,相互依存,相互转化,相互渗透 (3)归纳　从个别或特殊的事物概括出共同本质或一般原理的思维操作方法,“由多到一”,归纳的结论易带或然性(除完全归纳外) (4)演绎　从一般前提出发得到特殊结论的思维过程,“由一到多”,新颖性较少	(1)联想　指由一事物引发而想到另一事物的心理活动,任何事物都可以通过其他事物联系起来,掌握联想的特点和规律性,增强联想能力,对工程技术人员具有重要意义 (2)想象　是在联想的基础上加工原有意象而产生出新意象的思维活动。关键在于对原有意象的加工,改造和变换,若改造的意象具有超乎他人或前人的新颖性,即为创造性想象 (3)直觉　不受固定的逻辑规则约束而直接得出问题答案或领悟事物本质的思维方式。“顿悟”具有产生的突然性、过程的突变性和成果的突破性三大特征 (4)灵感　指在创造活动中,创造性新设想的突然闪现,它是一个突然出现的瞬息即逝的短暂思维过程

4. 直达思维与旁通思维

(根据解决问题的途径分类)

	直达思维	旁通思维
定　义	为解决问题,采用直接的方法,始终不离开问题的情境和要求而进行思考	通过对问题情境和条件的分析、辨识,将问题转化成另一个等价问题或以某问题为中介间接地去解决问题
特　点	优点:直接面对问题情境,可以快速达到目标,它对于解决简单的问题特别有效	转换、类比、模拟、移植、置换、转向。我们解决复杂问题的新思路

旁通思维与直达思维应互相为用,互为补充的,尤其重要的是,只有通过旁通思维以后又反归到直达思维,才能真正解决所提出来的问题。

四、创造性思维的七大障碍

密歇根理工大学工程学系主任爱德华·拉姆斯戴恩说,工程技术人员若想事业有成,就需要有创造性思维的技巧,拉姆斯戴恩夫妇是最新修订本《创造性地解决问题:变化世界的思维技巧》一书的作者。

两位作者称,工程学教育工作者帮助学生学会更具创造性地解决问题的一个途径是,与之共享下面有关克服创造性典型障碍的事实和建议:

障碍1. 对创造性做出错误的假设。"我没有创造性",是一种典型的错误假设,事实是每个人都具有创造性,而且经过某种训练之后,可以学会更具创造性。

障碍2. 相信只一个正确答案。若想具有创造性,就要努力去寻找多个答案并养成问多种不同类型问题的习惯。

障碍3. 孤立地考察问题。要整体而全面地看问题,要认识到事物的发展绝不是互不相干的。

障碍4. 遵循规则。不要遵循那些不存在的规则。对确实存在的规则要明白其原因,也许这些规则已不再有效。

障碍5. 消极的思想。要把事物看成是不同的或有趣的,而不要看成是好的或坏的,评价事物要积极。

障碍6. 逃避风险,害怕失败。不要害怕可能遭到嘲笑,不要让它去阻止你产生和表达创造性的思想。当创造性地解决问题时,3 次尝试有两次失败,实际上平均成功率已很好了。错误是有价值的,因为你可以从中学到东西。

障碍7. 避免多种情况。不要因为多种情况会使你感到不舒服便避而远之,要把各种情况通盘考虑。要注意那些需要假设或从多个角度会出现矛盾的情况。不要一有问题就去找答案,而要多提出问题。

第三节　创造技法举例

一、创造技法

创造技法是以创造学理论,尤其是创造性思维规律为基础,通过对广泛的创造活动实践经验进行概括、总结、提炼而得出来的创造发明的一些原理、技巧和方法。创造技法的基本出发点是打破传统思维习惯,克服思维定势和阻碍创造性设想产生的各种消极的心理因素,充分发挥各种积极心理,以提高创造力为宗旨,进而促使多出创造性成果,出高水平的创造成果。

二、创造技法的基本原理

(1)主动原理　即创造者需积极、主动、树立问题意识,经常保持冲动,有强烈的好奇性,勇于设问探索。

(2)刺激原理　即广泛留心和接受各种外来刺激,善于吸纳各种知识和信息,对各种新奇刺激有强烈兴趣,并愿意跟踪追击。

(3)希望原理　即不安于现状,不满足于既得经验和既成事实,追求事物(产品)的完善化和理想化。

(4)环境原理　保持自由和良好的心境,要有容许失败的社会环境。

(5)多多益善原理　即树立创造性设想越多,创造成功的概率越大的信念,解决任何问题都要有多方案,多设想。只有这样才能在比较鉴别的基础上做到择善而从。

(6)压力原理　人不能在高压中生活,但是可以利用高压来为人类服务,从心理学观点来说，人是“有恃无恐”的，“有恃”则怠惰；怠惰就不可能有所创造，天长日久，意志衰退，智慧枯竭，才干丧失。即可见压力是驱散怠惰，激发强烈的事业心，求知欲和永不枯竭探索精神进而产生人们所需动机的最有效杠杆，人们的智力只有在各种主客观要素结构的强大压力场内，才能真正释放出全部容量，一般包括：

①自然压力　自然界给予的强大压力，求生存、扩大生存范围、改造自然。

②社会压力　整个社会的体制、制度、政策、法律都要建立在充分发挥人的智力的基础上，造成每个人都有压力感的环境，通过社会压力来提高专业水平和激发进取精神。

③经济压力　智力释放多少能量，就从经济上补偿多少能量，不断提高经济压力，不断进行反馈调节，才能使人们克服怠惰情绪去创新、去发明。

④工作压力　工作过程也是施展智力的过程，工作过轻会使人游手好闲，过重又会使人累垮，人只有在适当的工作压力下才能充分发挥自己的才能。使每个人在紧张而有节奏的满负荷工作压力场中正常、优质、不断发挥自己的智力。

⑤自我压力　产生于对自己所从事的工作的强烈责任心和强大的吸引力。

总之，压力的把握应有“度”，使这成为创造的强大动力。

三、创造法则

所有的创造技法都是根据基本法则加以实现，有的是几个法则的组合运用。所以先研究如下的创造法则。

1. 综合法则

综合不是将对象各个构成要素的简单相加，而是使综合后的整体作用常常会导致创造性的新发现。技术综合创造法很多，主要包括：

①先进技术成果综合法　将同类产品多种先进技术成果，按其特点、优势、适用性，通过分析、综合，得出更高质量的新产品或更优化的生产工艺过程，从而获得较大的经济社会效益。如首钢的高炉，吸取各国高炉的先进技术，综合应用后使许多指标达到先进水平，有的还具有国际水平，从而获得北京市和国家的奖励。

②多学科技术综合法　把多学科，多领域的有关技术成果，综合地应用到某一新兴的技术上，创造出从未有过的最新技术和产品。如电子计算机包含了大规模集成电路、计算数学、精密机械等。

③新技术与传统技术综合法（改造更新）　如数控机床。

④自然科学与社会科学综合法　随着社会、经济的不断发展进步，使人们对生产资料和消费资料需求的功能、规格、结构、外形等也在不断发展变化。分析研究这种发展变化的市场学、心理学、预测学、社会经济学同自然科学技术成果相结合，就会综合推出各种适销对路的新产品、新工艺来。

2. 还原法则（抽象法则）

俗语说：回到根本或抓住关键。

还原创造法的定义是：任何发明和革新都有创造的起点和创造的原点，创造的原点是惟一的，创造的起点有无穷多，创造的原点可作为创造起点，但并非任何创造起点都可作为创造的原点，研究已有事物的创造起点，并深入到它的创造原点，再从创造原点另辟门路，用新的思想、新的技术重新创造该事物或从原点解决问题（实质是抽象出其功能来，集中研究实现该功能的手段和方法,或从中选取最佳方案)。

第二次世界大战后,日本大阪有一家食品公司,经理是山本佑久次,一位名叫森秋广的专务理事加入了该公司,那时,日本姑娘都很喜欢从美国进口的口香糖,甚至跟在美国士兵后面转。森秋广很会动脑筋,他同经理说:“咱们生产日本的口香糖,销路肯定好”。于是,他们找来百科全书,上面写着:“口香糖是橡胶液中加白糖、薄荷的一种具有弹性的食品。”可是怎么也找不到做口香糖原料的橡胶。要生产自己的口香糖,必须摆脱现有产品的束缚,森秋广把注意力集中到抽象的功能——“有弹性”上来。“能否找到其他材料代用橡胶呢?”他们使用松脂和冬青树胶等进行试验,几经失败也毫不气馁。当时,有一家公司生产乙烯树脂,其液体酷似橡胶液,他们灵机一动,用乙烯液代替橡胶液,再加入薄荷与砂糖,终于发明出日本式的口香糖,畅销市场。

3. 对应法则

相似对应联想:人脑中会自然地产生一种倾向,去想起同这一刺激或环境相似的经验。

对比对应联想:想起与这一刺激完全相反的经验。

接近对应联想:想起在时间上或空间上与这一刺激相关联的经验。

掌握对应联想的法则,把它同自己身边或岗位上所需的革新与发明对象进行联想,就会产生许多意想不到的设想。

4. 移植法则

把一个研究对象的概念、原理和方法等运用于其他研究对象并取得成果的认识方法。移植可分为 4 种类型:

①纵向移植法　沿不同物质层次和运动级别进行移植。

②横向移植法　在同一物质层次和运动级别内的不同形态之间进行的移植。

③综合移植法　把多种物质层次和运动级别的概念、原理和方法综合引进到同一研究领域或同一研究对象的移植法。

④技术移植法　在同一技术领域的不同研究对象或不同技术领域的各种研究对象之间进行的移植法。

5. 离散法则

西方经济学中提到商品之间有一种关系:互补性。所谓商品之间的互补性,即两种或两种以上的商品互为补充,共同满足一种需要,这两种或两种以上的商品就成为互补型商品。在互补的情况下,不同商品之间有一定的比例关系。例如眼镜架和眼镜片是互补型商品,每副眼镜的镜架与镜片的比例为 1∶ 2,这样才能适应市场需要。

离散法则,冲破商品互补型观念的限制,把互补型商品予以分离,创造发明出一种或多种新产品的一种方法,眼科学家不自觉地运用了这种创造法,把眼镜的镜架和镜片分离出来,发明出一种新型产品——隐形眼镜。隐形眼镜不用镜架,缩短了镜片与眼球之间距离,同时起到美容和校正视力的双重作用。

6. 强化法则

强化法则在我国的应用,于 20 世纪 50 年代已经开始,也可称为精炼,聚焦原理。

通过强化手段,提高质量,改善性能,增加寿命。

如①为提高刀具的耐磨性,曾经采用过电火花强化刀具工艺。

②零件表面的喷丸处理。

7. 换元法则

换元又称替换或代替,如代用材料、代用零件、代用方法等。

换元是着重解决具体问题的方法,而不是提出问题的方法。在发明革新活动中,换元是用一事物代替另一事物,通过代替事物研究被代替事物的矛盾,使常规方法难解决的问题获得解决,或者发现新的办法,或者进一步完善被代替的事物。

如:探测高能粒子运动轨迹的仪器——"气泡室"的发明原理,就是发明者——美国核物理学家格拉塞尔喝啤酒时,看到啤酒杯中一串串上升的气泡,猛然想到自己一直在研究的课题——怎样探测高能粒子的飞行轨迹。于是,他就用啤酒代替高能粒子穿越的介质,顺手拣起几粒碎小鸡骨代替高能粒子,等到酒杯中的气泡冒完之后,将其丢入杯中啤酒里,只见随着碎骨粒的沉落,周围不断冒出气泡,用气泡显示出了碎骨粒的下降轨迹。但是碎骨粒毕竟不是高能粒子,啤酒也不是高能粒子穿越的介质。换元试验成功了。他急匆匆地赶回试验室,经过不断试验,当带电粒子穿过液态氢时,所经路线同样地出现了一串串的气泡,终于以这种方法清晰地呈现出粒子飞行的轨迹。格拉塞尔并因此荣获诺贝尔物理奖。

8. 迂回法则

世界上最先开发人造皮革的是日本东雷公司,问世使用人造革的地点却在欧美,因为日本的狩猎不发达,不了解皮革的真正价值,所以只有在欧美获得畅销,才能使高级服装材料人造革在日本国得人心,这就是绕道战略,有时绕道反而是捷径。

当你在解决问题的过程中遇到一个屡攻不克的难关时,不妨暂且停止在这个问题上的僵持,而先转入下一步的行动,带着这个"×"继续前进,或者试着改变一下视点,不在这个问题本身上钻牛角尖,而去注意一下与这个问题有关的各个侧面,当你解决了其他问题后,这个悬而未决的问题往往也就迎刃而解了。

9. 组合法则

组合现象是十分普遍的,也是十分复杂的。同是碳原子,以不同的晶格组合便可合成两种完全不同的物质,坚硬的绝缘体金刚石和脆弱的良导体石墨,人类社会亦是如此,几个人组成了美满幸福的家庭或先进集体,同样数量的另外几个却可能组成恐怖集团。

为了解决某个技术问题,或设计某种多功能产品,将两种或两种以上的技术思想或物质产品的一部分或整个部分进行适当的结合,形成新的技术思想,或设计出新产品,这种技术创造就叫做组合创造,如收录机、混凝土搅拌车。

组合创造有下述4种类型:

①主体附加:在原有的技术思想中补充新的内容,在原有的物质产品上增加新的附件,如自行车上加里程表等。

② 异类组合:
- 两种或两种以上不同领域的技术思想的组合
- 两种或两种以上不同功能的物质产品的组合,如手表圆珠笔,日历圆珠笔等

③同物组合:若干相同事物的组合,如对笔、子母灯等。

④重　　组:在事物的不同层次上分解原来的组合,尔后再以新的意图重新组合起来。

重组作为一种创造手段,可以更有效地挖掘和发挥现成技术的潜力。螺旋桨飞机发明以来,螺旋桨都是设计在机首,两翼从机体伸出,尾部安装着稳定翼。美国著名飞机设计专家卡里格·卡图按照空气的浮力和气推动原理,对螺旋桨飞机进行重组,将螺旋桨改放在机尾,仿

如轮船一样推动飞机前进，而稳定翼则放在机头处，设计出世界上第一架头尾倒换的飞机。重组后的飞机，具有尖端悬浮系统，具有更加合理化的流线型机体形状，不仅提高了飞行速度，而且排除了失速和旋冲的可能性，增强了安全性。

儿童玩积木，活动模型，都可以从小培养重组意识和重组能力。

10. 逆反法则

经验证明，人们在解决问题时，每当采取一种特定的思路取得成功后，这种思维方式就被视为"法宝"，而继续沿用这个"法宝"去处理新的问题，这种思维方式的稳定性与重复次数成正比，即重复次数越多，其稳定性越强，这在心理学上叫"思维定势"。

要克服思维定势，必须对熟悉的事物持陌生的态度，用新的观点，从新的角度去看待。

11. 造型法则（仿形法则）

如百叶窗，因其排列密，间距小，清除尘埃较麻烦。美国光栅公司为解决这个小难题，模仿手指的形状生产了一种清洁百叶窗的工具，这种工具设有 8 个手指状的刷子，使用时它可以灵活方便地伸入栅格间，再通过静电作用吸灰除尘。

12. 群体法则

德国心理学家勒温曾提出"群体动力理论"，他认为人的心理，行为决定于内在需要和周围环境，类似于"磁场"概念，人的行为方向主要是当不能满足需要部分场产生的能力，而环境场起导火线作用。

群体法则引起激智创造的例子很多的。美国纽约布朗克斯高级理科中学是一所培养"尖子人才"的学校，据报道，单在 1950 级中，在物理学领域就出了 8 位博士，其中格拉肖和温伯格于 1979 年共同获得了诺贝尔物理奖。温伯格说："你想成为什么样的人，多少有点取决于你与谁一起上学。这里有一种'共生效应'，该校的学生在学习中，自觉或不自觉地受到刺激、共振。"

四、创造性设计方法

表 3-1

序号	名称	特征	目的
1	组合法	把机械系统或者某些功能载体的功能连接起来	产生新的特性，形成比较简单的结构
2	借用法	对一种现有的机械系统针对新条件的适应性设计或局部改造	寻找满足新条件的可靠解决方案
3	利用法	现有的机械系统用以满足新的功能	已验证的机械系统应用于新的领域
4	优化设计	用数学关系式表示机械系统的技术特性和经济特性并寻求极限值	寻求最佳的解决方案
5	评审法	通过打分评审，找出技术和经济的价值	从一批方案中找出最佳方案
6	智暴法	通过各抒己见的自由讨论，汇集各种突然产生解题构思	针对一个问题找出各种解决的方案
7	笛卡尔法	四条原则：批判、分解、整理、概括	确保思维的正确性和有效性

续表

序号	名称	特征	目的
8	特性分析法	深入分析机械系统每一种特性	改善现有的机械系统
9	发明法	将发明中的进程应用到本设计中	发现新的解决方案
10	系统覆盖法	某一领域一系列固定点出发,研究所有的发展趋势	取得尽可能完善的情报
11	提问法	通过系统质疑,使情报和建议达到圆满无缺的程度	取得尽可能完整的情报
12	设想实验法	使理想化的设想模型变为可行	复核设想、主意、性能
13	迭代法	以假定值为出发点逐步求所有的精确值	寻求一种关系复杂的系统的解决方案
14	孕育法	在深入研究某个问题以后插入一段酝酿时间	通过直觉找出解决方案
15	交互作用组合法	把机械系统或特性组合起来,以发挥新的更高的效应	现有的机械系统派生出的新的解决方案
16	系统技术法	处于解决状态和决定状态下的系统进程	尽可能完整地研究某个领域
17	市场分析法	系统收集和整理市场情报	测定市场动态
18	模型技术	为不同目的的技术系统模型表示	确定技术系统的工况和其他特性
19	形态综合法	以矩阵形式列出分功能载体	通过功能载体的组合获得新的解决方案
20	网络技术	用图表示过程及其持续时间	作出概括:找出评判途径,对计划进程给出总貌并求得关键路线
21	测量和检验技术	在测量和检验过程中取得需要的值	测定机械系统的特性
22	比喻法	全力分析问题,通过比喻,寻求新的解决方案	发现新的解决方案
23	技术—经济设计法	通过技术价和经济价的分析,提出和提高设计的过硬度	一批解决方案中确定出一种最佳的解决方案
24	前进—后退法	试图从实际存在到既定目标及相反的方向两方面探讨解决方案	找出比较有利的解决途径
25	价值分析法	从经济效益出发分析和批判现有的各种解决方案	改善机械系统的经济特性
26	整体分解法	一种把整体分解为各个组成成分的战术过程	建立系统概貌,可能求得局部解决方案
27	系统质疑法	系统地否定现有的解决方案,寻求新的解决途径	找出新的解决方案
28	635 法	6 个人各写 3 种设想,5 min 以后再交换	找出更多的解决方案

五、小发明大用途

进入冷冻世界

仅仅75年前，一位名叫克莱伦斯·伯兹艾的探险家兼发明家彻底改变了全世界的饮食习惯，伯兹艾26岁时动身到加拿大东部的拉布拉多去做毛皮生意，他在那里发现鱼和肉经快速冰冻后，再化开和烹调时，仍能保持新鲜的原味，他回到美国后，就研制了一种机器来快速冷冻鱼，后来，又冷冻其他的食品和蔬菜。如今，成百上千家制造商在市场上销售成千上万种冷冻食品，供应世界各个角落。

启动了！

早期，发动内燃机时要在汽车前部插入一根摇把，用力摇，既费力，又危险，出于发动机的反冲，弹得铁摇把飞转，常常把人打得骨折或造成其他伤害。

1909年，一个名叫查尔斯·凯特林的年轻人在俄亥俄州代顿附近的一间旧谷仓中建立了一个工作间，他和一些助手在那里发明和研制工业新产品，一天，当时33岁的凯特林接到一封电报，邀请他访问底特律新建的卡迪拉克汽车公司总裁享利·利兰。

利兰告诉凯特林，他的一个好朋友最近被飞转的汽车摇把打死了。发明家难道不能发明出更好的办法来发动汽车吗？

年轻的凯特林回到谷仓后便着手工作，当时的工程师都认为，给发动机点火的惟一办法是使用另一部发动机，但这个办法很不实用，因为这样会使构件笨重庞大，无法装入汽车，凯特林不赞成这个办法。他和十几个助手组成的“谷仓帮”用了两年时间，试图解决这个复杂的问题，他们想找到一种办法，既能保持构件体积的小巧，又有足够的力量发动发动机。

1910年12月24日，凯特林终于坐在汽车驾驶室中，按动电钮，发动机便轰鸣和旋转起来。随后，他们又用了几个月的时间作了进一步的改进，结果是显而易见的，他们发明的这种自动启动器帮了全世界驾车人员的大忙。

反光作用

随着道路和公路上汽车数量的增多，迫切需要更多更好的路标，特别在夜间更是如此。3M公司的科学家为此发明了一种在塑料底板上覆上含有小玻璃珠的薄板，当汽车前灯照射在上面的时候，小玻璃珠起到一种小反射镜的作用，把强烈的光反射回来，引起司机的注意。

20世纪30年代后期研制的这种“斯科区赖特”牌反光薄板，如今已在全世界广泛使用，年复一年，夜以继日地反射着“停止”和“弯道”等路标，提醒来往的驾车人注意前面有急转弯或者有山丘，并标志出路号和一些文字说明，如“爆炸品，危险”。除此以外，反光薄板还有其他许多重要作用，这种材料还用作自行车车尾灯，使夜间骑车更加安全。

减轻负荷

提起我们大家都在商店里购买食品和其他物品，还要谈谈两个小发明，即购物袋和购物车。

以前，既没有购物袋，也没有购物车，这就限制了顾客购买商品的数量，买太多就拿不了。密苏里州圣路易斯的一位食品商沃尔特·德博纳想增加销售量，于是用了4年时间，研究出了一种特殊的购物袋，这种购物袋用一根重量很轻但却十分结实的细绳加固，还安装了提把，沃尔特·德博纳的购物袋，发明于1915年，是最早的购物袋。如今，购物袋已成为几乎不可缺少的物品。

在美国首都华盛顿的著名博物馆——史密森学会的一座展厅里,有一件永久展品——一辆钢制小推车。这辆小推车是由西尔万·戈德曼发明的,他减轻了顾客手提所购商品的负担,戈德曼在俄克拉何马州的俄克提何马城开了一家超级市场,他在办公室里,把一个篮子放在张折叠椅上,又在椅子腿上安上轮子。一辆购物车就发明出来了。

硬币——热咖啡

在饮食领域的众多发明中,有一项是售咖啡机,这种机器的诞生是因为两个美国士兵在一个寒冷阴暗的日子里想喝一杯热咖啡。

在俄亥俄州赖特基地工兵部队中服役的劳埃德·拉德上尉和赛伊·梅产坎中士上午休息时来到空军基地的自助食堂,他们在食堂门口看到一张很大的告示,上面写着:“两餐之间不再为地勤人员供应咖啡。”他们很不高兴地走到软饮料自动售货机前。

拉德一边向售货机中投进硬币,一边嘟囔:“如果向这家伙投入一角硬币,就能得到一杯热咖啡,而不是冷汽水,那该有多好?全世界的人都会感激发明这种机器的人,特别是在像今天这样的寒冷的雨天……嘿!你听见没有?”

梅立坎中士凝视着软饮料售货机,过了一会儿才说:“上尉,你可想出了一个40年代的好主意。”

那是1944年,拉德和梅立坎休班时就在一起研究设计能够日夜出售热咖啡的机器。不到一年,他们就研制出了一种机器,只要一按按钮,杯子就会落进槽里,并自动倒出加或不加奶油和糖的咖啡,这是世界上第一部全自动售咖啡机。两个士兵因此发了不少财,这当然不是出自偶然。

其他小玩意儿

小发明带给人类大好处,而小发明之多远远超出多数人的想象,下面再举两个例子。

——拉链。在19世纪,要系紧当时流行的一种高帮扣襻鞋,惟一办法是用扣钩一个一个地勾紧,十分费事,惠特姆·贾德森感到很不方便,就在鞋上安装了一种上下滑动的链扣,由于最早的拉链经常出现故障,当时只能用在鞋上,远远没有得到广泛应用,贾德森经人介绍认识了一位前陆军上校刘易斯·沃克。沃克建议用拉链取代衣服上的钮扣。经过改进,拉链的质量提高了,而且随着岁月流逝,人们又发现了拉链越来越多的用途。

——橡胶鞋跟。一个名叫汉弗莱·奥沙利文的排字工人每天晚上回家时感到脚疼,因为他必须整天站在石头地上工作。一天,他带了块橡胶垫去上班,他感到站在橡胶垫上好多了。可是,脚一离开橡胶垫,就又开始疼起来。既然走到哪儿把橡胶垫带到哪儿很不方便,为什么不能把橡胶垫粘在鞋上呢?这是一个合乎情理的办法。于是,奥沙利文便照他鞋跟的形状剪下两块橡胶垫,粘在鞋上。就这样,1889年,橡胶鞋跟问世了。

——手电筒,现代文明的确应感谢美国发明家托马斯·爱迪生,是他制成了第一盏具有商业价值的白炽灯,然而,康拉德·休伯特也应受到同样的尊敬。100年前从俄国移民到美国的休伯特发明了手电筒。

一天,休伯特下班回家,一位朋友自豪地向他展示了一个闪光的花盆。原来,他在花盆里装了一节电池和一个小灯泡。电门一开,灯泡就照亮了花朵,显得光彩夺目。休伯特看得入了迷,就在不久以前,他还不得不提着笨重的油灯到黑漆漆的地下室去找东西。除此之外,在没有灯的地方,就只好用蜡烛和火把来照明了。

休伯特把电池和灯泡放到一个管子里,结果第一个手电筒问世了。

——铅笔橡皮擦。在宾夕法尼亚州费城的H·L·李普曼出现以前,擦除错字的惟一用具是一小块印度橡胶,很容易丢失,19世纪中叶,李普曼把一块橡胶粘在铅笔的上端,这样就可随时使用了,后来虽然又有许多改进,但这个主意是李普曼想出来的,如今还在继续帮助着人们改正书写错误。

——耳套。1873年,切斯特·格林伍德只有15岁,他决定想个办法来保护自己因缅因州西部的严寒而冻伤的耳朵。他用毛皮缝成两个环状的小套,连在一根铁丝的两端。然后把铁丝弄弯,戴在头上,结果:第一副耳套诞生了,并且,很快就吸引了周围的人前来订货。格林伍德还不到20岁就想出办法,在一家小工厂里成批生产耳套,随着耳套销售量的不断增大,工厂也越办越大。

第四章 商品化设计思想及方法

本章对商品化设计思想及方法进行介绍，使学生了解设计与产品营销策略、产品定位、生产计划及研究开发之间的关系。

主要要求：

1. 了解商品化设计思想对设计成败的影响。
2. 了解设计与产品营销策略、产品定位、生产计划及研究开发之间的关系。
3. 熟悉商品化设计方法。

我们知道，今日的工业设计与往日的产品设计之间的差别是很大的。在工业革命以前，设计者所处的时代与环境均是十分单纯的。当时的设计师就是制造者，他用自己的想法，自己的技能，根据用户的要求做出一个符合特定对象需求的物品。设计者与制造者是统一的。然而今天的环境由于批量生产及工业化的过程，使得各行各业不断分工，技术也愈来愈专业化，因此，某产品开发的过程中，就应有各种具备专业知识的人来配合工作，才可能达到目的。

目前从事产品设计工作的设计师大致可分为个人设计师和企业设计师两类。前者如设计大师科拉尼（Luigi Colani），他的作品十分广泛，无所不包，但他的设计作品多以展览方式待价而估，极少考虑到商品化的可能，而完全以表现其设计哲学为主要目的。他所信奉的设计哲学是宇宙间没有直线（No Straight Line in the Universe），所以他的作品完全是用曲线所组成，设计所表现的是"天人合一"的境界。个人设计师在今天整个设计界所占的比例很小，多数的还是企业设计师。企业设计师顾名思义就是为公司、企业所计划生产的产品而从事设计，目的是产品的商品化。这类设计师又可细分为企业编制内的设计师和编制外的顾问设计两种。这类设计师中知名度较高的可举德国布劳恩公司（Braun Co.）的狄特·雷蒙（Diter Rams）为代表，雷蒙自1955年担任布劳恩公司的主任设计师，对设计的一贯性与企业形象政策有较大的建树。他认为一个公司的产品、广告、建筑等的形象要有一贯性，这种形象要不断地延续下去。他认为布劳恩公司的产品追求的是以功能为前提的和谐，符合消费市场和消费者的需求，必须具有人体工程学的正确性；每件产品都要有极完整的配置，不论色彩、形态、按钮、装饰等，每一细节均达到高度的和谐。作为企业中的设计师必须研究消费者的心理需求，因为产品不仅是满足物质功能，而且还要具有给人以欣赏、触摸、感觉等精神功能，并对人的生活有着积极的影响。现在，产品在人们生活中扮演着极其重要的角色，与人们朝夕相伴，因此，设计必然与消费者结合，然后才能发挥其影响，即使是个人设计师，也要考虑其构想变成工业化生产的产品的问题，以此将其设计推广到社会中去，否则其设计作品只能作为陈列品。企业设计师在主、客观的限制条件下，也自然要有考虑商品化的问题。客观的现实，要求设计人员必须"扬弃"传统的设计思想，树立全新的设计观念，"以用户为中心，以市场为导向"，增强商品意识，掌握市场脉搏，把满足市场显在和潜在需求作为产品设计的出发点和归宿，从设计上促进产品的商品化，增强产品的竞争能力。衡量一名优秀设计师的标准之一便是能否设计出适合市场需求的商品化产品。总之,今日的产品设计师必须要有商品化的设计思想才能合乎快速发展的工业化社会的要求。

第一节　商品与产品

设计的目的是满足人类不断增长着的需要,而人们需要的满足是通过企业不断提供的产品来实现的。

通常人们对产品的传统的理解是指具有实体性(或物质性、实质性)的产品。这是对产品的狭义的理解。广义的产品是指为满足人们需求而设计生产的具有一定用途的物质产品和非物质形态的服务的总和。因此产品应当包括以下 3 个方面的内容:

(1)实体　产品提供给消费者的效用和利益。

(2)形式　产品质量、品种、花色、款式、规格、商标、包装等。

(3)延伸　产品的附加部分,如维修、咨询服务、分期付款、交付安排等。

据统计,每 100 个新产品提案中,平均只有 6.5 个能产品化,不到 15% 的新产品能成功的商品化,37% 进入市场的新产品在商业上是失败的;国外企业新产品开发的成功率不足 10%,国内企业新产品开发的成功率低于 5%。

设计方面的原因:主要是在设计过程中,过分强调产品的技术性能,没有从商品生产、流通、使用的总过程来考虑,对市场缺乏全面、深入的分析和研究,因而未能从设计方面采取措施,促进产品的商品化。

美国市场学家利维特断言:“未来竞争的关键,不在于工厂能生产什么产品,而在于其产品所提供的附加价值:如包装、服务、广告、咨询、购买信贷、及时交货和人们以价值来衡量的一切东西”。企业经营战略是企业成败的关键,而制定企业经营战略面临的第一个问题就是企业能提供什么样的产品和服务去满足广大消费者,由此可见:设计的商品化思想对于设计是何等的重要。图 4-1 表明了产品的生产过程和交换过程。产品一旦在不同的所有者之间交换就转化为商品,因此,优秀的设计师应当树立牢固的商品化观念。

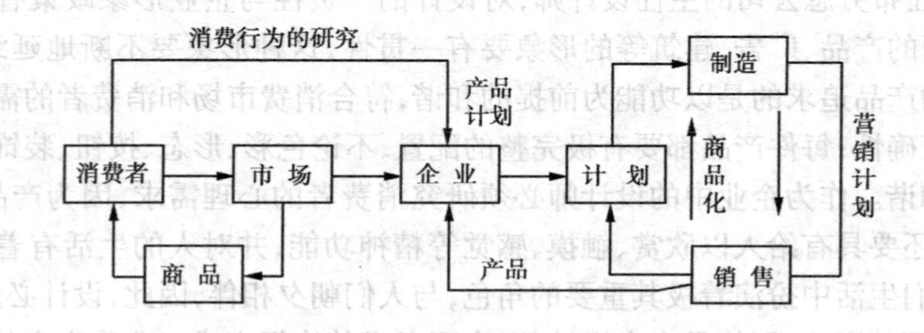

图 4-1　产品的生产过程和交换过程

第二节 商品化的设计思想

商品市场随着科学技术与社会经济的发展,竞争变得更加激烈。目前几乎所有的企业都意识到自身存在与发展的关键在于不断地开发设计新产品及改良老产品。

一般说来,一件新产品的发展,其决策过程大都需要有6个步骤:

(1)构想汇集。

(2)构想甄选。

(3)产品观念的形成与经济分析。

(4)产品发展。

(5)市场试销。

(6)商品销售,实现商品化。

在研究开发的历程中,有许多产品及新产品构想,虽然花费了很多人力、物力及资金,却无法完成市场的开发,这是因为创新过程中出现了问题:可能是企业技术问题;或是要花费很大的成本才能开发出来,因而在财力上行不通;或是预测不准,过高估计市场需求,等等。总之,是没有全面地解决商品化的有关问题。商品化是设计开发的最终环节,它决定着设计的有效性,因此,具有举足轻重的地位。

所谓商品化产品是指在现有技术条件下,按照市场要求设计制造的具有最佳时间周期,合理的资源消耗,能够最大限度地满足市场需求,符合环境条件并且占有一定市场份额的高质量、低成本产品。

商品化产品目标应是具有物理特性(功能特性、实物特性)、心理特性(色彩、人机协调、安全卫生)和市场特性(竞争、价值、流通等)的有机统一。

商品化产品具有如下特征:

• 功能和谐——符合用户需要,物质功能与精神功能、流通功能有机统一。

• 整体和谐——产品从功能配置、质量指标、成本要求,到艺术造型、结构设计、色彩协调、人机工程学等均达到高度的协调。

• 环境和谐——产品的设计、制造、使用等过程符合自然、社会及技术条件,满足各方面要求。

• 市场和谐——产品的包装、运输、安装、售后服务等满足市场流通要求,基本用户明确,占有一定的市场份额。

• 经济和谐——产品价格及使用费用与用户经济能力相一致,用户买得起,用得起。

产品设计并不是把各类工程师、设计师的作用简单相加,而是在整个产品开发中给予产品贯穿以工业设计的思想,并在产品开发中扮演一个重要角色。这不是像以往许多人所认为的那样,即设计师要凌驾各种专业人才之上,统领所有的开发活动。在产品开发中应当贯穿工业设计的思想。设计师是以其固有的能力和知识加入到产品开发工作中去,给产品以妥善的处理,以其敏锐的感受力洞悉问题的症结,预见未来的趋势,以其对色彩、图案、形态的鉴赏力,以及对设备、技术的了解,激发开发工作的展开并与有关人员相互合作,使产品开发取得良好的结果。因此,工业设计师的地位是重要而又确定的,应该而且能够在产品的开发中贯穿商品化的观念和思想,以求取得设计开发的成功。

实现商品化所应做的事情很多,第一,须将产品的特性与包装确定下来,即确定产品观念与包装观念;第二,对新设备进行投资,以便进行大量生产的准备工作;第三,必须与销售人员进行正式磋商,以创造执行此方案所需的技术与热诚;第四,必须与销售部门联系,以便计划一系列的广告促销方案。商品化的工作,虽在开发决策流程中处于较后的阶段,然而它是从开始阶段逐渐累积下来的成果。换言之,在新产品开发过程中,每一阶段均与商品化的可行性有关,因此,在设计开发时应时刻注意商品化的有关事宜。这也是为什么设计师必须有商品化的设计思想的原因所在。

广义地说,所谓商品化是将现代营销学的策略应用于实际的市场活动中。因此产品商品化涉及的范围相当繁杂。本章所讨论的只是就商品化对产品设计开发可能产生的影响,以及从设计师的角度来探讨在产品设计上如何使之配合。至于完整的行销观念与活动,则可参阅有关专业书籍。

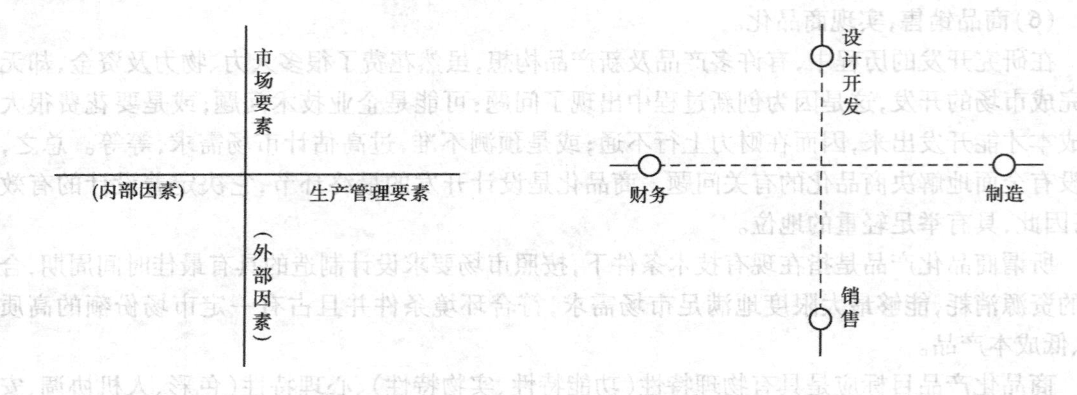

图 4-2　商品化影响因素空间　　图 4-3　商品化设计思想的基点

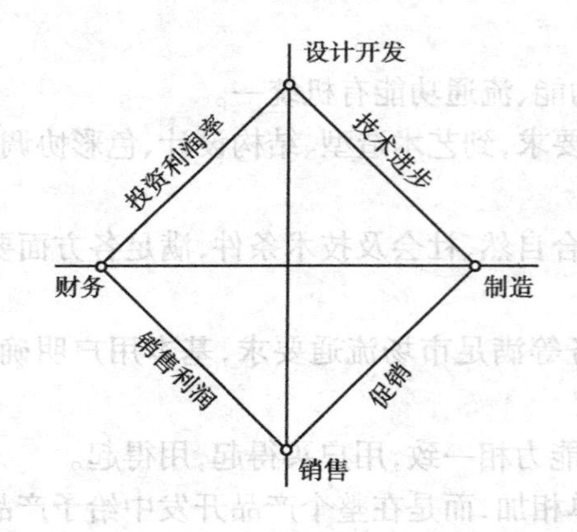

图 4-4　销售商品化设计观念的范围

在现代化企业环境中,产品设计师是企业产销体系中的一员,因此在考虑与设计有关的商品化问题时,其思考的重点,自然是以企业内部与外部的因素为出发点。图 4-2 所示的是以公司内部环境所衍生的生产管理要素和从外在环境所衍生的市场要素为主构的产品商品化影响因素空间。对新产品开发过程而言,在企业内部环境中必须首先考虑到财务状况和生产制造能力,以此作为决策的基准,它们在生产管理要素轴上因性质不同而各列一端。其次,对外部环境而言,所要注意的问题有:是否进行产品的设计开发,以及有关销售潜力的研究。因此,在外部要素轴上,可以得到产品的设计开发与销售两个基点,在内部要素轴上可得到财务与制造两个基点。由这 4 个设计中要考虑的基点,可以构成设计开发中商品化问题所涉及的几个层面,如图 4-3 所示。开发与制造间的问题是技术研究的范畴;设计开发与财务间的问题则是属于投资效益分析的范畴;制造与销售间的问题有赖于广告、促销活动;财务与销售间的问题则是投资利润率的考虑内容,等等。这些都可从图 4-3 中推断出来。

图 4-4 说明了整个设计开发活动所涉及的范围。至此,介绍了商品化设计思想的基本框架,以后各节将展开分析商品化设计思想的具体内容。

第三节 设计与营销策略

产品通过营销为人们所使用之后,其经济的、效益的、机能的以及审美的等目的才能实现,产品设计的目标和使命才可能达到。因此,设计与营销的关系十分密切,应加以研究。

营销是 20 世纪 50 年代在商品经济高度发展的西方国家中首先形成的一种新的市场经营观念。这种观念的核心是“以销定产”。从历史上看,企业经营的传统观念是生产观念及单纯销售观念,两者简称为“以产定销”。营销观念与传统的经营观念之间的区别可见表 4-1 中的简明对比。图 4-5 也表明了二者的区别。

从表 4-1 所列可见,“以销定产”的营销观念的特点在于:

(1)它不是以生产或产品为中心,而是以用户或顾客的需要为中心。不是销售从属于生产(即生产什么就销售什么),而是销售指导设计和生产。

表 4-1 营销观念与传统经营观念的比较

类　别	观　念	中　心	手　段	目　标
以产定销	生产观念 销售观念	生产或产品	推销宣传	以增加销售量来获利
与销定产	营销观念	用户或顾客	营销组合 手　段	从满足用户需要中获利

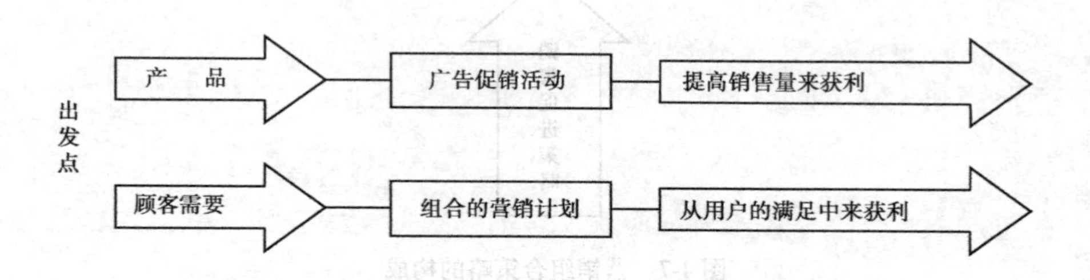

图 4-5 营销观念和销售(生产)观念的比较

(2)它不以推销为主要手段,而是采用综合性的营销组合手段。

(3)它的最终目标虽然仍是获取盈利,但着眼点已扩大到更好地满足用户需要方面,不再是着眼于以增加销售量来获得更多的利润。这是因为,只有符合用户需要的产品才能稳固地增加销售量。

树立营销的观念,对产品设计师是十分重要的。一方面,营销观念符合工业设计的根本宗旨,即设计是为人服务,提高人的生活质量。另一方面,营销观念的树立,有助于克服设计上“闭门造车”的错误倾向,即提示设计师要注重市场调查和预测,注重消费心理的研究等。

产品销售受很多因素的影响。这些因素可分为两类:一类是企业不能控制的因素,如宏观经济环境,如人口因素、经济因素、政治法律因素、技术因素、竞争机制因素,以及社会文化因素

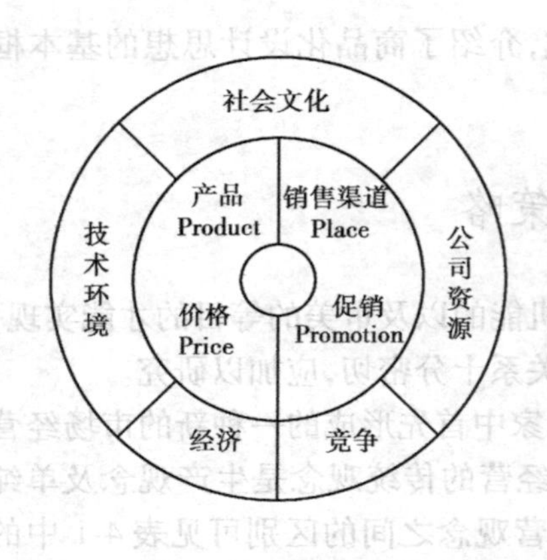

图 4-6　营销因素

等。这类因素决定了市场需要的性质和容量。另一类是企业能控制的因素,可以归纳为 4 个方面,即产品、价格、销售渠道和促销,简称"4P"(Product—产品,Price—价格,Place—销售渠道,Promotion—促销)。这 4 个因素是企业营销活动的主要手段,一般称为营销因素或市场因素。营销因素虽然是企业可以控制的,但如何做出选择,要以企业不能控制的环境条件为依据,才能实现预期目标。这两类因素的关系如图 4-6 所示。

与营销因素相对应,营销策略上也就有产品策略、价格策略、销售渠道策略和销售促进策略(图 4-7)。这些策略间应是相互配合的,并根据企业不可控因素(如前所述)等进行营销策略的组合,以综合地使与营销有关的工作顺利进行。下面将从产品设计的角度来讨论营销策略组合的 4 个组成部分,显然讨论的重点是产品策略,其余部分是有关专著的内容,在此仅略加提示。

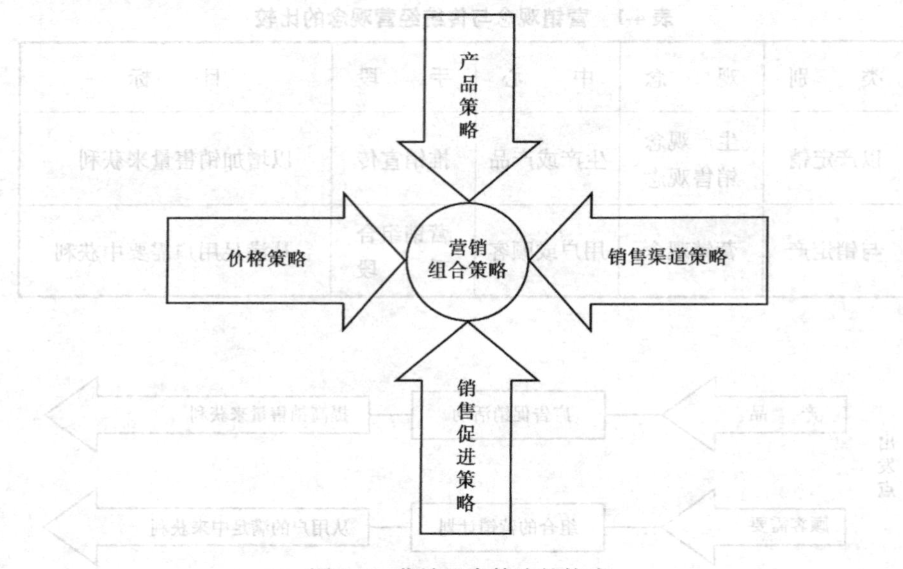

图 4-7　营销组合策略的构成

一、产品策略与设计

企业的市场营销活动以满足用户(顾客)需要为中心,用户需要的满足只能通过向他们提供某种产品来实现。提供什么样的产品去满足市场需求,这就是企业首先要解决的策略问题。因此,产品策略是营销组合策略的基础。

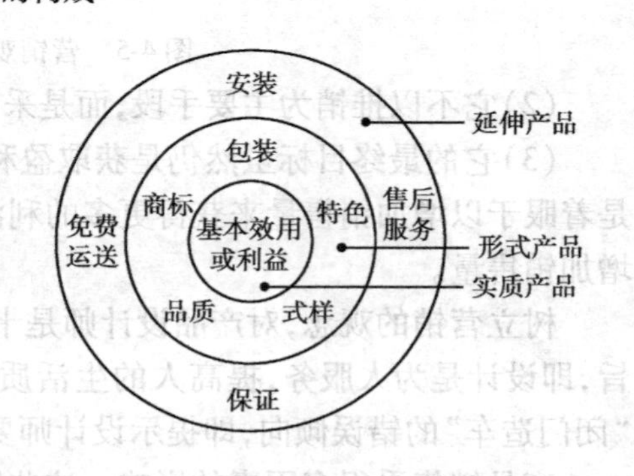

图 4-8　整体产品概念

第一节中讨论过的整体产品概念,是我们讨论产品策略及与设计有关的问题之前首先应明确的。整体产品概念把产品理解为由实质产品、形式产品、延伸产品3个层次所组成的一个整体,如图4-8所示。

实质产品是指向购买者提供的基本效用或利益,这是产品的核心内容。形式产品是指实质产品供以现实的形式,如质量水平、特色、式样、造型、商标及包装等。延伸产品是指用户获得形式产品时所能得到的全部利益,即随同形式产品而提供的附带服务。

因此,从整体产品概念出发,企业应该提供什么产品而由此能最大限度地满足目标市场的需要,必须在4个方面做出决策,即产品组合策略,商标策略,包装策略和销售服务策略。这4个策略的有机配合,组成企业的产品策略。

1. 产品组合策略

按照产品生命周期的理论,企业产品的市场储备量、销售量和所能获得的利润量都有从成长至衰减的发展过程(参见第六节)。因此,现代企业通常不只经营生产一种产品,而需要同时经营生产多种产品项目。如美国光学公司生产的产品超过3万种,美国通用电气公司的产品项目多达25万种。企业生产和销售的全部产品项目的结构就称为产品组合,企业根据市场需求、自身的能力和特长、竞争形势等,对产品项目的结构做出决策就称为产品组合策略。产品组合策略大致有如下几种类型:

(1)全面型　向任何用户提供任何所需产品。

(2)市场专业型　即向某类用户提供需要的各种产品。

(3)产品专业型　即专注于某一类产品的生产,将其推销给各类用户。

(4)有限产品专业型　即集中生产单一或有限的产品,以求在某个特定的细分市场上提高占有率。

(5)特殊产品专业型　企业根据自己的特长,生产某些具有优越销路的特殊产品项目。这种策略由于产品的特殊性,所能开拓的市场是有限的,但受到的竞争威胁也相应减小。

产品组合策略只能决定产品的基本形态,由于市场需求和竞争形势的变化,产品组合中每个项目必然会发生分化,一部分产品获得较快的成长,一部分产品继续取得较高的利润,也有一部分产品则趋于衰落。为此,应经常分析产品组合中各个产品项目的销售成长率、利润率和市场占有率,判断各产品项目的潜力和趋势,适时开发新产品,并设法停止淘汰产品或衰退产品的生产,即就此做出策略上的选择,以调整产品组合。当然,这一工作并不是设计师本身能完全控制的,而是与企业的领导有极大的关系。但作为设计师,应该有认真的分析和敏锐的判断,不断开发新的设计思路,为领导决策提供依据和信息。因此,产品组合是一个动态的过程,我们所期望的是产品组合总是处于最佳的状态,使产品适时投入或退出市场,使企业不断获得较大的利润。

分析产品组合是否最佳,可用三维坐标的方法进行,如图4-9所示。分析各产品项目所处的坐标,就能直观地了解产品组合的状态,从而采取相应的措施,使产品组合处于最佳的状态(即多数产品项目处于图中1区)。

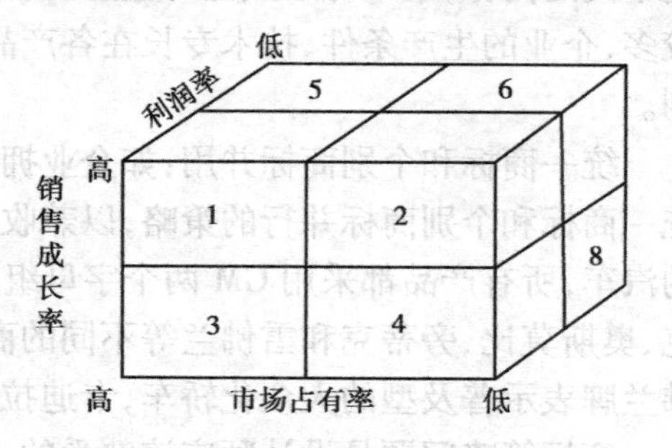

图4-9　产品组合的三维分析图

产品组合策略与设计的关系是很大的。设计师开发设计新产品时,必须要了解企业的产品组合情况,寻找合乎企业能力和专长的设计开发课题。否则,设计师的设计就难以实现商品化,即使生产了也可能达不到促进企业发展的目的。另外,只有在了解产品组合中各产品的利润率、销售成长率和市场占有率以后，弄清各产品在生命周期中所处位置，才有利于确定新产品开发的目标、时机等问题。新产品的开发和设计要与企业的产品组合有一个和谐互补的关系，既不能延误产品开发的时机而使企业在市场竞争失利，也不能因不恰当的产品开发和商品化而破坏企业产品组合的合理结构。因此，要注意研究新产品和老产品之间的关系问题，针对不同的具体情况，采取不同的策略。例如，企业即将淘汰的老产品曾获得过普遍的喜爱、信任，则新产品可考虑在造型风格和式样的延续性上提取老产品的成功之处加以发挥。反之，则可考虑在造型风格等方面加以大幅度的改变，以克服老产品的不良影响。对于企业的产品组合，在造型、功能、规格等方面加以适当分组，注意产品的统一形象问题，使产品组合具有系列性或家族感，这也是应该注意的。

2. 商标策略

商标策略是产品策略的一个重要组成部分。商标的作用是多方面的，因为它不仅仅是识别标志。商标策略应在以下问题上做出抉择：

(1)使用还是不使用商标　采用商标对大部分产品来说可以起积极作用，但是并不是所有的产品都必须采用商标。由于商标的采用涉及费用及企业形象等因素，有些情况下就不必采用商标，例如，临时性或一次性生产的商品，试销的某些产品等。当然，此时虽不使用商标，但一般应标明厂名，以示对产品负责。

(2)采用制造者商标还是销售者商标　一般说，如果企业需要在一个对本企业的产品不熟悉、不了解的新市场上推销产品，或者在市场上本企业的商誉不及销售者时，可采用销售者的商标。

(3)使用统一商标还是个别商标。

①统一商标　是指对所有产品使用同一商标。这种策略的好处是：节省商标设计费用；有利于解除用户对新产品的不信任感，并能提高企业的声誉。采用统一商标策略应具备两个条件：第一，该商标已在市场上赢得信誉；第二，采用统一商标的各种产品具有相同的质量水平。如果各类产品的质量水平不同，使用统一商标就会损害商标的信誉，从而损害具有较高质量水平的产品信誉。

②个别商标　这种商标策略有两种可能的形式：第一种形式是对企业的各项产品分别采用不同的商标；第二种形式是对企业的各类产品分别采用不同的商标。如果企业的产品类型较多，企业的生产条件、技术专长在各产品生产线上有较大差别时，采用个别商标策略比较有利。

统一商标和个别商标并用：如企业拥有多条产品线或者具有多种类型产品，可以考虑采用统一商标和个别商标并行的策略，以兼收二者的优点。例如美国通用汽车公司生产多种类型的汽车，所有产品都采用GM两个字母组成的总商标，而对各类产品又分别使用卡迪拉克、别克、奥斯莫比、旁蒂克和雪佛兰等不同的商标，每个个别商标都表示一种具体特点的产品，如雪佛兰牌表示普及型的大众化轿车，卡迪拉克牌表示豪华型的高级轿车。

商标策略问题是设计师应该熟悉的，因为产品设计总要涉及这方面的问题。对设计师而言，重要的是根据产品设计开发的具体需要，判断应选择的商标策略，使产品在商品化过程中能顺利地发展。值得注意的是商标策略问题和产品组合策略有一定的联系，应有统一的考虑。

3. 包装策略

包装策略主要是针对销售包装(内包装)而言的。目前国际市场上商品包装策略主要有以下几种：

(1)类似包装策略　企业所生产的各种不同产品，在包装上采用相同的图案色彩或其他形式特征，使用户极易发现是同一家企业的产品。类似包装和采用统一商标具有相同的好处。

(2)多种包装策略　把使用时互相关联的多种产品纳入一个包装容器中，同时出售。如工具箱等，既便于使用又扩大了销路。

(3)再使用包装策略：原包装商品的容器使用后还可以作其他用途。这种包装策略能物尽其用，能引起顾客的购买兴趣，同时包装器具更能持续发挥广告的作用。

(4)改变包装策略　商品包装上的改进正如产品本身的改进一样，对销售有重大意义。当企业的某种产品在同类商品中内在质量相似而销路明显逊色时，就应该注意改进包装设计。当一种产品包装沿用已久，跟不上时代审美等要求时，也应考虑推陈出新，变换新颖的包装。

(5)附赠品包装策略　这种策略曾在国际市场上流行一时，大都为中小型企业所采用。由于它单纯成为一种推销手法，从营销的观点来看并不是可取的方法。

采用何种包装策略才更有利于商品化，这是设计师不能回避的问题。包装设计应是设计师的一项重要任务。上面所介绍的包装策略各有所长，并又各有适用的条件，设计师必须在充分了解有关情况的基础上，才能慎重选择，否则将损害产品的商品化进程和效益。

4. 销售服务策略

对于服务策略，主要包括服务项目、服务水平、服务形式等方面的决策问题。

二、价格策略、销售渠道策略及销售促进策略与设计

1. 价格策略

价格是影响产品销路的重要因素，它对企业收入和利润的影响很大。因此如何定价是企业经营中的一项重要策略。定价策略一般说来有3类：①以成本为中心的定价策略；②以需求为中心的定价策略；③以竞争为中心的定价策略。

在产品设计中，考虑定价策略，对于企业的目标是有益的，尤其是对以竞争为中心的定价策略，了解企业的意图之后，在设计中有意识加以配合，使企业的意图得以实现，对此，设计师是能有所作为的。如进行功能价值分析，降低产品成本，按目标价格精心设计，适当添减附加功能，使价格与价值保持适当的平衡，等等。当先有目标价格时，就对设计师提出一定的要求，使设计受到现实的控制。设计师根据其经验和直觉判断，也应能对价格策略的选择提出自己的建议。

2. 销售渠道

商品化过程一般离不开销售渠道的决策。产品要经中间商(代理商、批发商)才能和消费者见面。因此，如何选择销售渠道对产品的商品化具有较深远影响。销售渠道策略的核心问题是根据产品本身的特点和市场情况等选择中间商。对设计而言，要根据市场因素(如市场范围的大小、用户集中程度、销售批量、市场竞争等)、企业本身的条件、产品本身的特点、政策法令的限制等情况，预估可能的销售渠道，然后根据这些渠道的特点和要求指导产品设计。对于不同的销售渠道，产品的规格、采用的标准、造型的风格、人机学参数的确定及包装的设计等许多因素都可能有所改变，这应在设计之中就加以注意，从而采取相应的对策。此外，设计本身对销售渠道的选择也是有影响的，设计师可利用这一手段达到疏通销售渠道的目的。

3. 销售促进策略

采用销售促进策略，旨在达到将产品的有关信息传递给消费者，激发其购买动机，扩大销售的目的。设计师应在促销策略指导下参与广告等设计工作，使产品的设计思想及目标进一步通过广告加以表达和宣传。

依设计者的立场来看，营销活动本质上是针对不同地区的特殊情况与消费者的嗜好、偏爱与习惯，按不同的市场投入不同的产品。在营销计划与设计间的配合上应同时考虑到：一要因人、因地制宜，即充分考虑市场与社会文化环境的关系；二是要有利于标准经济的商品在各地区销售，并有利于产品开发可行性的发挥。

当今的设计师对消费者的需求、价值观念以及生活方式的变化趋势要有确实的预测，并将其结果与现已开发市场研究的结果，一并运用到设计开发中去，使最终上市的商品符合市场需求，达到设定的营销目标。另外从技术角度来说，为了达到某一产品功能，必须缩小需求与技术之间的差距，想法在制造上实现突破，以产生全新的产品去占领市场，这就是商品开发的推动力。

一个消费市场可依地理、人口、心理及购买者行为等主要因素加以划分。针对不同的市场，可采取不同的策略，选择哪种策略完全依据于企业的资源、产品的特点、产品在生命周期中的位置、竞争的形势等等因素而定。在经过认真分析、慎重判断后，企业据此制定其营销策略和目标。设计师须以营销目标为指导思想，了解营销策略的具体特点，以自己的工作加以全力配合。可用 5W2H 法（Why、What、Who、When、Where、How to do、How much）明确为谁设计；如何考虑消费者所喜爱的设计风格和造型、材质、色彩、装饰等嗜好；产品在什么场合下使用，何时使用，通过什么渠道使产品到达消费者手中；用何种产品去满足用户的需求；为什么要这么设计，等等。

一般而言，产品开发的决策是由市场需求和企业的目标这两方面因素所引起的。为在开发过程中配合整体营销计划使产品系列在复杂的市场等条件下不断成长，设计者应充分了解市场等有关问题，依据营销计划和目标，来拟定各种商品的设计策略。

第四节　设计与产品定位

在商品化为主旨的设计目标中，除了要以目标市场为重要考虑因素外，还必须明确产品的定位。只有如此才能在现代市场环境中确立自己的位置，保证产品的商品化进程顺畅完成。

一、目标市场

目标市场，其实也是设计定位的一个方面。前面已述及，市场可依地理、人文、心理及购买者的行为等方面加以细分，划分的精细度可视需要和具体条件而定。把市场细分成若干子市场以后，再根据市场环境，企业的特点等确定所以进入的子市场，即目标市场，这就是设计的市场定位。目标市场的确定可以借助图 4-10 所示的“市场/目标网

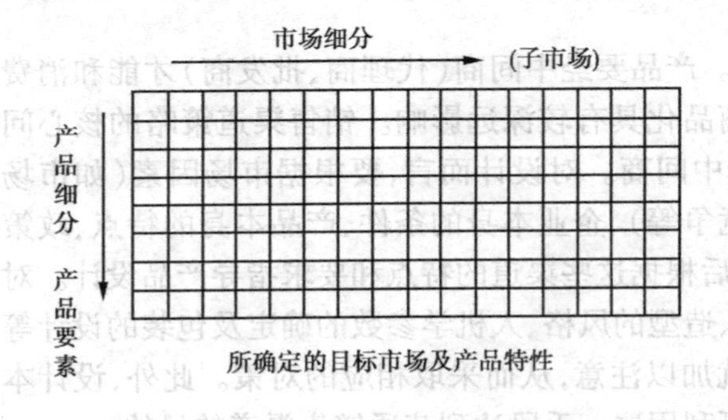

图 4-10　确定目标市场的“市场/目标网络”法

络"法。图中的产品要素可按类型、形态、色彩、价格、档次、风格、成本等分别展开,从而使未来的产品设计目标清晰化。由于这个过程中,要判断和选择产品要素,所以在市场定位的同时也就基本上实现了产品定位。当然这时的产品定位还只是大方向上的定位,至于细节问题应靠其他方法解决。这种市场细分的方法的好处在于:

(1)可以仔细地分析市场需求,启发设计思路。

(2)明确设计的目标,有的放矢、有针对性地展开设计。如为女性消费市场设计办公自动化产品,针对这个子市场,设计的基本特点也就大致限定了,不会造成大方向上的偏差。

(3)可发现被人们忽略的潜在市场,开发出独树一帜的新产品。

二、产品定位

在确定了目标市场以后,还要从更深入的角度解决产品定位的问题。在商品化设计目标中,产品的定位主要是从市场方面进行的。

目前,人们对市场中商品的心理需求层次已从"只要有"发展到"必须是"的档次。一件商品在市场中必然是要同中求异、满足特定的需求,在众多的同类商品中脱颖而出,否则就必然会失去市场。总之,人们已从以往普及化的消费形态,走入要求有个性的消费形态,人们不是仅仅满足于拥有产品,而且要求该产品满足心理、人文、审美及地位等多方面的需要。这种时代要求,对设计师提出了更高的要求,为了适应这种消费品位增高的潮流,就得努力建立产品的"差异性"特质。

在竞争激烈的市场环境下,要想以最小的冒险开发新产品,用定位的方法来强调所欲开发投市的产品的特征,是十分有效的。当今的产品设计师必须要设身处地多为未来的消费者着想,把市场的需求作为设计的重要依据。消费者的购买行为就是在众多的同类产品竞争中做出判断和选择,"适者生存"的道理在这里是十分明显的。

一般而言,产品之间的差异性是绝对的,均质性是相对的。如果一件商品能达到消费者需要的差异性,那么市场销售就有了成功的前提。设计师的任务就是要发现并在设计中强调这种差异性,使产品的商品化过程获得成功。

所谓差异性,一般指不同厂家的产品在造型形态、色彩、功能、价格、质量等内在及外在的特点,以及因设计师强调的不同所造成的差异。这是一个广泛的概念。概括地说,产品的差异性大致可划分为3种类型:

(1)功能上的差异 如有人需要高级音响来满足鉴赏音乐的品质,也有人购买低档品来满足声觉享受。

(2)心理上的差异 如在20世纪60年代,日产汽车公司推出1 L,(发动机排放量)的Sunny轿车。丰田公司见其销路好,随后推出了1.1 L的Corona轿车与之竞争,从物理功能上而言,两者相差只不过0.1 L,但在心理效果上却大异其趣,给人以有0.1 L充裕量的感觉。又如,某些音像产品上增加一些发光二极管(LED)等显示装置。虽然这在物理功能及成本等方面都没有大的变化,但在人们心理上却造成较大差异感。

(3)技术上的差异 用优异的技术使产品发生差异化是较好的竞争策略。但在技术普及化及信息时代的今天,要使消费者了解和实现这种差异性已渐渐困难。不过善用技术而制造出具有差异性的产品,必然在竞争中立于有利的地位,如Benz汽车的例子。

不论产品的差异性有多大,关键的问题还在于设计,是设计的差异造成了产品的差异,因

此,如何明确设计目标,实现设计定位是个核心问题。在设计定位时,一般可依下面的步骤进行:

①首先找出产品异于其他品牌产品的主要特征有哪些,这是一个分析判断的过程,要分析现有产品的特点和市场情况,确定所要设计产品如何在同中求异;②建立一个产品差异空间;③比较分析现有市场中各商品的关系,重新指出一个新的设计方向,即产品概念。下面进一步讨论这些步骤。

(1)寻找产品特征　产品具有许多特征,例如大小、结构、材料、造型、价格、商标、功能、质量、性能指标等。应从中确定若干个消费者最为关心的特征项目,才能目标明确,提高实效。这些消费者最关心的项目是确认产品主要特征的基础。

(2)建立产品差异空间　当产品的重点特征确认之后,可以将它展开形成一个产品差异空间,如图4-11所示,图中的各比较项目可根据具体需要而有所改变,至于机能、心理、技术等方面的差异,也可细分成更具体的方面,如安全性、可靠性、工艺性、成本等等。总之,这是一种直观化的分析手段,可把有关的信息视觉化,以便决策。

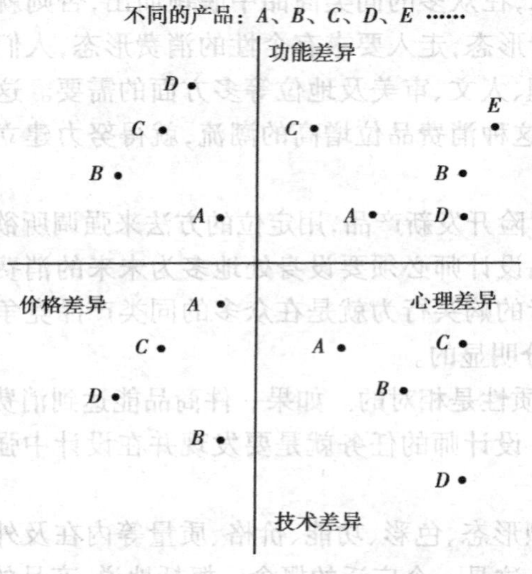

不同的产品:A、B、C、D、E ……

功能差异

价格差异

心理差异

技术差异

图4-11　产品差异性空间示意

(3)形成产品概念　通过对众多竞争产品特点及差异性空间的分析,可以发现要设计的产品应处于何种位置(在差异性空间中)才是有利的,才能同中求异,并与企业的特点相适应。从而就能形成产品概念,对未来的产品有一初步但确是关键性的想法。有了产品概念,就有了展开设计方案的前提,这之后的工作就是技术性与艺术性相结合的具体工作了,是对确定的产品概念的物化过程。

设计定位,就是要确定所要设计的产品在哪些方面异于其他厂家的同类产品,又在多大程度上造成了这种差异性。选择差异的类别和大小是要经认真分析的,不能闭门造车,有些产品可在价格上形成差异,有些可在功能上造成差异,有些可在质量上造成差异,此外,可在造型形态、色彩、装饰、工艺、质感、风格、尺度等形式要素,以及安全性、可靠性、维护性、技术水平、规格、性能、质量、互换性等功能技术要素上建立具体的差异性。差异可以是一个方面的,也可以是多方面的,应该视需要和能力而定。

第五节　设计与生产计划

生产计划是企业整个综合生产管理的一部分,如图4-12所示。从图中可知,产品设计与生产计划是有确定关系的。所谓的生产计划是指企业为达到其经营目的而建立的一套有组织的策划,以推动生产活动。即在开始生产产品以前,企业先考虑市场、资金来源、生产资料等因素,并据此将所欲生产的产品的种类、品质、生产方式、生产场所、生产进程等做一经济合理的预定计划。生产计划所包括的范围如下：

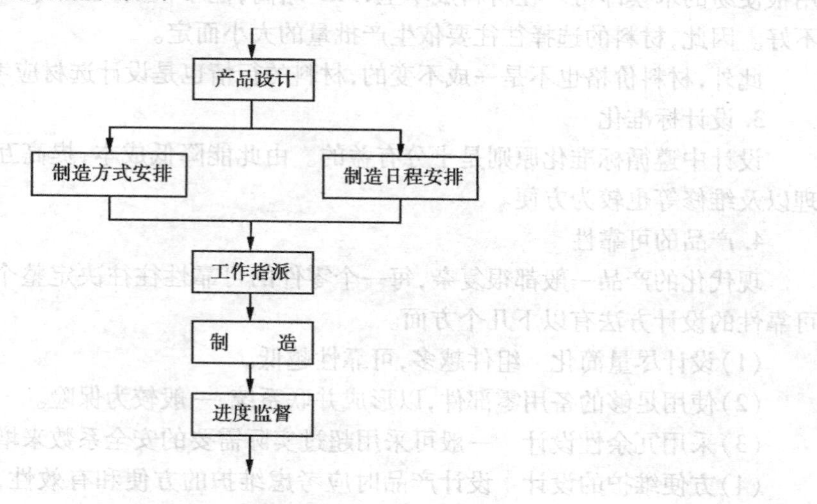

图 4-12　生产计划

(1)产品设计

根据企业目标所要求的产品形式或市场调查的产品构想进行设计。在不影响产品品质的情况下,产品可以重新设计,设法简化生产程序,并尽可能降低制造成本。

(2)制造方式的安排

这指的是:由原料到制成成品,其中经过的完整制造过程的设计。

(3)制造日程的安排

这指的是把制造过程等的时间进度安排好,以保证在一定的期限内把产品制造出来。

生产管制系根据生产计划所预定的产品设计及制造程序和制造日程的安排,对生产过程给以严格的控制,以期在预定的期限内以最低的成本,制造出合乎品质要求、保证生产数量的产品来。生产管制所包括的内容有:工作指派和工作检查监督等。生产计划与生产管制之间的关系相当密切。生产计划的完整性、合理性越强,生产管制愈容易,反之则较困难。

生产计划涉及的因素很多,因而受到各方面的影响。本节仅讨论产品设计对制定生产计划的影响。产品设计对商品化中的生产计划问题的影响包括以下几个方面：

1. 设计品质

经营者决定了产品的某些特性后,设计师的工作就是以此来设计开发符合这种特性的产品。经营者对最终产品的看法构成产品的品质政策或目标,对此经过整理,一当确定就成为技术要求而交付生产者执行。

2. 材料的选择

产品设计中,往往有很多材料可供选用,因此材料选择问题也是产品设计的重点之一。在选择材料时,有 3 个要考虑的因素:产品所应具备的功能、材料的成本和材料的加工处理的成本。一般在材料选择时,要以不损害设计构思为原则,在生产计划上,主要是考虑材料成本或加工处理的成本,例如:冰箱中的制冰盒,可用塑料或铝材来制造。如选用塑料,则材料价格便宜,但模具(射出成型模)成本较高;如选用铝材,模具成本较低,但材料及加工成本则较高。因此,选用材料时,如是大批量生产则应选塑料,若产量不大,则应选用铝材。又如塑料制品,可用 PS、PP 亦可用 FRP 制造。若用 PS 或 PP,则必须使用注射成型钢模,若用 FRP,则只需采用很便易的木模即可。在材料成本上,FRP 略高,但木模的人工成本却贵得多,而且其外观也不好。因此,材料的选择往往要依生产批量的大小而定。

此外,材料价格也不是一成不变的,材料的行情也是设计选材应考虑的因素之一。

3. 设计标准化

设计中遵循标准化原则是十分有益的。由此能降低成本,提高互换性,便于制造,生产管理以及维修等也较为方便。

4. 产品的可靠性

现代化的产品一般都很复杂,每一个零件的可靠性往往决定整个产品的寿命。提高产品可靠性的设计方法有以下几个方面。

(1)设计尽量简化　组件越多,可靠性越低。

(2)使用足够的备用零部件,以形成并联系统,一般较为保险。

(3)采用冗余性设计　一般可采用超过实际需要的安全系数来增加可靠性。

(4)方便维护的设计　设计产品时应考虑维护的方便和有效性,也间接使产品的可靠性提高。

5. 模块化的设计

就生产者而言,产品的种类越少,数量愈多,则生产成本则越低,利润就越高。但用户的要求则是产品的丰富多样。为解决这一矛盾,近年来人们提出模块化设计的观念,这也可简单地理解为"积木式"或"组合式"的设计观念。

6. 制造流程

在产品设计的后期阶段,应该对生产方式、方法和程序有一个周详的考虑。计划生产方法及程序的方法包括两个方面:

(1)产品分析　了解产品的结构及零部件间的装配关系。

(2)确定合理的装配关系　利用剔除、结合、交换、简化等方法,完善零部件的设计和装配关系。最后依装配关系确定生产方法和流程。

产品设计的好坏直接影响产品的商品化过程,因此,处理设计和生产计划之间的关系时,突出的一点就是要使产品设计有利于降低生产制造成本和周期,要有利于生产的计划和管理,使产品的商品化过程和谐、高效。

第六节　设计与研究开发

现代社会的需求在不断变化之中,企业要想发展,只有采取主动的开发策略才行。企业应依据环境的变化而制定策略,决定开发什么产品以获取市场。图 4-13 是产品开发计划的流程图,图 4-14 所示是商品化的实施过程。

本节主要讨论设计师在研究开发产品过程中的设计原则问题。

一个新产品的诞生,涉及三方面的主要因素:技术的、经济的和人的因素。也就是说,产品的出现可能是技术上的革新所造成,也可能是社会上的需求改变或市场演变的结果,如图4-15所示。因此,在产品的研究开发中,设计师应考虑以下几个设计原则,以配合商品化的策略。

1. 简洁性设计原则

所谓简洁性,就是指不画蛇添足,不做不必要的设计,以最自然的手法达到解决问题的目标。对于产品革新，不论是原理、结构、外观造型，乃至于使用方式等方面的简单、方便都应在考虑之列。例如造型上的简洁、纯净，这是现代产品设计的一种趋势。产品越是复杂，其人机关系也就越须简化，否则就会造成各种危害或不利，这也是一种公认的原则。总之，简洁化是一种符合商品化要求的、合乎潮流的设计原则。

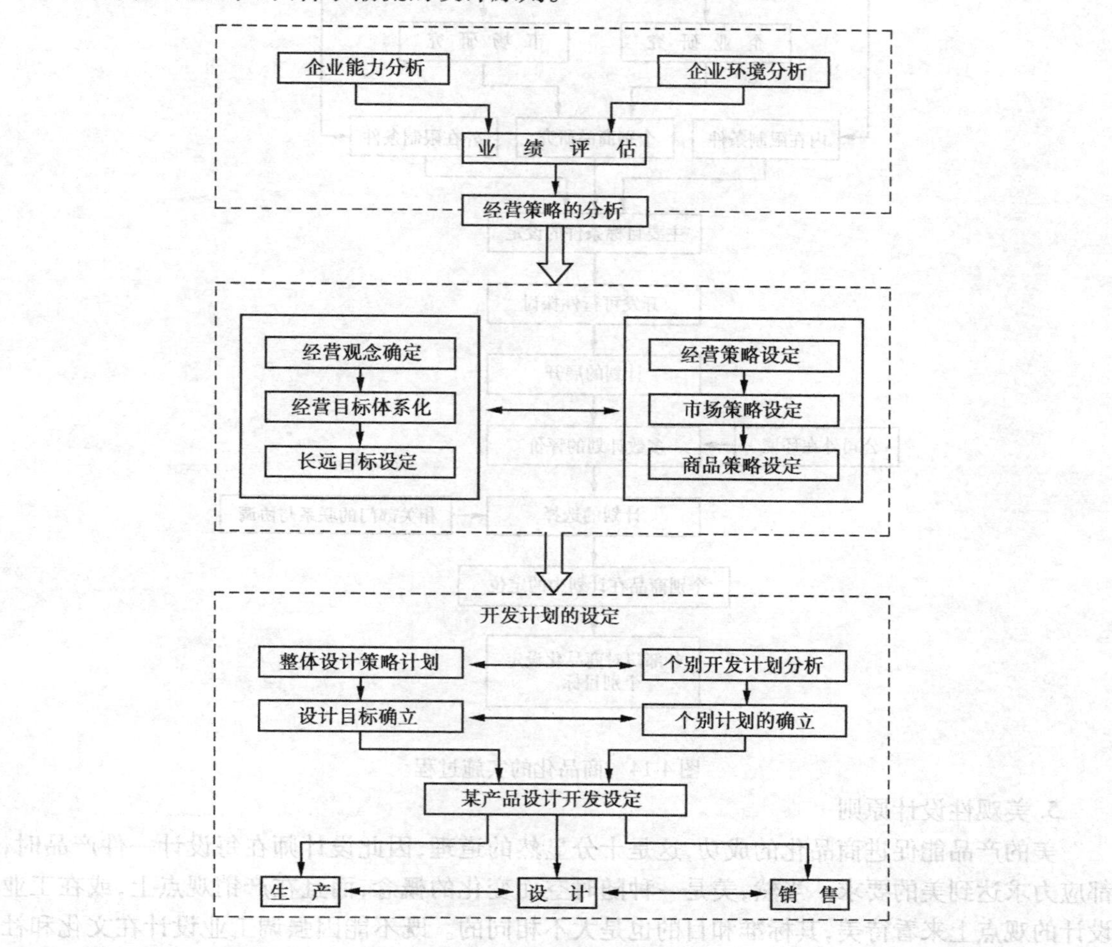

图4-13 产品开发计划流程

2. 适切性设计原则

适切性(Appropriate)，简单地说，就是解决问题的设计方案与问题之间恰到好处，不牵强，也不过分。例如，回形针的设计巧妙地利用了材料特性，对夹持少量纸张这个问题的解决十分恰当。

3. 功能性设计原则

这一原则的要求是使产品可靠地达到所需的功能，并使产品的造型和功能相谐调、统一。

4. 经济性设计原则

广义的说，就是以最小的消耗达到所需的目的。例如制造上的省工、省料、省时、低成本，加工方法和程序的简易，使用上的省力、方便、低消耗等等。一项设计要为大多数消费者所接受，必须在“代价”和“效用”之间谋求一个均衡点，但无论如何，降低成本、薄利多销是经济性设计的基本途径。

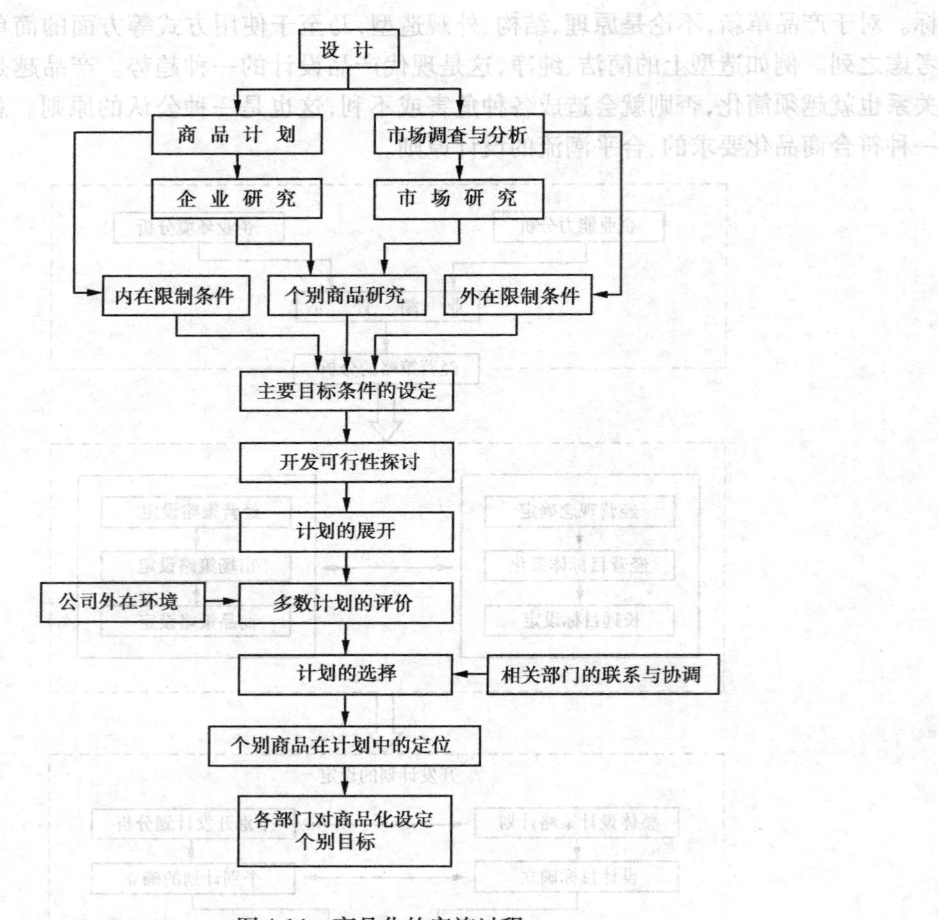

图 4-14　商品化的实施过程

5. 美观性设计原则

美的产品能促进商品化的成功,这是十分显然的道理,因此设计师在每设计一件产品时,都应力求达到美的要求。当然,美是一种随时空而变化的概念,而且在产销观点上,或在工业设计的观点上来看待美,其标准和目的也是大不相同的。既不能因强调工业设计在文化和社会方面的使命和责任而不顾及商业的特点,也不能把美庸俗化,这需要有一个适当的平衡。

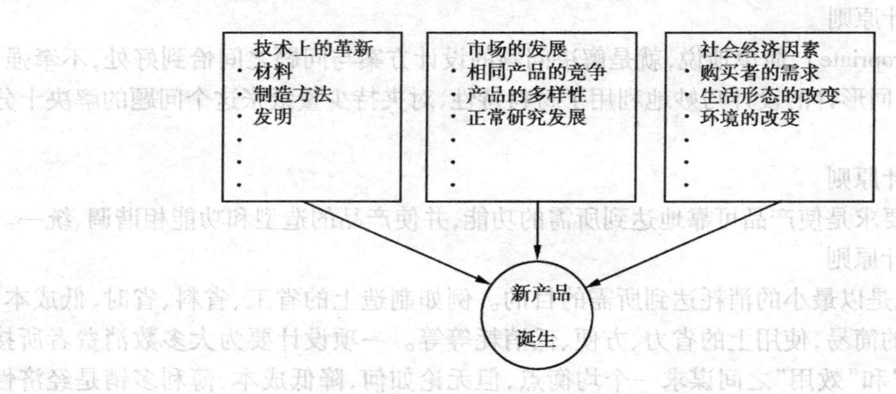

图 4-15　产品革新的主要因素

6. 安全性设计原则

产品安全与否，将直接影响其使用，安全性好的产品，能维护消费者的安全利益，并得到信赖。反之，将导致不良的后果。工业设计把人机工程研究视为设计的重要内容，目的是为了使使用者在操作时不易发生差错，不发生副作用，不影响身心健康，使人和产品之间有合理的协调关系，这些都是工业设计以人为出发点的设计观念的具体体现。这一点与一些企业为了不使形象受损而影响经济利益，由此来考虑安全问题，二者出发点显然是不同的，这一点应加以注意。但总的来说，安全性是设计中必须考虑并加以保证的问题，不论其出发点如何。

7. 传达性设计原则

对市场而言，一个好的产品，不管直接的或间接的，势必都会给人一种信息，才能刺激或引导人们去购买。因此，设计的一开始就要考虑该产品所要传达的信息是什么？这是建立市场的基础。传达性设计原则，就是要求设计师在设计产品时，调动视觉的、听觉的、触觉的等各种传达信息的方式，向使用者和消费者传达尽可能多的使用、操作、维护等信息，总的目的是使产品与人之间的亲和力增加，使人在使用产品时感到可靠、方便。如汽车驾驶室内的操纵件和各种仪表的设计，一方面要用简洁的符号说明使用方法，显示必要信息，另一方面又要考虑在黑夜行车时的要求，而采用夜光或灯光局部照明的显示方式，这样就使产品在传达性上满足了要求。又如某些操纵件，如旋钮、操纵杆、按键、开关等，其外观造型按使用时的特点而设计，使人一目了然，马上就知道如何用力而达到操作的目的。

上述这些原则，是在进行产品商品化设计中必须考虑的众多原则中的重要部分。在不同类别的产品上，考虑以上原则的重点是不同的，从而形成各种不同的产品特色。如卫生设备，其设计一开始就以美的造型为重心，而机床设计考虑的原则就多了，如安全性、传达性、审美性，等等，都应是考虑的重点。一个商品的存在，一定要有其致胜生存的因素，也许是上述诸原则中的一项或多项，也可能还包含其他因素。在设计上贯彻上述原则愈全面、彻底，则越能推进产品的商品化。

过去，对新产品的开发，总是按照特定的路线和做法，如首先进行市场调查，然后以调查的结果为基础来开发新产品。这就是靠“市场导向”来开发新产品。可是这种常规的市场导向在今天已受到了冲击，因为技术革命的步伐日益加快，市场的变化和商品的淘汰也日益加速，纵使了解到消费者现在需要什么，也没有太大的意义，等产品上市时，需求可能已经改变了。所以，近年来，代之而起的是寻找未来的需求为热点，开发相适应的新产品。因此，我们不能满足于传统的市场调查观念，而是要把重点放在市场预测上，这种预测也是建立在市场调查的基础上，同时要研究人们的生活形态，倡导“需求创造导向”。而且，最重要的是要学会引导需求，创造需求，采用研究开发的主动出击策略。

第七节　产品的目标设计方法

目标设计是产品商品化设计的一种具体方法，建立在对市场和需求了解的基础上，通过详尽的调查分析，对市场细分化后，才能明确销售对象，制定目标设计和宏观设计策略（软设计），这样的设计越具体越好。

其目标设计主要过程如图4-16。

其基本方法是：

(1)基本方针的决定

a. 战略目标的设定；

b. 为开发工作制定日程及预算计划概要。

(2)准备调查

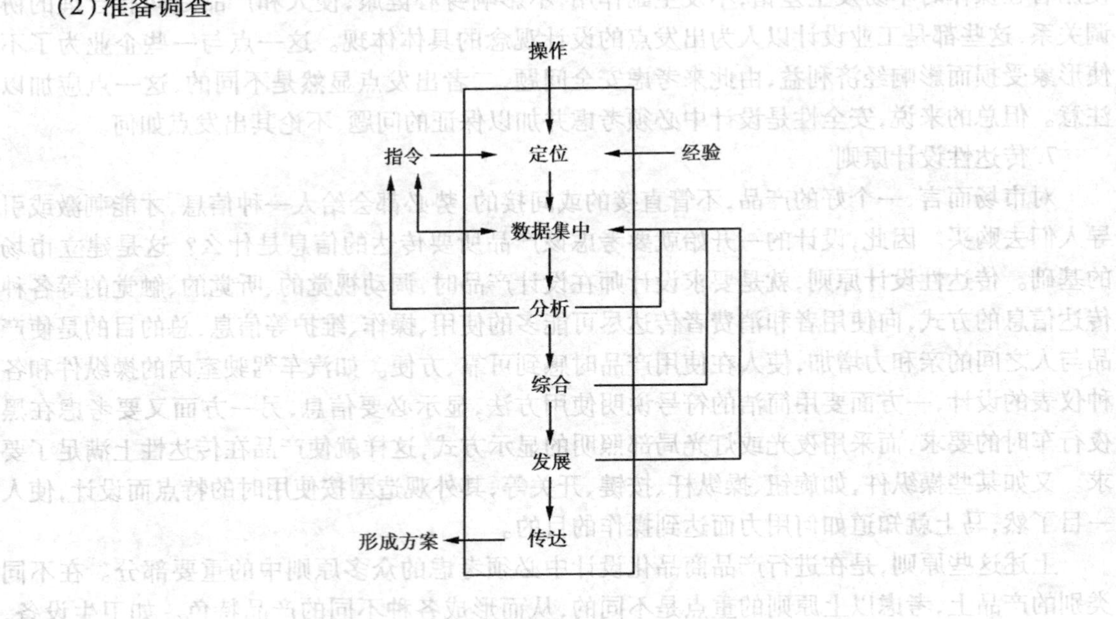

图 4-16

a. 确定问题存在的领域；

b. 认识必要的范围、市场、消费者的要求、产品的欠缺、产品的价值等；

c. 确认现有技术的可能性；

d. 性能方法的概略决定；

e. 确认预想的各种问题的领域。

(3)实行可能性的研究

a. 明确实行可能性的研究；

b. 明确经济上的可能性；

c. 决定重要问题；

d. 进行解决全部问题的概略提案；

e. 对阶段(4)及(5)作业内容和成功可能性进行预测。

(4)设计展开

a. 性能方法的扩充；

b. 细节设计的展开；

c. 技术性能和生产成本的核算；

d. 设计文献的制作；

e. 根据实验进行设计及技术的评价。

(5)模型的展开

a. 模型的制作；

b. 根据模型进行实验；
c. 技术性能的评价；
d. 根据模型进行使用者方面的测试；
e. 使用的评价。
(6)销售调查
a. 根据试销的市场发展性检查；
b. 成本的再检查；
c. 检查市场、生产等方面的问题；
d. 目的及预算的再检查；
e. 性能方法的修正。
(7)面向生产的展开
a. 面向生产设计的展开；
b. 制作生产设计的文献；
c. 关于生产技术使用及市场试行；
d. 制作生产用模型；
e. 实行技术人员、使用人员、市场性检查；
f. 根据检查结果进行设计的修正。
(8)生产计划
a. 市场计划的准备；
b. 生产计划的准备；
c. 辅助包装、销售等资料、使用说明的设计；
d. 机械设备的设计。
(9)机械设备及市场的准备
a. 机械设备的配置；
b. 试产部分的制作；
c. 销售体制的确立；
d. 生产体制的确立。
(10)生产与销售
a. 对已有市场的占有；
b. 生产及销售开始；
c. 市场及使用人员信息的反馈；
d. 第二代设计准备。

第五章　评价与决策

本章介绍如何对各设计方案进行比较和评定，从而做出决策，根据目标选定较优方案。

本章学习要求是：

1. 由设计任务的技术、经济、社会特点确定评价目标。掌握用评价目标树表达各评价目标、加权系数及其关系的方法；

2. 根据评价目标的重要程度确定加权系数，掌握用判别表法求加权系数的方法；

3. 了解各种评价方法，至少掌握 2 ~ 3 种评价方法；

4. 理解模糊综合评判及隶属度的意义，掌握工程设计方案的模糊综合评判方法。

第一节　概　述

工程设计具有约束性、多解性、相对性这样 3 个特征，尤其是它的多解性，即解答方案不是惟一的，这就要求先对某问题提出尽可能多的解决方案，然后从众多满足要求的方案中，优选出拟采用的方案来。

为了选出拟采用的方案，首先要对各候选方案进行评价。所谓评价即对方案的质量、价值或就其某一性质做出说明。例如方案完成预定功能的程度，外形美观的程度等等。有了各候选方案的评价结果，即可做出决策。所谓决策就是对评价结果或对所提供的某些情况，根据预定目标做出选择或决定，决策的结果就是拟采用的方案。

在设计中进行评价和决策时应注意以下几点：

(1) 评价的原始依据是设计要求。这些要求，有些是定量的，如生产率要求，速度要求等，有些要求却是定性的，如外形美观、结构简单等，评价中必须注意定性问题的处理。

(2) 评价中一个重要的要求是评价结果要符合评价对象的实际。但因这一工作总是由人进行的，不可避免地会引入主观因素的影响。评价中必须注意其客观性的增强。

(3) 设计的要求总是多方面的，它也为决策提供了一定目标，正确的评价、决策应综合考虑多种要求，注意全面、适当，应该指出，局部最优不一定全局最优，短期最优不一定长期最优，单项最优不一定整体最优，最终的决策常是多方面要求的折中。

实际上，人们在工作过程中，总是自觉或不自觉地对可以设想的方案进行评价并做出决策。随着科学技术的发展和设计对象的复杂化，有必要采用先进理论和方法使评价过程更自觉更科学地进行。评价不应仅理解为对方案的科学分析和评定，还应针对方案的技术、经济弱点加以改进和完善。广义的评价实质上是产品开发的优化过程。

一、评价的类型

综合设计中可能遇到的评价工作，可归纳为下述 4 种类型：

Ⅰ. 评定方案的完善程度（整体的或局部的）

给　　定：需评价的方案或技术系统

问　　题：方案或系统的完善程度

工作流程：图 5-1

Ⅱ. 评价解答方案与所提问题相符程度

给　　定：问题说明及解答的建议或模型

问　　题：解答与所提问题的要求相符程度

工作流程：图 5-2

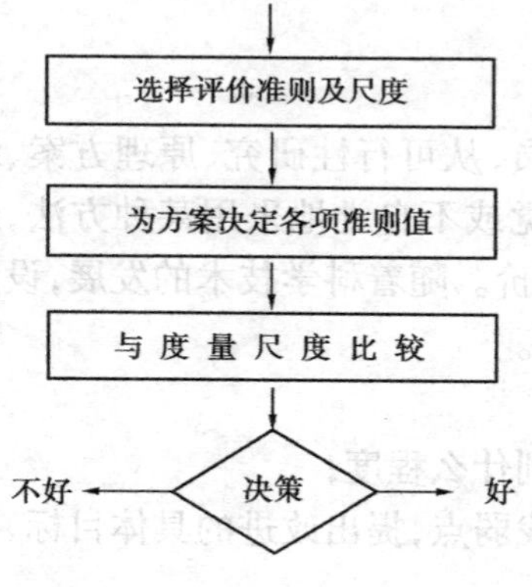

图 5-1　类型 Ⅰ

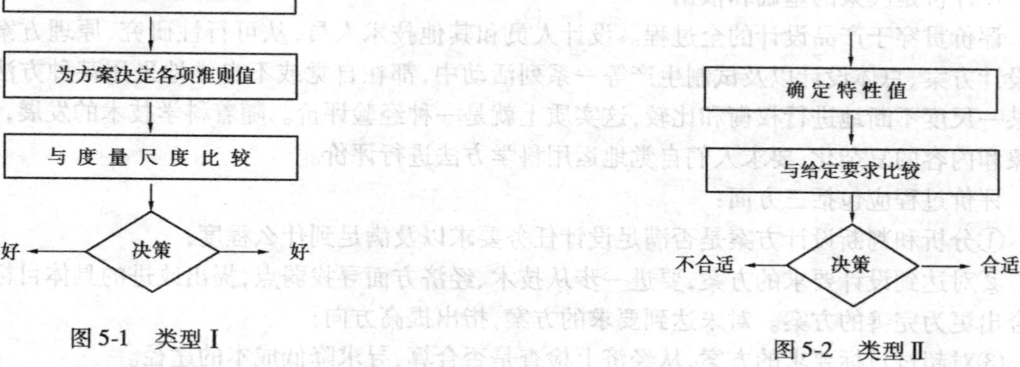

图 5-2　类型 Ⅱ

Ⅲ. 评定最优解答方案

给　　定：问题说明及适合此问题的解答方案

问　　题：评定最优解答方案

工作流程：图 5-3

Ⅳ. 评定某项特性的最优值

给　　定：需优化的特性及相关条件

问　　题：相对某优化准则选定有关参数的最优值

工作流程：图 5-4

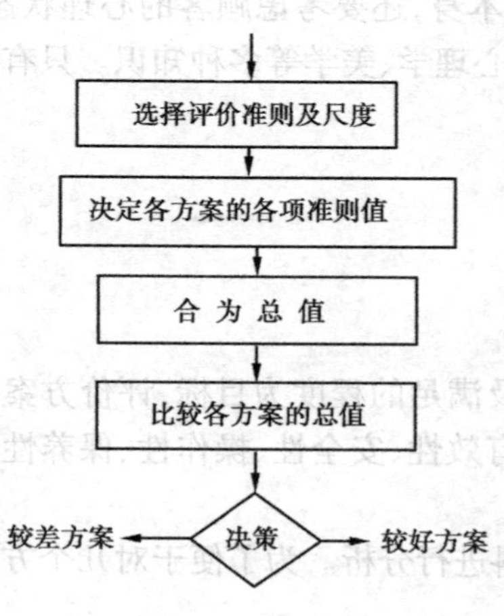

选择评价准则及尺度

决定各方案的各项准则值

合 为 总 值

比较各方案的总值

较差方案　决策　较好方案

图 5-3　类型 Ⅲ

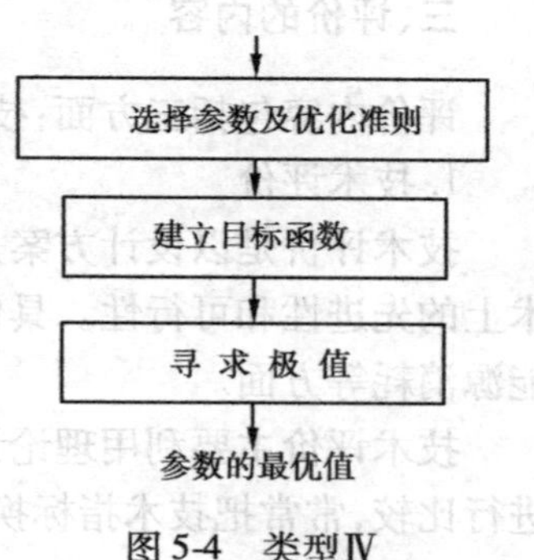

图 5-4　类型 Ⅳ

在上述4种类型的评价工作中,包括了下述重要工作:

(1)选定评价准则,即选定评价时应考虑的方向及其要求,例如成本低、寿命长、结构简单等都是不同的评价准则。

(2)为准则选定度量尺度,即确定评定好坏的标准。

(3)确定评价对象有关各项准则的价值,即按预定度量尺度对评价对象进行评定。

(4)将各单独评价值合成,以便对评价对象做出总的比较。

二、评价的意义

1. 评价是决策的基础和依据

评价贯穿于产品设计的全过程。设计人员和其他技术人员,从可行性研究、原理方案、结构设计方案、总体设计以及试制生产等一系列活动中,都在自觉或不自觉地采用某种方法,运用某一尺度不断地进行权衡和比较,这实质上就是一种经验评价。随着科学技术的发展,设计对象和内容的复杂化,要求人们自觉地运用科学方法进行评价。

评价过程应包括三方面:

①分析和判断设计方案是否满足设计任务要求以及满足到什么程度;

②对达到设计要求的方案,要进一步从技术、经济方面寻找弱点,提出改进的具体目标,以综合出更为完善的方案。对未达到要求的方案,指出提高方向;

③对超过目标要求的方案,从经济上检查是否合算,寻求降低成本的途径。

综上所述,只有经过对方案的评价之后,才能确定优劣,最后决策最佳方案。

2. 方案评价是提高产品质量的首要前提

方案评价把产品的缺点和弊端消除在萌芽状态,提高产品质量,保证生产稳步发展,杜绝粗制滥造和种种不合理现象,大大减少产销不对路、产品滞销或降价处理的现象。

3. 方案评价有利于提高设计人员的素质,形成合理的知识结构

通过对机械产品设计方案的技术、经济和社会等方面的评价,使设计人员清醒地认识到,在科学技术和生产飞速发展、市场竞争激烈的形势下,设计受到各种条件的制约。不仅要考虑社会需求,还要考虑经济效益;不仅考虑技术先进,还要考虑实现的可能性;不仅考虑设计质量、寿命,还要考虑使用可靠、便于维修;不仅考虑设计技术本身,还要考虑顾客的心理状态。因此,要求设计人员不仅要精通专业技术,还要学习经济学、心理学、美学等多种知识。只有这样,才能顺应社会发展潮流,设计研制出高水平的产品。

三、评价的内容

评价内容包括三方面:技术评价、经济评价和社会评价。

1. 技术评价

技术评价是以设计方案是否满足设计要求的技术性能及满足的程度为目标,评价方案技术上的先进性和可行性。具体内容包括性能指标、可靠性、有效性、安全性、操作性、保养性和能源消耗等方面。

技术评价主要利用理论计算和试验分析获得的数据资料进行分析。为了便于对几个方案进行比较,常常把技术指标换算成评分指标进行对比和分析。

2. 经济评价

经济评价是围绕设计方案的经济效益进行评价，包括方案的成本、利润、实施的措施费用、经营周期和资金回收期等。

成本　以设计任务书中规定的成本为目标，比较各方案的制造成本和使用成本，功能相同时，最低成本的方案为优。

利润　利润是指销售收入减去税金与成本后的金额。产品不同，降低成本、提高利润方式不同。有的产品成本低，利润也低，需要实行薄利多销；有的产品成本高，利润也高，需适应顾客对产品性能好和坚固耐用的要求。

方案实施措施费用　新方案实施需要付出技术组织措施费，如添置设备、增加工艺装备和研制费、原有设计因停止使用改作它用造成一定损失等费用。当然新方案的实施会带来人力、物力、财力的节约。

经营周期　由于机械产品具有一定的经营寿命周期，再加之市场规划及企业竞争、产品竞争等情况，需要考虑方案的适用期限，即经营周期。周期太短，满足不了社会和企业经营需要；周期太长，又会由于技术逐渐陈旧落后，而可能对企业与社会带来不利。

资金回收期　对于方案还应考虑，在实施中所投资的回收期，回收期越长，企业负重越大；回收期越短，对企业越有利。

在经济评价中还应考虑方案实施的生产条件是否具备。这些条件主要指设备、原材料供应、资金来源、技术力量、厂房、销售运输条件等。

3. 社会评价

社会评价是指方案实施后对社会带来的利益和影响。其影响的因素又是多方面的，一般视不同产品而有所侧重。主要评价方面有：

是否符合国家科技政策和国家科技发展规划的目标；

是否符合减少三废的要求（废水、废气和废渣）；

是否符合减少工伤事故、产品事故的要求；

是否符合防止交通堵塞、防止对心理、风俗和习惯的不良影响等要求；

是否有益于提高生产力，包括扩大生产规模，提高生产率，加工和制造的高效化，节省人力、物力；

是否有益于资源利用。包括各种矿产资源、水资源和能源等；

是否有利于扩大资源利用范围及新能源的开发。

社会评价的内容较多，而有些内容在一定时期内难以权衡利弊得失。如第二次世界大战期间发明的农药“DDT”，曾对防治农作物的病虫害起了巨大作用，发明者获得了诺贝尔奖。但随着它使用的广泛性而威胁了生态平衡，以致最后不得不禁止使用，这在当初是不曾料到的。由此可见，社会评价比技术评价、经济评价更为复杂，非确定性因素更多。它与社会发展、环境生态平衡、人的心理、生理、生活习惯和风土人情等都有密切关系。因此，要求评价者不仅有较深的理论学识，而且还有广博的社会知识和长远的战略眼光。

在方案设计和筛选过程中，常常要进行多次评价，对于多种设计方案，先进行定性评价，即把那些不可行或水平不高的方案弃掉，留下少数较好方案。然后对这些方案的技术参数、性能、经济效益等主要指标进行量化，再进行详细评价，最终选择最佳方案。不论是定性评价还是详细评价，都是依据技术先进、经济获利、社会有益三方面，并把这三方面结合起来进行综合比较。

评价方法很多。简单评价法只对方案进行比较排队；试验评价法通过模型试验或样机试验对产品的重要评价目标进行试验评价，能得到较准确的定量结果，但所需费用较高；设计中应用最广泛的是数学分析法，运用数学工具进行分析、推导和计算，得到定量的评价参数供决策时参考。本章将在分析评价目标的基础上介绍几种常用的评价方法。

第二节 评 价 目 标

在方案评价中，对于同一方案，若评价者站在不同角度、用不同方法、不同评价标准进行评价，就可能得出不同结论。通常是技术人员强调方案的独创性、新颖性以及高技术性能；企业管理人员关心的是会给企业带来多大的经济效益；还有的则是强调自己熟悉的方面，而勿视其他等等。因此在评价中，只有遵循同一的评价标准，采用科学的评价方法，才能统一各种不同意见、要求和评价者心理状态，才能适应现代技术发展的复杂情况，才能最终做出正确的决策。

评价标准又叫评价目标或评价指标，它来源于设计所要达到的目的，它可从设计任务书或要求明细表中找到。

一、评价的指标体系

从系统分析的观点来看，无论一项工程、一种产品或是产品中某一部件，如果把它作为一个系统，则为实现规定的任务，都需要制定该系统的目标，并确定这些目标的衡量尺度即指标作为衡量设计方案优劣的标准。设计目标通常不止一个，因此评价系统优劣的指标也不是单一的，它们互相联系组成一指标体系，以机械工程为例，其指标体系为：

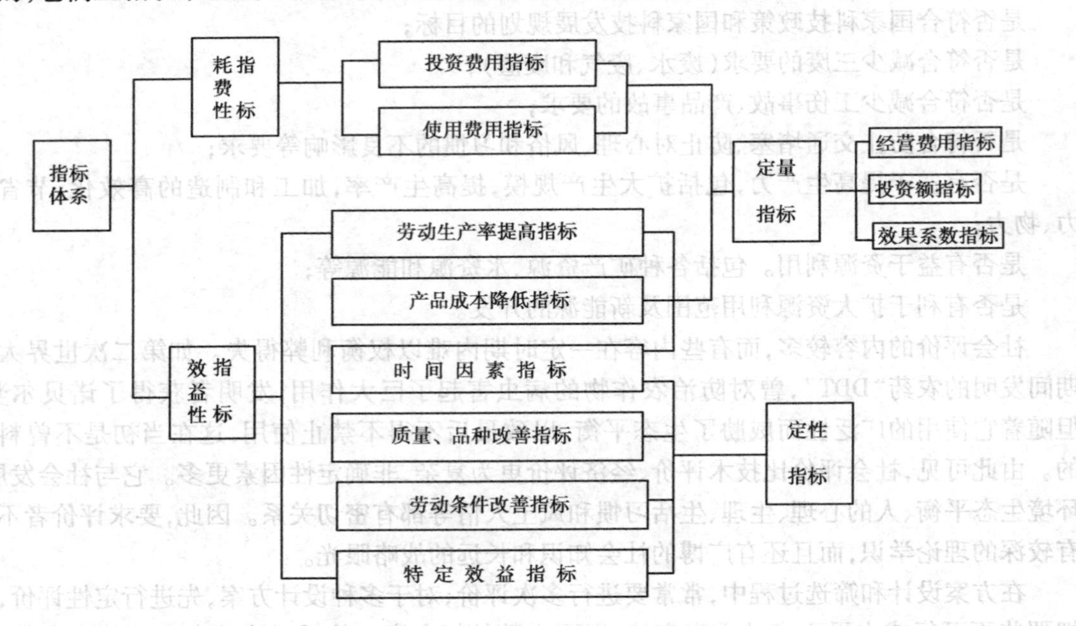

对于指标体系，应注意以下几方面：

①指标间的联系　指标体系中的各指标间有相互联系，一项指标的变化，常会影响到另一

些指标随之变化，如前述指标体系中，质量、品种增多，产品使用价值也提高，但也可能由于品种增多，质量提高而增加了耗资。

②指标体系的简化　在实际工作中，当拟定某个设计对象的评价指标体系时，指标体系的设计者为了全面反映客观现实，总希望多设指标，使指标体系尽量完善，以免遗漏重要信息而使评价失真。但指标数量过多，就难以突出主要因素，反而不易分清主次。同时还会对参加评价的具体工作人员造成极大心理负担，面对纷繁的指标条目，难于从始至终，清醒而合理地评价。其结果，很可能和指标体系设计者的愿望相反，评价结果不能反映实际情况。

这就给我们提出了一个问题：如何简化评价指标体系，选择一些足以影响方案成败的指标，作为评价特征。这样做，既需指标体系拟定者有丰富的经验，能较有把握地做出判断，也需从理论上深入探讨，寻求科学的判断方法。

具体应用到评价一台设备的设计方案时，如果外形尺寸和重量是评价指标，则在各方案所用材料相同的情况下，外形尺寸和重量是紧密相关的。外廓尺寸增大，重量也随之增加，相关系数大。但若所用的材料不同，外廓尺寸大的，重量不见得大，说明二者不相关，或者相关系数不大，由此也可看出，根据评价的要求，对其指标体系中相关系数大的指标，完全可以只取其中之一作为评价特征，而不必重复使用。这样做，可以使我们真正抓住起主导作用的那些指标，使评价建立在更可靠的基础上。

③指标的定量与定性的关系

作为目标的衡量尺度，有些指标可以用数量表示，如成本、产量、重量等等，称之为定量指标；也有一些指标，不易用数量计算或表示，如美观程度，只能定性描述，称之为定性指标，也有不少指标很难分清是定性指标还是定量指标。如机械产品的质量、品种改善指标从根本上讲，是一个定性指标。某产品如果由于质量提高品种改进而节约原材料，这种材料的节约还可以带来材料运输和储存费用的节约。这些节约的费用又可以投资到其他方面，又会产生新的效果。这种连锁反应所得的效果是难于用某个数量来衡量的。但如果仅从原材料的节约这一点来看，甚至它所带来的运输和储存费用的节约来看，则又是可以计算的，可以作为一个定量指标。

由此可见，指标体系的各指标，可归结为定量指标与定性指标两类，而且它们中许多是可以相互转化的。对某些指标来说，如果从局部和微观或低层次的评价来看，可以是定量的，但从整体和宏观或高层次的评价看，也许只能定性，虽然在实际评价时，为了分出优劣，人们希望将指标量化。但在设计指标体系时，首先应注意的是应该给指标定性。因为定量的目的最终还是为了精确定性，而定性则是定量的基础。只有先明确了指标的性质，由此进行的定量才能反映评价的本质要求。这里包括两方面含义：

一是定量不准，所设指标即使可以量化，但偏离评价目的，不反映本质问题。例如前述机械工程系统指标体系，目的是为综合评价一种产品或一项工程的效益的。若将其劳动条件改善指标定为厂房温度、照明改善等指标，虽然易于量化，但不符合该系统综合评价的目的。更合理的应该是工人健康状况的改善，劳动效率的提高等。虽然健康状况的改善更偏于定性，但却更直接地反映生产效益。如果评价目的是比较各厂劳动条件，则采用温度、照明等指标体系更符合要求。

二是定性不准，把不同质的东西放在一起，也无法比较。简单叠加，只能使结论更模糊不清。仍就前述机械工程系统指标体系为例。它评价的内容是效果，而不是其工作状态，所列各指标究其本质，都是效果性指标，因此可以最后综合。如果在其中列有状态性指标，比如某厂政治思想教育状况，显然和原来列出的指标不同，没有可比性。

因此，在设计指标体系时，应根据评价目的，评价的层次，从整体到局部，从宏观到微观，从质到量，在先定性的基础上，对同质指标，区分是定量指标，还是定性指标，最后再根据各定性指标的特点，寻求可能的适宜量化方法。

二、评价目标树

对于一般技术系统来说，评价目标来自对系统所提出的要求表和一般工作要求。实际的评价目标通常不止一个，它们组成了一个评价的目标系统。依据系统论中系统可以分解的原则，把总评价目标分解为一级、二级等子目标，形成倒置的树状，叫做评价目标树。图5-5为目标树的示意图。图中 Z 为总目标，Z_1、Z_2 为第一级子目标，Z_{11}、Z_{12} 为 Z_1 的子目标，也就是 Z 的第二级子目标；Z_{111}、Z_{112} 是 Z_{11} 的子目标，也就是 Z 的第三级子目标。最后一级的子目标为目标的具体评价目标（评价标准）。

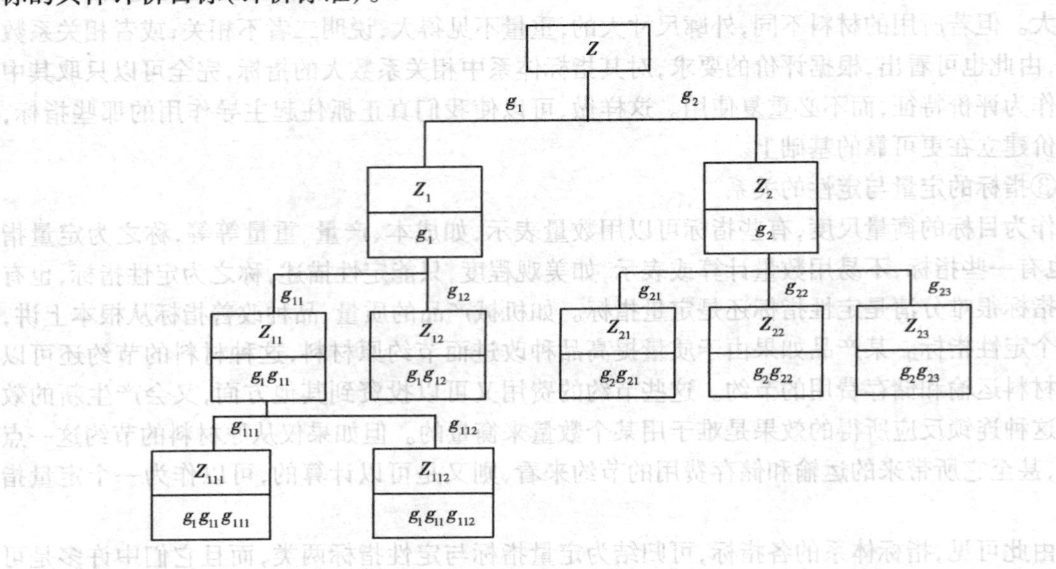

图5-5　目标树

建立目标树时需要满足下列要求：

(1)把起决定作用的设计要求和条件，作为主要目标，避免面面俱到和主次不分；

(2)各目标之间必须是相互独立的，不能互相矛盾；

(3)目标的相应特性可以绝对或相对地给出定量值，对于那些难以定量的目标，可以用定性指标表示，但要具体化；

(4)在目标树中，高一级子目标只同低一级中相关联的子目标联系，也就是图5-5中 Z_{11} 只与 Z_{111}、Z_{112} 相关，相反 Z_{111}、Z_{112} 必须保证 Z_{11} 的实现。

建立目标树的过程是将产品的总目标具体化，并且将各目标的重要程度分别赋给重要性系数（图5-5中的系数 g_i 便为各目标的重要性系数）。

三、确定目标重要性系数（加权系数）

主要用以考虑定量评价时，各评价目标的重要程度的不同，加权系数是反映评价目标重要程度的量化系数,加权系数大,意味重要程度高。为了便于分析计算,一般取各评价目标加权系数 $g_i < 1$ 且 $\sum g_i = 1$,加权系数的确定方法有两种:

(1)经验法　根据以往或他人的经验,人为地给定各评价目标的加权系数 $g_i < 1$,并满足 $\sum g_i = 1$。

(2)判别表计算法　该法是根据评价目标的重要程度两两加以比较,并给分进行计算。两目标同等重要各给 2 分,某一项比另一项重要分别给 3 分和 1 分;某一项比另一项重要得多,则分别给 4 分和 0 分,将各评价目标的分值列于表中,并分别计算出各加权系数:

$$g_i = k_i \Big/ \sum_{i=1}^{n} k_i \tag{5-1}$$

式中　k_i——各评价目标的总分

n——评价目标数。

$$\sum_{i=1}^{n} k_i = \frac{n^2 - n}{2} \times 4$$

例 1　对某种自行车进行评价。5 个评价目标的重要程度依次为价格、舒适性与寿命、维修性、外观,试定加权系数。

解:　按判别表法定各评价目标的加权系数如表 5-1。

判定价格、维修性、舒适性、寿命和外观 5 个评价目标的加权系数分别为 0.35、0.125、0.25、0.25、0.025。

表 5-1　加权系数判别计算表

比较目标 / 评价目标	价格	维修性	舒适性	寿命	外观	k_i	$g_i = \frac{k_i}{\sum_{i=1}^{n} k_i}$
价格	—	4	3	3	4	14	0.35
维修性	0	—	1	1	3	5	0.125
舒适性	1	3	—	2	4	10	0.25
寿命	1	3	2	—	4	10	0.25
外观	0	1	0	0	—	1	0.025
						$\sum k_i = 40$	$\sum g_i = 1$

无论是用经验法还是计算法确定加权系数,都带有一定主观随意性。为了更加合理和符合客观情况,应当多方了解情况,总结有效经验,充分利用理论分析和试验研究资料,慎重和合理地选择评价人员,从而尽量消除主观影响因素。

第三节　简单评价法

用简单评价法可对有关方案作定性的评价和优劣排序,不反映评价目标的重要程度和方案的理想程度。

一、点评价法

各方案评价目标逐项作粗略评价。用行（+）、不行（-）、信息不足（?）3 种符号表示，最后总评作决策（如表 5-2）。

表 5-2　点评价法

评价目标＼方案	A	B	C
满足功能要求	+	+	+
成本在规定范围内	-	+	+
加工装配可行	+	?	+
使用维护方便	+	-	+
满足人机学要求	-	+	+
总评	+	? ++	5+

二、名次计分法

一组专家对 n 个方案进行评价，每人按方案优劣排出名次，并给名次最高者 n 分，名次最低者 1 分，依此类推。最后把每个方案得到的分数相加，总分高者为佳。

对于评分者意见的一致性程度可用一致性系数 c 表达，此系数在 0 与 1 之间，越接近 1 表示意见越一致，当意见完全一致时 $c=1$。重要的评价对一致性系数的范围也应有要求。

一致性系数 c 的计算公式如下：

$$c = \frac{12S}{m^2(n^3 - n)} \tag{5-2}$$

式中　m——专家数；

n——方案数；

S——各方案总分的差分和。

各方案总分的差分和的计算公式如下：

$$S = \sum x_i^2 - \frac{(\sum x_i)^2}{n} \tag{5-3}$$

式中　x_i——第 i 个方案的总分。

例 2　6 个专家对某型汽车的 5 种造型方案按名次计分法进行评价，排队后给分（最佳方案给 5 分，最差给 1 分）。并计算总分如表 5-3，其中方案 01 总分最高。

按表 5-3 的评分计算评价一致性系数 c：

专家数 $m=6$，方案数 $n=5$

$\sum x_i = 29 + 24 + 15 + 14 + 8 = 90$

$(\sum x_i)^2 = 8\ 100$

$$\sum x_i^{\ 2} = 29^2 + 24^2 + 15^2 + 14^2 + 8^2 = 1\ 902$$

表 5-3　名次计分法评分表

评分　专家代号 方案代号	*A*	*B*	*C*	*D*	*E*	*F*	总分 x_i
01	5	5	5	4	5	5	29
02	4	4	4	5	4	3	24
03	3	2	1	3	2	4	15
04	2	3	3	2	3	1	14
05	1	1	2	1	1	2	8

由式(5-3)

$$S = \sum x_i^{\ 2} - \frac{(\sum x_i)^2}{n} =$$

$$1\ 902 - \frac{8\ 100}{5} = 282$$

由式(5-2)

$$c = \frac{12S}{m^2(n^3 - n)} = \frac{12 \times 282}{6^2(5^3 - 5)} = 0.78$$

结论:5 个方案优劣排序为 01—02—03—04—05。

评价一致性系数 $c = 0.78 > 0.70$,一致性较好。

第四节　评 分 法

评分法根据规定的标准用分值作为衡量方案优劣的尺度,对方案进行定量评价。如有多个评价目标,则先分别对各目标评分,再经处理求得方案的总分。

一、评分标准

评价的结果应能表明评价对象对给定要求的符合程度,为此在评价各方案之前应先定出与各评价指标相应的评价标准(评价尺度),选定评分标准时要注意:

①评分标准(评价尺度)要能度量评价对象与给定要求的符合程度;

②评分标准(评价尺度)应概括较大的范围,能对所有方案做出评价;

③评分标准(评价尺度)应准确、明了、不致引起误解;

表 5-4　评分标准

<table>
<tr><td rowspan="2">十分制</td><td>0</td><td>1</td><td>2</td><td>3</td><td>4</td><td>5</td><td>6</td><td>7</td><td>8</td><td>9</td><td>10</td></tr>
<tr><td>不能用</td><td>缺陷多</td><td>较差</td><td>勉强可用</td><td>可用</td><td>基本满意</td><td>良</td><td>好</td><td>很好</td><td>超目标</td><td>理想</td></tr>
<tr><td rowspan="2">五分制</td><td colspan="2">0</td><td colspan="2">1</td><td colspan="2">2</td><td colspan="2">3</td><td colspan="2">4</td><td>5</td></tr>
<tr><td colspan="2">不能用</td><td colspan="2">勉强可用</td><td colspan="2">可用</td><td colspan="2">良好</td><td colspan="2">很好</td><td>理想</td></tr>
</table>

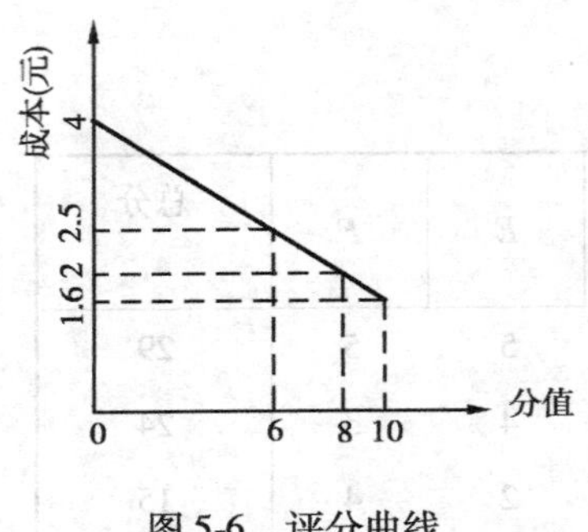

图 5-6　评分曲线

④不同设计阶段可以采用不同的评分标准(评价尺度),特别在方案设计阶段,由于具体化程度较低,有些特征尚不清楚,通常建议采用0~5分的五分制评分标准,在评价对象较具体,特征较明显时,建议采用0~10分的评分标准,后者分级更细。一般"理想状态"取最高分,"不能用"取为0分,见表5-4。

若评价目标有数值要求,常根据规定的最低极限值,正常要求值和理想值分别给0分、8分、10分(五分制给0分、4分、5分),用三点定曲线的办法找出评分曲线或函数,从中求得其他值的分值。如某产品成本4元为最高值,2元为要求值,1.6元为理想值,可求出10分制评分曲线,如图5-6所示,若此产品某种方案的成本为2.5元,则由评分曲线可知,其分值为6分。

二、评分方法

为减少由于个人的主观因素对评分的影响,常采用集体评分法。由几个评分者以评价目标为序对各方案评分,取平均值或去除最大、最小值后的平均值作为分值。

三、总分计算方法

对于多评价目标的方案其总分可按分值相加法、分值连乘法、均值法、相对值法或有效值法(加权计分法)等方法进行计算如表5-5。其中综合考虑各评价目标分值及加权系数的有效值作为方案的评价依据较合理,应用最多。

有效值法的评分计分过程如下:

(1)确定评价目标 $u=(u_1,u_2,\cdots,u_n)$;

(2)确定各评价目标的加权系数

$$g_i<1,\sum_{i=1}^{n}g_i=1$$

用矩阵表达　　$G=(g_1,g_2,\cdots,g_n)$

(3)确定评分制式(十分制或五分制),列出评分标准或求出有关评分曲线;

(4)对各评价目标评分。用矩阵方式列出 m 个方案对 n 个评价目标的评分值为

$$P=\begin{bmatrix}P_1\\P_2\\\cdots\\P_j\\\cdots\\P_m\end{bmatrix}=\begin{bmatrix}P_{11} & P_{12}\cdots P_{1n}\\P_{21} & P_{22}\cdots P_{2n}\\\cdots & \\P_{j1} & P_{j2}\cdots P_{jn}\\\cdots & \\P_{m1} & P_{m2}\cdots P_{mn}\end{bmatrix}$$

(5)计算各方案的有效值

m 个方案的有效值矩阵

$$N=GP^T=[N_1\ N_2\ \cdots N_j\cdots N_m]$$

其中,第 j 个方案有效值

$$N_j = GP_j^T = g_1 P_{j1} + g_2 P_{j2} + \cdots + g_n P_{jn}$$

(6)比较各方案的有效值,大者为佳,选出最佳方案。

表 5-5　总分计分方法

方法		公式	特点
1	分值相加法	$Q_1 = \sum_{i=1}^{n} P_i$	计算简单,直观
2	分值连乘法	$Q_2 = \prod_{i=1}^{n} P_i$	各方案总分值相差较大,便于比较
3	均　值　法	$Q_3 = \frac{1}{n}\sum_{i=1}^{n} P_i$	计算较简单,直观
4	相对值法	$Q_4 = \frac{1}{nQ_o}\sum_{i=1}^{n} P_i$	$Q_4 \leqslant 1$ 能看出与理想方案的差距
5	有效值法(加权计分法)	$N = \sum_{i=1}^{n} P_i g_i$	总分(有效值)中考虑到各评价目标的重要程度

表中:Q——方案总分值;N——有效值;n——评价目标数;P_i——各评价目标评分值;
g_i——各评价目标的加权系数;Q_o——理想方案总分值

例 3　A、B、C 三种电池主要性能及成本值如表 5-6,希望电池寿命较高,试评价并选出较好的电池。

表 5-6　电池的性能、成本值

评价目标		成本/元	电压/V	寿命/h
理想值		1.6	9.1	120
要求值		2	8.9	100
极限值		4	8.5	80
实际值	A	2.5	9.0	104
	B	2.2	8.6	110
	C	1.6	8.9	90

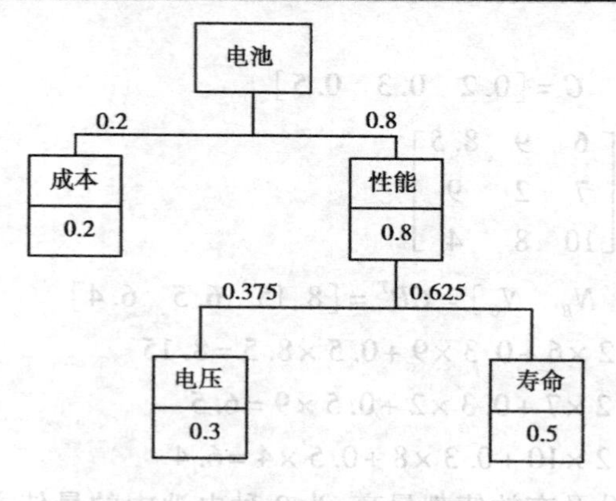

图 5-7　电池的评价目标树

解:　(1)分析评价目标及加权系数,用目标树表达(图 5-7)。

(2)评分。按十分制评分。

由各评价目标的理想值、要求值与极限值求出评分曲线如图5-8。求出各方案相应的分值列于表5-7。

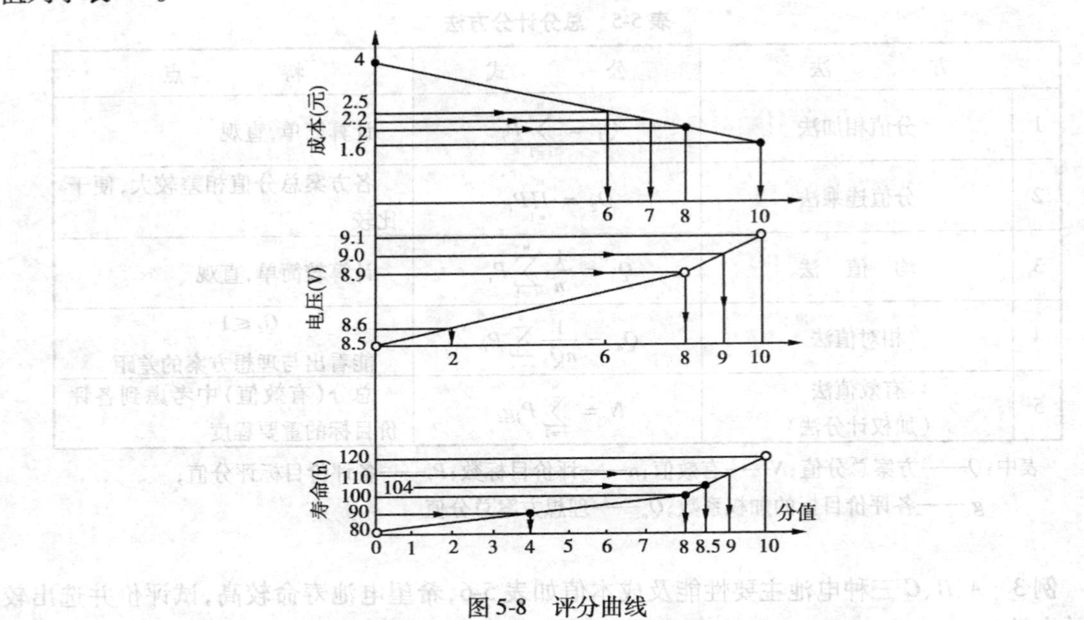

图5-8　评分曲线

(3)计分。对各方案用分值相加法、分值连乘法及有效值法进行总分计分。

有效值计算如下：

评价目标　　$u=[$成本,电压,寿命$]$

表5-7　电池评分计分表

评价目标		成本	电压	寿命	总　分　计　分		
加权系数		0.2	0.3	0.5	分值相加法	分值连乘法	有效值法
方案评分	*A*	6	9	8.5	23.5	469	8.15
	B	7	2	9	18	126	6.5
	C	10	8	4	22	320	6.4

加权系数矩阵　　　　$G=[0.2\quad 0.3\quad 0.5]$

评分矩阵 $P=\begin{bmatrix}P_A\\P_B\\P_C\end{bmatrix}=\begin{bmatrix}6 & 9 & 8.5\\7 & 2 & 9\\10 & 8 & 4\end{bmatrix}$

有效值矩阵 $N=[N_A\quad N_B\quad N_C]=GP^T=[8.15\quad 6.5\quad 6.4]$

其中　$N_A=GP_A{}^T=0.2\times6+0.3\times9+0.5\times8.5=8.15$

$N_B=GP_B{}^T=0.2\times7+0.3\times2+0.5\times9=6.5$

$N_C=GP_C{}^T=0.2\times10+0.3\times8+0.5\times4=6.4$

(4)结论。方案 *A* 总分及有效值都最高，为3种电池中的最佳方案，但成本较高，不够理想，应设法再降低成本。

第五节 技术—经济评价法

技术—经济评价法的评价依据是相对价，其中包括方案的技术价和经济价，也考虑各评价目标的加权系数。技术价、经济价、相对价都是相对于理想状态的相对值，分析后既有利于决策的判断，也便于有针对性地改进性能。技术—经济评价法被定为德国工程师协会规范 VDI2225。

一、技术评价

求方案的技术价以进行技术评价，为此需对方案进行技术分析。

1. 技术分析的目的

满足机器系统在技术方面的要求，是一个成功设计方案的必要条件。不难设想，如果技术分析表明，该设计对象不能满足设计对象的基本功能要求，那么，就无任何意义继续进行其他方面的分析，因此，方案分析应从技术分析入手，应充分做好技术分析工作，技术分析的目的是：

(1)验证所采用的技术原理的正确性　所提的各种设计方案，由于在思考过程中不可能都仔细酌斟，其中某些方案可能在技术原理上存在缺陷。虽然看似可行，但某些关键性要求的相互依赖关系，不一定那么明显，粗心大意，加上缺乏经验，很可能造成失误。另一种极端是仅凭一隅之见，轻率否定某些本来可行，甚至效果更好的方案，更会造成将来不可挽救的损失。有时某些看来不显眼的因素，通过认真的技术分析，也可能表明具有重要的，不可忽视的内容，对完善方案能产生重大影响。

(2)预测性能　设计质量能不能达到规定要求，不能等产品制造出来后再验证，为了避免由于设计错误而造成的不良后果，必须在设计过程中进行理论分析，预测性能。若预测结果达不到要求，或大大超过规定，则应更改设计，并做出新的预测。诸如强度校核、动力估算等都是对工程设计进行技术预测的手段。由实物抽象出来的模型，则是进行理论计算的依据。

对于某些难于用理论公式进行估算的技术问题，或者在当时的条件下，缺乏足够的技术资料，以便对设计项目做出可靠的分析、判断时，则应该将分析与实物模型验证结合起来进行，由此得到比较满意、可靠的预测结果。

(3)确定详细设计细节

设计一台机器，在总方案确定后，必须对机器系统各部件和所有主要元件提出详细的技术要求，包括形状、尺寸、材料、制造方法等方面。为此也必须进行技术分析。

技术分析的一般步骤是：明确目标，建立模型，最后进行数学的或实验的分析。

2. 技术评价的步骤

(1)确定评价的技术性能项目，所谓技术性能是表示产品的功能、制造和运行状况的一切性能。根据产品开发的具体情况，确定评价该产品技术性能的项目，也即评价的目标。

例如：对某一机械产品，最后确定零件数、体积、重量、加工难易程度、维护、使用寿命 6 项性能作为评价目标。

(2)确定评价目标的衡量尺度，也即具体评价指标　把需进行评价的技术性能项目分为固定要求、最低要求及希望的要求 3 个层次。

如：使用者和制造者提出了对某机械产品的转速、能耗量、尺寸、加工精度等等一系列要求后，要明确哪些是必须满足的，低于或高于该指标就不合格，也即所谓固定要求。哪些是可以给出一允许范围的，也即有一个最低要求。哪些只是一种尽可能考虑的愿望，即使达不到，也不影响根本，也即希望的要求。明确了各项性能要求的具体指标，就可作为理想的开发方案的技术性能指标。诸方案技术性能的优劣，就以该指标为评价标准。

(3)分项进行技术价值评价　采用评分的方法，以理想方案的各项技术性能指标为标准，将各设计方案的相应项技术性能与之比较，根据接近程度，给以评分。

(4)进行技术性能总评价(技术价)

3. 技术评价

技术评价通过求方案的技术价 W_t 进行。技术价的关系式如式(5-4)

$$W_t = \frac{\sum_{i=1}^{n} P_i g_i}{P_{max} \sum_{i=1}^{n} g_i} = \frac{\sum_{i=1}^{n} P_i g_i}{P_{max}} \tag{5-4}$$

式中　P_i——各技术评价指标的评分值；

g_i——各技术评价指标的加权系数，即 $\sum_{i=1}^{n} g_i = 1$；

P_{max}——最高分值(十分制为 10 分，五分制为 5 分)。

技术价 $W_t \leqslant 1$，数值越大表示方案的技术性能越好。理想方案的技术价为 1。$W_t < 0.6$ 表示方案在技术上不合格，必须改进。

二、经济评价

经济评价目的是求方案的经济价 W_e，也就是理想的制造成本与实际制造成本的比值。计算公式为

$$W_e = \frac{H_1}{H} = \frac{0.7H_2}{H} \tag{5-5}$$

式中　H——实际制造成本，包括材料费用、工资费用和一般生产管理费用等。进行方案评价时，H 是估算值；

H_2——设计任务书中允许的制造成本，应低于市场最低有效价格；

H_1——理想的制造成本，$H_1 = 0.7H_2$；

W_e——经济价，其取值 $W_e \geqslant 0.7$。$W_e \leqslant 0.7$ 意味着实际生产成本高于允许生产成本，在经济上不合格。

经济价越高，表示该方案经济效益越好。理想的经济价 W_e 等于 1，也就是实际制造成本与理想成本相等，此时实际制造成本达到最低值。

三、技术—经济综合评价

技术—经济综合评价，包括三方面内容：求总价值；作优度图；作价值剖面图。

1. 总价值 W_0

计算总价值有两种方法：

（1）直线法

$$W_0 = \frac{1}{2}(W_t + W_e) \tag{5-6}$$

（2）抛物线法

$$W_0 = \sqrt{W_t \cdot W_e} \tag{5-7}$$

W_0 值越大，说明方案的技术—经济综合性能越好，一般取值 $W_0 \geqslant 0.65$。用抛物线法时，当 W_t、W_e 两项中有一项较小时，均会明显的减小 W_0 值，这更便于方案评价与决策。

2. 优度图

优度图又称 S 图，如图 5-9 所示。图中横坐标表示技术价 W_t，纵坐标代表经济价 W_e，$S^{\triangle}$ 点对应理想设计方案，$W_t = W_e = 1$。$OS^{\triangle}$ 连线称为“开发线”，线上所有点均是 $W_t = W_e$。根据不同方案的 W_t、W_e 值，在 S 图上均可找到相对应的点 S_0、S_1、S_2…。S 点越趋近于 $S^{\triangle}$，表明该方案越好，显然图中 S_5 方案最好。S 点靠近 $OS^{\triangle}$ 线，说明方案的技术经济综合性能较好。

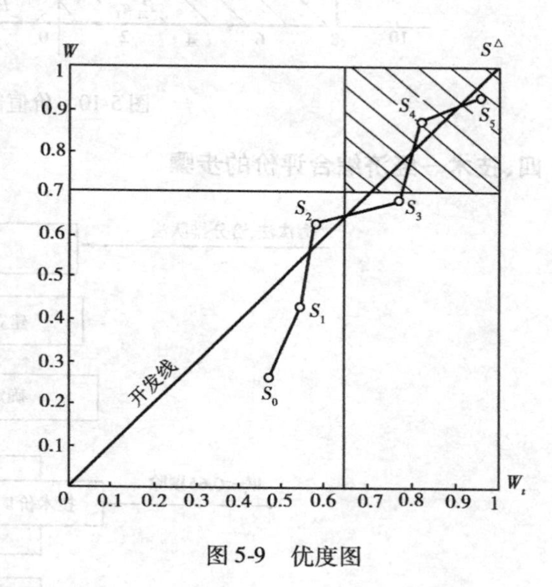

图 5-9　优度图

图中阴影线区称为许用区，只有在许用区中的 S 点对应的方案才是适用的，在区外的点的技术价和经济价均低于许用值，为不合格方案故不能采用。

优度图实际上是技术价与经济价关系的对比图，从图中可以直观看出方案的技术与经济性能和方案改进的方向（是技术方面或是经济方面）。

3. 价值剖面图

对于一个好的方案，不但要求总价值 W_0 符合要求，而且要求技术价中各加权分值比较均衡，不要出现强弱不均，高低悬殊的现象。特别是对总价值很高的方案，更要注意，否则将会在使用中出现弱者危害全局的现象。

图 5-10 价值剖面图，为人们提供了寻求弱点的方便。图中横坐标分别表示两个方案的评分值，纵坐标为各目标的重要性系数，每个方块面积为一项目标的加权评分值。每一方案所占有的阴影面积为 $\sum P_{ij}g_i$，即技术加权分值。

图中方案 1 和方案 2，若技术加权分值都等于 6，目标为 6 项，则要求各目标的评分尽量接近 6。实际上方案 1 各项的给分较方案 2 各项更接近于 6，因此方案 1 优于方案 2。方案 1 中第 4 项和方案 2 中第 2、3 两项都是弱者，需要提高。

价值剖面图既直接又形象地表示了两个方案技术性能的优劣及各自需要改进的指标。

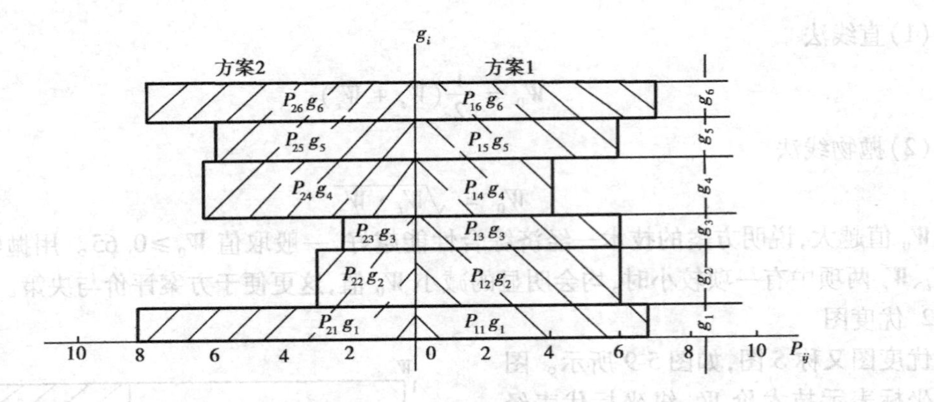

图 5-10 价值剖面图

四、技术—经济综合评价的步骤

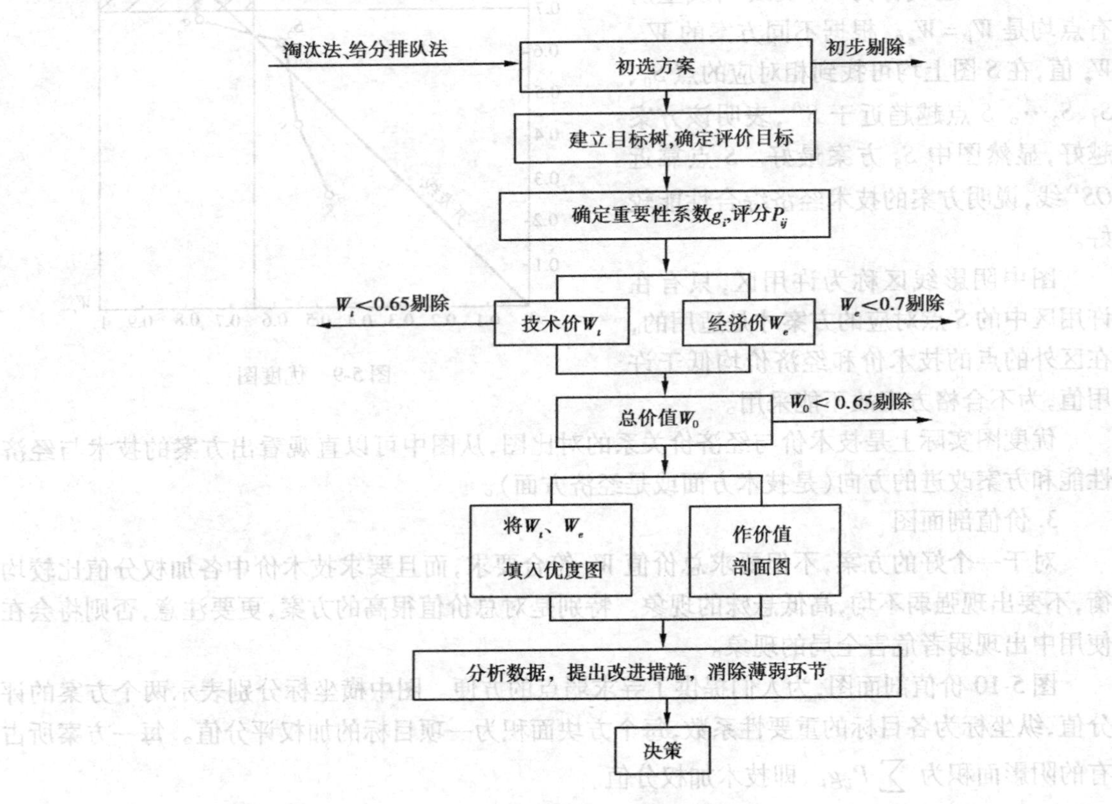

图 5-11 技术—经济评价框图

例 4 对大流量手动油脂注油机 3 种设计方案进行评价、决策。

解： 1. 根据设计要求,分析和确定评价目标和重要性系数,建立目标树,图 5-12 为目标树及相应的加权系数。

2. 各方案技术价分析见表 5-8,也可用评分矩阵乘以加权系数列阵得到技术价。

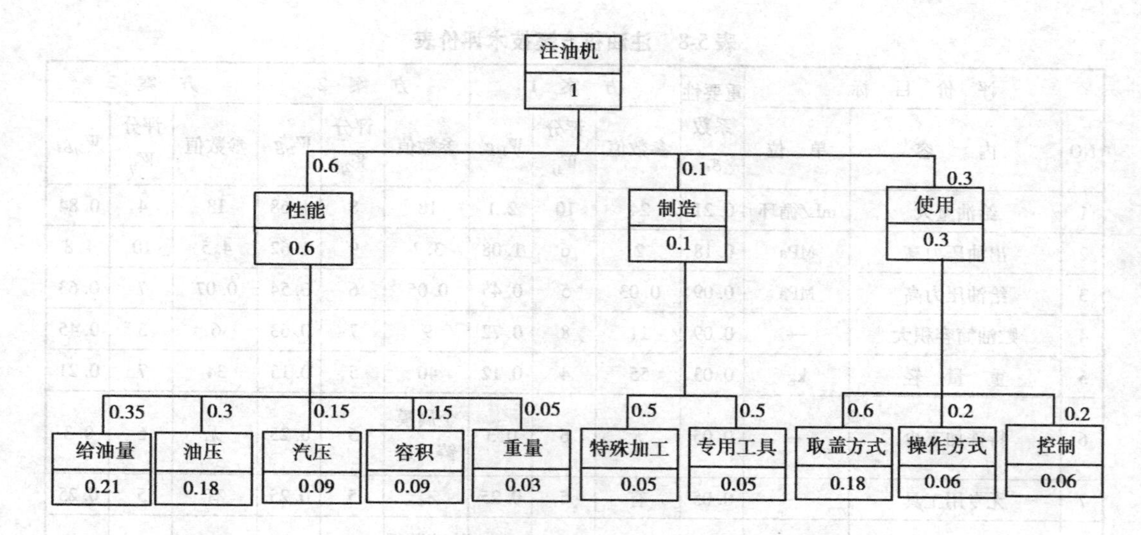

图 5-12　大流量手动油脂注油机评价目标树及重要性系数分布

$$[W_t]_{3\times1}=[W]_{3\times10}[g]_{10\times1}=$$

$$\begin{bmatrix}10&6&5&8&4&6&5&4&7&4\\8&9&6&7&5&5&5&8&6&7\\4&10&7&5&7&6&5&4&6&7\end{bmatrix}\times\begin{bmatrix}0.21\\0.18\\0.09\\0.09\\0.03\\0.05\\0.05\\0.18\\0.06\\0.06\end{bmatrix}=\begin{bmatrix}6.4\\7.34\\5.98\end{bmatrix}$$

$$W_{t1}=10\times0.21+6\times0.18+5\times0.09+8\times0.09+4\times0.03+6\times0.05+5\times0.05+4\times0.18+7\times0.06+4\times0.06=6.4$$

$$W_{t2}=8\times0.21+9\times0.18+6\times0.09+7\times0.09+5\times0.03+5\times0.05+5\times0.05+8\times0.18+6\times0.06+7\times0.06=7.34$$

$$W_{t3}=4\times0.21+10\times0.18+7\times0.09+5\times0.09+7\times0.03+6\times0.05+5\times0.05+4\times0.18+6\times0.06+7\times0.06=5.98$$

表 5-8　注油机方案技术评价表

评价目标			重要性	方案 1			方案 2			方案 3		
NO	内容	单位	系数 g_i	参数值	评分 W_{1j}	$W_{1j}g_i$	参数值	评分 W_{2j}	$W_{2j}g_i$	参数值	评分 W_{3j}	$W_{3j}g_i$
1	给油量大	mL/循环	0.21	24	10	2.1	18	8	1.68	13	4	0.84
2	出油压力高	MPa	0.18	2	6	1.08	3.2	9	1.62	4.5	10	1.8
3	给油压力高	MPa	0.09	0.03	5	0.45	0.05	6	0.54	0.07	7	0.63
4	贮油筒容积大	—	0.09	11	8	0.72	9	7	0.63	6	5	0.45
5	重量轻	kg	0.03	55	4	0.12	40	5	0.15	34	7	0.21
6	特殊加工少	—	0.05	无	6	0.3	金属模铸造	5	0.25	无	6	0.3
7	无专用工具	—	0.05	有	5	0.25	有	5	0.25	有	5	0.25
8	油筒端盖装拆方便	—	0.18	一般端盖	4	0.72	快速装拆端盖	8	1.44	一般端盖	4	0.72
9	操作省力	—	0.06	省力（脚踏式）	7	0.42	中等（手动）	6	0.36	中等（手动）	6	0.36
10	有控制油脂出油量的阀	–	0.06	无	4	0.24	有	7	0.42	有	7	0.42
$\sum_{i=1}^{10} g_i$；$\sum_{i=1}^{10} W_j g_i$				6.4			7.34			5.98		
$W_i = \frac{\sum_{j=1}^{10} W_j g_i}{W_{max}} = \frac{\sum_{j=1}^{10} W_j g_i}{10}$				$W_{i1} = 0.64$			$W_{i2} = 0.734$			$W_{i3} = 0.598$		

3. 各方案经济价见表 5-9

表 5-9　注油机方案经济评价表

	方案 1	方案 2	方案 3
实际制造成本/元　H	1 650	1 680	1 620
允许成本/元　H_2	1 600		
$W_e = \frac{0.7H_2}{H}$	0.68	0.67	0.7

4. 技术—经济综合评价

(1) 各方案总价值 W_0

根据(5-7)式　$W_{01} = \sqrt{W_{t1} \cdot W_{e1}} = 0.66$

$W_{02} = \sqrt{W_{t2} \cdot W_{e2}} = 0.7$

$$W_{03}=\sqrt{W_{t3}\cdot W_{e3}}=0.65$$

3 个方案的 W_0 均合格，其顺序 $W_{02}>W_{01}>W_{03}$。

(2)作优度图 5-13

从图 5-13 中可知，S_2 点较 S_1、S_3 点更接近 S^{Δ}，但 S_2 的经济价还有待提高，降低制造成本便是一途径。

(3)作价值剖面图 5-14

通过图 5-14，得知方案 2 的技术加权评分值为 7.34 分，各评价目标的打分与它相接近，并较均匀。其中 5、6、7 项还应提高。

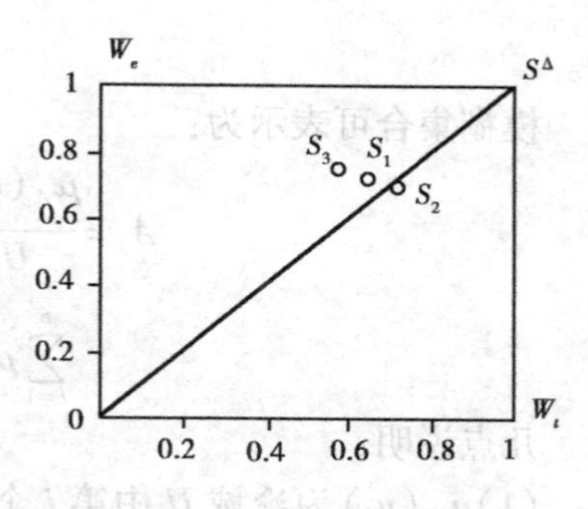

图 5-13　注油机优度图

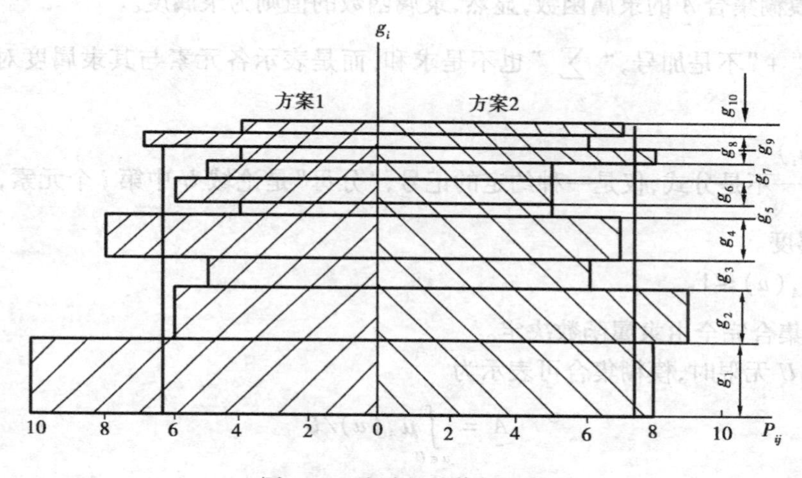

图 5-14　注油机价值剖面图

(4)决策

由上面分析，最后选择了第 2 方案，实践证明，此决策完全正确。

第六节　模糊评价法

科学技术的发展不断深化，研究对象越来越复杂，日常生活中，人们常说：高、矮、胖、瘦，老、中、青；在评论产品质量时，人们常说：好、中、差；在产品设计中，作方案评价时，有些评价目标如舒适、美观、安全、便于加工等无法定量分析，也只能用好、一般、差来描述。这都是一些含义不确切、边界不清楚，没有量化的模糊概念。这里介绍的模糊评价法就是利用模糊数学将模糊信息数值化，再进行定量评价的方法。

一、模糊集合

既然模糊现象是事物客观存在的一种属性，因此是可以描述的，是有它自身规律的。1965 年，美国控制论专家查德(Zadeh)首先提出了模糊集合的概念，给出了模糊现象的定量描述方法，诞生了模糊数学。

1. 模糊集合

模糊集合是定量描述模糊概念的工具，是精确性与模糊性之间的桥梁，是普通集合的推广。

模糊集合可表示为：

$$\underset{\sim}{A}=\frac{\mu_{\underset{\sim}{A}}(u_1)}{U_1}+\frac{\mu_{\underset{\sim}{A}}(u_2)}{U_2}+\cdots+\frac{\mu_{\underset{\sim}{A}}(u_n)}{U_n}=\sum_{i=1}^{n}\mu_{\underset{\sim}{A}}(u_i)/U_i$$

几点说明：

(1)$\mu_{\underset{\sim}{A}}(u_i)$为论域 U 中第 i 个元素 u_i 隶属于模糊集合 $\underset{\sim}{A}$ 的程度，简称为元素 u_i 的隶属度；$\mu_{\underset{\sim}{A}}(u)$为模糊集合 $\underset{\sim}{A}$ 的隶属函数，显然，隶属函数的值则为隶属度。

(2)符号"+"不是加号，"$\sum$"也不是求和，而是表示各元素与其隶属度对应关系的一个总括。

(3)$\frac{\mu_{\underset{\sim}{A}}(u_i)}{U_i}$不是分式，仅是一种约定的记号，"分母"是论域 U 中第 i 个元素，"分子"是相应元素的隶属度。

(4)$0\leqslant\mu_{\underset{\sim}{A}}(u)\leqslant 1$。

(5)模糊集合完全由隶属函数决定。

(6)论域 U 无限时，模糊集合可表示为

$$\underset{\sim}{A}=\int_{u\in U}\mu_{\underset{\sim}{A}}(u)/U$$

符号"$\int$"亦不表示积分。

通常还可把模糊集合简单地表示为：

$$\underset{\sim}{A}=(\mu_1,\mu_2,\cdots,\mu_n)$$

其中 μ_i 为第 i 个元素的隶属度。

2. 模糊集合的运算

模糊集合的运算很多就是普通集合运算的推广，常用到的有：

(1)相等

对所有元素 x，若有 $\mu_{\underset{\sim}{A}}(x)=\mu_{\underset{\sim}{B}}(x)$

则称模糊集合 $\underset{\sim}{A}$ 与 $\underset{\sim}{B}$ 相等，记为 $\underset{\sim}{A}=\underset{\sim}{B}$。

(2)包含

对所有元素 x，若有 $\mu_{\underset{\sim}{A}}(x)\leqslant\mu_{\underset{\sim}{B}}(x)$

则称模糊集合 $\underset{\sim}{B}$ 包含 $\underset{\sim}{A}$，记为 $\underset{\sim}{A}\subset\underset{\sim}{B}$。

(3)并集

两个模糊集合 $\underset{\sim}{A}$ 和 $\underset{\sim}{B}$ 的并集 $\underset{\sim}{C}$ 仍为一模糊集合，其隶属函数为：

$$\mu_{\underset{\sim}{C}}(x)=\max[\mu_{\underset{\sim}{A}}(x),\mu_{\underset{\sim}{B}}(x)]$$

也可表示为：$\mu_{\underset{\sim}{C}}(x)=\mu_{\underset{\sim}{A}}(x)\vee\mu_{\underset{\sim}{B}}(x)$

式中“∨”表示取大运算，记为$\underset{\sim}{C}=\underset{\sim}{A}\cup\underset{\sim}{B}$。

(4)交集

两个模糊集合$\underset{\sim}{A}$与$\underset{\sim}{B}$的交集$\underset{\sim}{D}$仍为一模糊集合，其隶属函数为：

$$\mu_{\underset{\sim}{D}}(x)=\min[\mu_{\underset{\sim}{A}}(x),\mu_{\underset{\sim}{B}}(x)]$$

或

$$\mu_{\underset{\sim}{D}}(x)=\mu_{\underset{\sim}{A}}(x)\wedge\mu_{\underset{\sim}{B}}(x)$$

式中“∧”表示取小运算，记为$\underset{\sim}{D}=\underset{\sim}{A}\cap\underset{\sim}{B}$。

(5)补集

模糊集合$\underset{\sim}{A}$的补集$\bar{\underset{\sim}{A}}$仍为一模糊集合，其隶属函数为：

$$\mu_{\bar{\underset{\sim}{A}}}(x)=1-\mu_{\underset{\sim}{A}}(x)$$

(6)空集与全集

对所有x，若有$\mu_{\underset{\sim}{A}}(x)=0$，则称$\underset{\sim}{A}$为空模糊集合，记为$\phi$。

对所有x，若有$\mu_{\underset{\sim}{A}}(x)=1$，则称$\underset{\sim}{A}$为全集合。

空集与全集互为补集。

二、隶属度及隶属函数

1. 隶属度

在模糊数学中，把隶属于或者从属于某个事物的程度叫隶属度，比如某方案对“操作安全”有七成符合，那么称此方案对“操作安全”的隶属度为0.7。由于模糊概念对事物一般不是简单的肯定(1)或否定(0)，而是“亦此亦彼”，因此隶属度就可以用0到1之间的一个实数来表示。“1”表示完全隶属，“0”表示完全不隶属。

2. 隶属函数

描述从完全隶属到完全不隶属的渐变过程的函数叫隶属函数。模糊信息定量化，是通过隶属函数来实现的。确定隶属函数是较复杂和困难的。它既要反映设计参数的变化、设计实施的难易程度及变化规律，同时还要考虑实施的可能性及有关标准、规范等等因素。

隶属函数种类很多。函数形式有直线式、曲线式。根据不同的评价对象选择合适的函数形式。现行使用的多为半矩形、半梯形、直线形。它们虽然只能近似地反映评价标准的隶属关系，但具有直观性、处理方便等优点。

3. 求隶属度的方法

(1)通过抽样调查统计求隶属度

例如，对在市场上大量销售的某名牌电视机的图像显示清晰度进行评价，通过对500户抽样调查、统计结果，65%的用户反映图像很清晰、20%认为清晰、10%评价为一般、而5%的用户反映不清晰，由此就得到对电视机图像显示4种评价的隶属度，它分别为：0.65、0.2、0.1和0.05。

(2)通过隶属函数求隶属度

根据评价对象选择隶属函数，从中求得规定条件下的隶属度。

例5 一机械产品设计方案的成本x，要求$x\leqslant 2\,000$元为优，$x=2\,500$元为中等，$x\geqslant 3\,500$元为差，方案设计后，估算成本2 150元，求模糊评价的隶属度。

解： 根据题意，对于此类简单的计算，可采用梯形分布的隶属函数，如图5-15。函数表达式 $u(x)$ 如下所示。

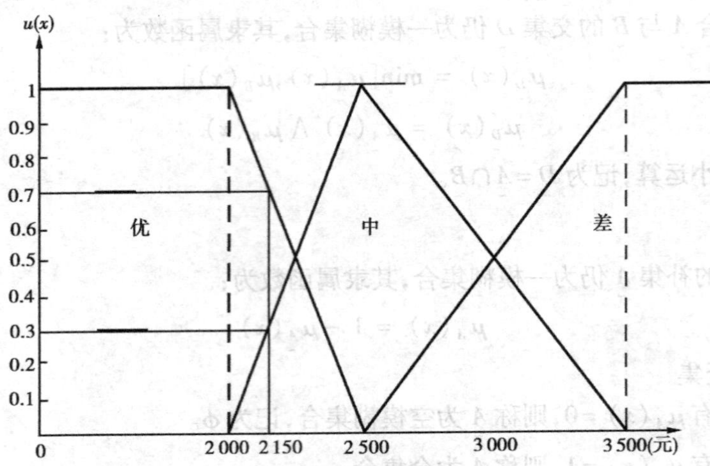

图5-15 成本隶属函数

优：
$$u(x)=\begin{cases}1 & (x\leqslant 2\,000)\\ \dfrac{2\,500-x}{2\,500-2\,000} & (2\,000<x<2\,500)\\ 0 & (2\,500\leqslant x)\end{cases}$$

中：
$$u(x)=\begin{cases}0 & (x\leqslant 2\,000)\\ \dfrac{x-2\,000}{2\,500-2\,000} & (2\,000<x<2\,500)\\ 1 & (x=2\,500)\\ \dfrac{3\,500-x}{3\,500-2\,500} & (2\,500<x<3\,500)\\ 0 & (x\geqslant 3\,500)\end{cases}$$

差：
$$u(x)=\begin{cases}0 & (x\leqslant 2\,500)\\ \dfrac{x-2500}{3500-2500} & (2\,500<x<3\,500)\\ 1 & (x\geqslant 3\,500)\end{cases}$$

当方案估算成本为2 150时，在图5-15中，求得 $u(x)_{优}=0.7$，$u(x)_{中}=0.3$，$u(x)_{差}=0$。

三、模糊评价方法及步骤

根据评价目标的数量，模糊评价分为单目标和多目标两种，其评价方法和内容如下。

1. 单目标评价

(1)建立评价集

评价者对评价对象可能做出的各种评判结果的集合叫评价集。用 u 表示，$u=\{u_1,u_2,\cdots,u_i,\cdots,u_m\}$。例如前面对电视机图像显示清晰度评价，评价集 $u=\{u_1,u_2,u_3,u_4\}=\{$很清晰，清晰，一般，不好$\}$。

(2)模糊评价集的表达式

$$R = \left\{ \frac{r_1}{u_1}, \frac{r_2}{u_2}, \cdots, \frac{r_i}{u_i}, \cdots, \frac{r_m}{u_m} \right\}$$

或者简写为 $R = \{r_1, r_2, \cdots, r_i, \cdots, r_m\}$

式中 r_i——隶属度

电视机图像模糊评价集的表达式 $R = \{0.65, 0.2, 0.1, 0.05\}$

2. 多目标评价

(1)建立评价目标集

$$x = \{x_1, x_2, \cdots, x_i, \cdots, x_n\} \qquad n = \text{目标数}$$

(2)建立权重系数集

$$G = \{g_1, g_2, \cdots, g_i, \cdots, g_n\} \qquad \sum_{i=1}^{n} g_i = 1$$

(3)建立评价集

$$u = \{u_1, u_2, \cdots, u_i, \cdots, u_m\} \qquad m = \text{评价数}$$

(4)建立一个方案对 n 个评价目标的模糊评价矩阵

$$R = \begin{bmatrix} R_1 \\ R_2 \\ \cdots \\ R_j \\ \cdots \\ R_n \end{bmatrix} = \begin{bmatrix} r_{11} & r_{12} \cdots r_{1j} \cdots r_{1m} \\ r_{21} & r_{22} \cdots r_{2j} \cdots r_{2m} \\ \cdots & \\ r_{i1} & r_{i2} \cdots r_{ij} \cdots r_{im} \\ \cdots & \\ r_{n1} & r_{n2} \cdots r_{nj} \cdots r_{nm} \end{bmatrix}$$

考虑权重系数的模糊综合评价矩阵

$$B = G \cdot R = (g_1 g_2 \cdots g_i \cdots g_n) \begin{bmatrix} r_{11} & r_{12} \cdots r_{1j} \cdots r_{1m} \\ r_{21} & r_{22} \cdots r_{2j} \cdots r_{2m} \\ \cdots & \\ r_{i1} & r_{i2} \cdots r_{ij} \cdots r_{im} \\ \cdots & \\ r_{n1} & r_{n2} \cdots r_{nj} \cdots r_{nm} \end{bmatrix} = (b_1 b_2 \cdots b_j \cdots b_m)$$

b_j 是模糊综合评价集中的第 j 个隶属度,其计算是采用模糊矩阵合成的多种数学模型,现介绍常用的两种运算方法。

模型Ⅰ:$M(\wedge, \vee)$,按先取小($\wedge$),后取大($\vee$)进行矩阵合成计算。

式中 M——模型;

"$\wedge$"、"$\vee$"——合成运算方式符号,若 $a \wedge b$ 取小者,若 $a \vee b$ 取大者。

$$b_j = \bigvee_{i=1}^{n} (g_i \wedge r_{ij}) \qquad (j = 1, 2, \cdots, m) \tag{5-8}$$

上式计算展开为下面算式

$$b_j = (g_1 \wedge r_{1j}) \vee (g_2 \wedge r_{2j}) \vee (g_3 \wedge r_{3j}) \vee \cdots (g_m \wedge r_{nm}) \qquad (j = 1, 2, \cdots, m)$$

取小取大运算,由于突出了 g_i 与 r_{ij} 中主要因素的影响,因此运算简单明确。但是在计算中丢失了很多的 g_i 与 r_{ij} 的值,即丢失了很多评价信息,所以模型Ⅰ对于评价目标多,g_i 值很小,或者评价目标很少,g_i 值又较大的两种情况不适用。

模型Ⅱ:$M(\cdot, +)$:按先乘后加进行矩阵合成计算。

$$b_j = \sum_{i=1}^{n} g_i r_{ij} \qquad (j = 1,2,\cdots,m) \tag{5-9}$$

该模型综合考虑了g_i、r_{ij}的影响,保留了全部信息,这是最显著的优点。由于评价实际效果好,故常用于机械产品的模糊综合评价和模糊优化设计。

3. 多方案的比较和决策

(1)按各方案模糊综合评价中最高一级隶属度的数值大小定级,这称为最大隶属度法。

(2)方案排队时,一方面以同级中隶属度高者为先,同时还要依据本级隶属度与更高一级隶属度之和的大小,排出方案先后。

例6 对下面5个方案进行排队。

已知:评价集 = {最好,好,一般,差}

各方案模糊综合评价B:

$$B_1 = (0.33 \quad 0.27 \quad 0.4 \quad 0)$$
$$B_2 = (0.32 \quad 0.3 \quad 0.3 \quad 0.08)$$
$$B_3 = (0.45 \quad 0.2 \quad 0.3 \quad 0.05)$$
$$B_4 = (0.65 \quad 0.2 \quad 0.1 \quad 0.05)$$
$$B_5 = (0.5 \quad 0.2 \quad 0.1 \quad 0.2)$$

解: (1)按最大隶属度法,方案排序为4、5、3、1、2。

(2)按最高一级隶属度与第二级隶属度之和排出方案的各次顺序是:方案4、5、3、2、和1。

例7 对某型号推土机,3个设计方案的性能、使用进行模糊综合评价和决策。

解: (1)分析和确定评价目标和权重系数,建立目标树。见图5-16推土机评价目标树及权重系数分布。

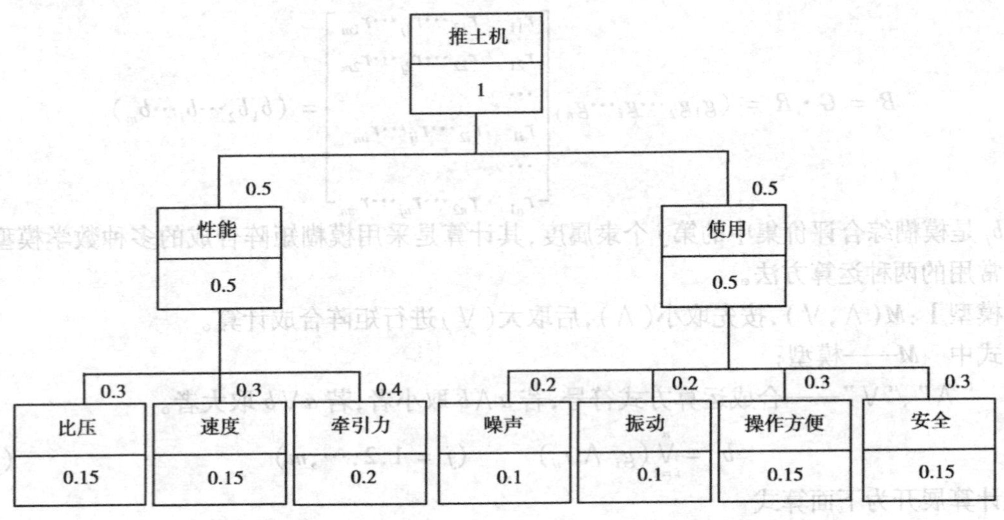

图5-16 推土机评价目标树及加权系数分布

(2)各方案评价目标的初步评语见表5-10。

表 5-10　评价目标评语

方案 \ 目标评语 \ 评价目标	1	2	3	4	5	6	7
	比压	速度	牵引力	噪声	振动	操作方便	安全性
方案Ⅰ	差	一般	一般	差	差	一般	差
方案Ⅱ	一般	较好	一般	好	好	一般	好
方案Ⅲ	好	较好	差	好	好	一般	好

(3)模糊评价

1)评价目标集　　$X=\{x_1,x_2,x_3,x_4,x_5,x_6,x_7\}$

2)权重系数　　$G=\{0.15,0.15,0.2,0.1,0.1,0.15,0.15\}$

3)评价集　　$u=\{u_1,u_2,u_3,u_4\}=\{优,良,中,差\}$

4)通过专家评审给分求得 3 个方案的隶属度矩阵

$$R_{\text{I}}=\begin{bmatrix}0&0&0.5&0.5\\0&0.25&0.5&0.25\\0&0.25&0.5&0.25\\0&0&0.5&0.5\\0&0&0.5&0.5\\0&0.25&0.5&0.25\\0&0&0.5&0.5\end{bmatrix}\quad R_{\text{II}}=\begin{bmatrix}0&0.25&0.5&0.25\\0.25&0.5&0.25&0\\0&0.25&0.5&0.25\\0.6&0.25&0.15&0\\0.6&0.25&0.15&0\\0&0.25&0.5&0.25\\0.6&0.25&0.15&0\end{bmatrix}$$

$$R_{\text{III}}=\begin{bmatrix}0.6&0.25&0.15&0\\0.25&0.5&0.25&0\\0&0&0.5&0.5\\0.6&0.25&0.15&0\\0.6&0.25&0.15&0\\0&0.25&0.5&0.25\\0.6&0.25&0.15&0\end{bmatrix}$$

5)求各方案模糊综合评价,按 $M(\wedge,\vee)$:

$B_{\text{I}}=G\cdot R_{\text{I}}=(0.15,0.15,0.2,0.1,0.1,0.15,0.15)\cdot R_{\text{I}}=(b_1,b_2,b_3,b_4)$

根据(5-8)式

$b_1=(0.15\wedge 0)\vee(0.15\wedge 0)\vee(0.2\wedge 0)\vee(0.1\wedge 0)\vee(0.1\wedge 0)\vee$

$(0.15\wedge 0)\vee(0.15\wedge 0)=0$

同理　$b_2=0.2$；$b_3=0.2$；$b_4=0.2$

$B_{\text{II}}=G\cdot R_{\text{II}}=(b_1,b_2,b_3,b_4)$

根据(5-8)式

$b_1=(0.15\wedge 0)\vee(0.15\wedge 0.25)\vee(0.2\wedge 0)\vee(0.1\wedge 0.6)\vee(0.15\wedge 0)\vee$

$(0.15\wedge 0.6)=0.15$

同理　$b_2=0.2$；$b_3=0.2$；$b_4=0.2$

$B_{Ⅲ} = G \cdot R_{Ⅲ} = (b_1, b_2, b_3, b_4)$

根据(5-8)式

$b_1 = (0.15 \wedge 0.6) \vee (0.15 \wedge 0.25) \vee (0.2 \wedge 0) \vee (0.1 \wedge 0.6) \vee (0.1 \wedge 0.6) \vee (0.15 \wedge 0)$
$\vee (0.15 \wedge 0.6) = 0.15$

同理 $b_2 = 0.15$；$b_3 = 0.2$；$b_4 = 0.2$

6)各方案综合评价指标 B 的比较 $B_{Ⅰ} = (0, 0.2, 0.2, 0.2)$

$B_{Ⅱ} = (0.15, 0.2, 0.2, 0.2)$

$B_{Ⅲ} = (0.15, 0.15, 0.2, 0.2)$

为便于各方案的比较，将评价指标归一化，即 $B = \left(\frac{b_1}{\sum_{j=1}^{m} b_j}, \frac{b_2}{\sum_{j=1}^{m} b_j}, \cdots, \frac{b_m}{\sum_{j=1}^{m} b_j}\right)$，得到3个方案模糊综合评价指标

$$B'_{Ⅰ} = \left(\frac{0}{0.6}, \frac{0.2}{0.6}, \frac{0.2}{0.6}, \frac{0.2}{0.6}\right) = (0, 0.33, 0.33, 0.33)$$

$$B'_{Ⅱ} = \left(\frac{0.15}{0.75}, \frac{0.2}{0.75}, \frac{0.2}{0.75}, \frac{0.2}{0.75}\right) = (0.2, 0.27, 0.27, 0.27)$$

$$B'_{Ⅲ} = \left(\frac{0.15}{0.7}, \frac{0.15}{0.7}, \frac{0.2}{0.7}, \frac{0.2}{0.7}\right) = (0.22, 0.22, 0.28, 0.28)$$

(4)决策

3个方案按优劣排队顺序为Ⅲ、Ⅱ、Ⅰ，故选用第Ⅲ方案。

四、设计方案的三级模糊综合评判方法

目的是在已知问题后从众多的参评方案中选出较优的解答方案。工程上的方案各式各样，对于同一个问题，可以有不同原理的方案参评，也可以有同一原理下不同结构的方案候选。为此可将方案分成原理相同或原理不同两种。反映在评价中，原理不同的方案评价准则不同，原理相同的评价准则相同。下面分别讨论这两种情况。

1. 评价准则相同

评价准则是决定方案评价成败的一个重要因素，将其适当分类，以不同方法处理，使评价客观、准确。为此，采用三级模糊综合评判。

(1)三级模糊综合评判

这种方法的思路是评价时先按每一评价准则的各个等级进行一级模糊综合评判，再按每一类型的各个评价准则进行二级模糊综合评判，最后再在类型之间进行三级模糊综合评判。在已有三级模糊综合评判中，评判准则是按其性质进行分类的，分类后各类评价准则按二级模糊综合评判法处理。

实际上，方案评价时，评价准则有多有少，有时不一定需要分类处理。从形式上看评价准则有量化指标，也有非量化的模糊指标，若均以二级模糊综合评价法处理，对于量化指标就反而会引入更多的主观因素，因此本节把评价准则分为量化指标和非量化指标两大类，对量化指标以规范指标的评价法处理，非量化指标进行二级模糊综合评判，再综合求优评价出各个方案对等级——优、良、差的隶属度，其中以对优的隶属度最大的方案为最优方案。具体参见图5-17。

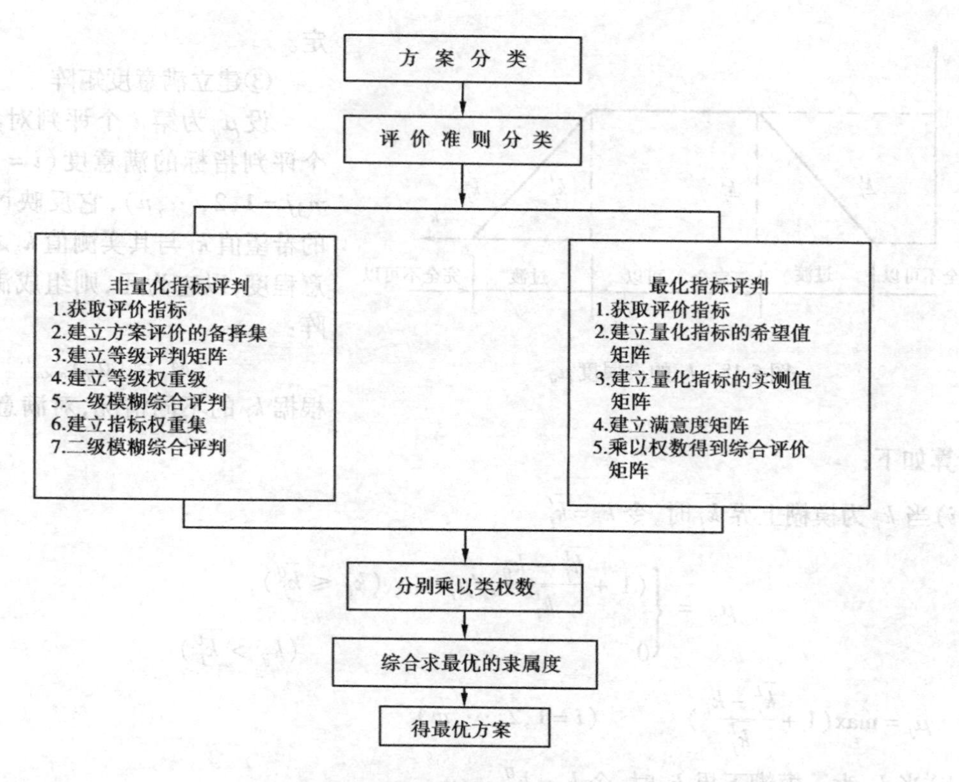

图 5-17　设计方案模糊综合评判程序

(2)量化指标的评判

在工程设计领域中,有些评价指标是有标准可循的,有些则可以根据经验或设计者的期望给出一个合理的量化范围。对于这两类指标采用基于量化指标的模糊综合评价。其主要步骤如下:

①获取评判指标,建立评判指标矩阵

设参与评判的方案有 m 个,评价指标有 n 个,建立评判指标矩阵

$$U = (U_i)_{1\times n}$$

式中　U_i——第 i 个评判指标。

通过实测或其他方法,获取每个方案每个评判指标的实测值,建立评价指标实测值矩阵:

$$K = (k_{ij})_{m\times n}$$

式中　k_{ij}——第 i 个方案的第 j 个指标的实测值。

②建立量化指标集

由量化指标为元素组成集合　　$K = \{k_1, k_2, \cdots, k_n\}$

其中 k_j 为评判指标 U_j 的希望值。对于具体指标 U_j 来说,其希望值 k_j 或为其上界 k_j,或为其下界 k_j,或为某一区间$[\underline{k}_j, \overline{k}_j]$。一般来说,各量化指标的希望值还具有不同程度的模糊性。因此视希望值为模糊量:

$$K = (k_1, k_2, \cdots, k_n)$$

每一期望值 k_j,其区间如图 5-18 所示,用梯形函数来确定其隶属度,亦即用直线来近似过渡区间的隶属度,以便于计算机处理。图中 $\underline{k}_j^L$ 及 $\overline{k}_j^U$ 的值可根据参数的性质和问题的要求决

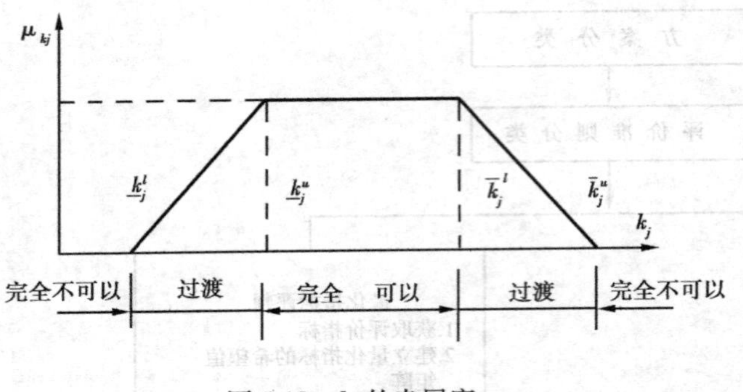

图 5-18 k_j 的隶属度 μ_{ij}

定。

③建立满意度矩阵

设 μ_{ij} 为第 i 个评判对象的第 j 个评判指标的满意度($i=1,2,\cdots,m;j=1,2,\cdots,n$),它反映评价指标的希望值 k_j 与其实测值 k_{ij} 之间的满意程度,以它为元,则组成满意度矩阵:

$$M = (\mu_{ij})_{m\times n}$$

根据 k_j 的不同情况,对满意度 μ_{ij} 分别计算如下:

i)当 $\underset{\sim}{k_j}$ 为模糊上界 $\underset{\sim}{\bar{k}_j}$ 时,令 $k_j=\bar{k}_j^L$

$$\mu_{ij} = \begin{cases} (1+\dfrac{\bar{k}_j^L - k_{ij}}{\bar{k}_j^L})/\mu_j & (k_{ij}\leqslant \bar{k}_j^U) \\ 0 & (k_{ij} > k_j^U) \end{cases}$$

式中 $\mu_j=\max\limits_i(1+\dfrac{\bar{k}_j^L-k_{ij}}{\bar{k}_j^L})$ $(i=1,2,\cdots,m)$

ii)当 $\underset{\sim}{k_j}$ 为一模糊下界 $\underset{\sim}{\underline{k}_j}$ 时,令 $k_j=k_j^U$

$$\mu_{ij} = \begin{cases} (1+\dfrac{k_{ij}+k_j^U}{k_j^u} & (k_{ij}\geqslant \underline{k}_j^L) \\ 0 & (k_{ij} < \underline{k}_j^L) \end{cases}$$

式中 $\mu_j=\max\limits_i\left(1+\dfrac{k_{ij}-\underline{k}_j^U}{\underline{k}_j^U}\right)$ $(i=1,2\cdots,m)$

iii)当 $\underset{\sim}{k_j}$ 为一模糊区间$[\underline{k}_j,\bar{k}_j]$时,令 $\underline{k}_j=\underline{k}_j^U$ $\bar{k}_j=\bar{k}_j^L$

$$\mu_{ij} = \begin{cases} 1 & (\underline{k}_j^U\leqslant k_{ij}\leqslant \underline{k}_j^L) \\ 1-\dfrac{k_{ij}-\bar{k}_j^L}{\bar{k}_j^L} & (\bar{k}_i^L\leqslant k_{ij}\leqslant \bar{k}_j^U) \\ 1-\dfrac{\underline{k}_j^U-k_{ij}}{\underline{k}_j^U} & (\underline{k}_j^L\leqslant k_{ij}\leqslant \underline{k}_j^U) \\ 0 & (k_{ij}<\underline{k}_j^L \text{ 或 } k_{ij}>\bar{k}_j^U) \end{cases}$$

应指出的是,某些实际问题,若某些希望值不具有模糊性,只需去掉过渡区间,令 $\bar{k}_j^L=\bar{k}_j^U$,$\underline{k}_j^L=\underline{k}_j^U$ 即可。

④建立权重集

给予权数 ω_j 来反映各个指标 $U_j(j=1,2,\cdots,n)$ 的重要程度，并以 ω_j 为元组成权重集

$$\underset{\sim}{\omega} = \{\omega_1,\omega_2,\omega\cdots,\omega_n\} = (\omega_j)_{1\times n}$$

各权数应满足归一性和非负性条件：

$$\sum_{j=1}^{n} \omega_j = 1 \qquad \omega_j \geqslant 0(j = 1,2,\cdots,n)$$

⑤综合评判

综合评判矩阵

$$A = \underset{\sim}{\omega} \cdot \underset{\sim}{M} = (\omega_j)_{1\times n} \cdot (\mu_{ij})_{mxn}^{T} = (a_i)_{1\times m}$$

式中 $a_i = \sum_{j=1}^{n}\omega_j\mu_{ij}$，表示第 i 个方案的综合评判指标，其值越大，表示其质量越好。

(3)非量化指标的评价

本节利用二级模糊评判法处理非量化指标。

①建立评价指标集

设解决某确定问题的参评方案有 m 个，将影响方案评价的指标如设计水平高低、使用条件好坏、制造工艺性、维修性等组成评价指标集

$$U_{\text{I}} = \{U_1,U_2,\cdots,U_n\}$$

其中 U_i为第 i 个评价指标。

每一评价指标按其性质和程度细分为若干等级。一般说来，分等越多，越易于反映实际情况，但相应地给其隶属度的确定带来困难，本节将指标分为 5 等。将所有评价指标的等级组成集合，得到评价指标等级集

$$U_{\text{II}} = (U_{ij})_{n\times 5}$$

其中 U_{ij}为第 i 个指标的第 j 个等级。

各指标等级之间，很难有一个明确的界限，任一指标等级都在其后相邻的两等级之间处于某种模糊的分布状态。由于评价指标的模糊性及等级的模糊性，很难甚至不可能把某一评价指标，具体地规定为它的某一等级，因此，各模糊评价指标应视为等级论域上的模糊子集，即：

$$\underset{\sim}{U_i} = \frac{\mu_{i1}}{U_{i1}} + \frac{\mu_{i2}}{U_{i2}} + \cdots + \frac{\mu_{is}}{U_{is}}$$

其中 $0\leqslant\mu_{ij}\leqslant1$ 为第 i 个评价指标的第 j 个等级该指标的隶属度。

②建立备择集

方案评价的备择集应是方案的优劣程度即优，良，中，差等。方案评价主要是找出每种方案对优的隶属度，将方案的优劣程度划分太细无实际意义，分三等即可，由此备择集为

$$V = \{优,中,差\}$$

③一级模糊综合评判

设参评方案按第 i 个评价指标的第 j 个等级 U_{ij}评判，对备择集中第 k 个元素的隶属度为 $r_{jk}^{i}(k=1,2,3)$，则第 i 个评价指标的等级评判集可表为

$$\underset{\sim}{R_j^i} = \frac{r_{j1}^{i}}{(U_{ij},V_1)} + \frac{r_{j2}^{i}}{(U_{ij},V_2)} + \frac{r_{j3}^{i}}{(U_{ij},V_3)}$$

以上述等级评判集的隶属度为行组成矩阵便是第 i 个评价指标的等级评判矩阵：

$$\underset{\sim}{R_i} = (r_{jk}^i)_{5\times 3}$$

把第 i 个指标的第 j 个等级对该指标的隶属度 $\mu_{ij}(i=1,2,\cdots,n;j=1,2,\cdots,5)$ 归一化后的值：

$$\omega_{ij} = \mu_{ij} \Big/ \sum_{j=1}^{5} \mu_{ij} \qquad (i = 1,2,\cdots,n)$$

取作为该等级的权数，便可得到第 i 个指标的等级权重集为

$$\underset{\sim}{\omega_i} = (\omega_{i1}, \omega_{i2}, \cdots, \omega_{is})$$

至此，按第 i 个指标的各等级模糊子集进行综合评判，便得一级模糊综合评判集如下：（按 $M(\cdot +)$ 计算）

$$\underset{\sim}{A_i} = \underset{\sim}{\omega_i} \cdot \underset{\sim}{R_i} = (a_{i1}, a_{i2}, a_{i3})$$

式中 $a_{ik} = \sum_{j=1}^{5} \omega_{ij} \cdot r_{jk}^i (i = 1,2,\cdots,n;k = 1,2,3)$ 即为综合考虑第 i 个评价指标的各个等级贡献时，参评方案对优、中、差 3 个等级的隶属度。以 a_{ik} 为元素便得到一级模糊综合评判矩阵：

$$\underset{\sim}{A} = (a_{ik})_{n\times 3}$$

④二级模糊综合评判

一级模糊综合评判仅反映了一个评价指标的影响，矩阵 A 即为二级模糊综合评判的单因素评判矩阵。

设 ω_i 为第 i 个评价指标的权数，则反映各评价指标重要程度的权重集为：

$$\omega = (\omega_1, \omega_2, \cdots, \omega_n) = (\omega_i)_{1\times n}$$

ω 为评价指标集上的模糊子集，各权数应满足：

$$\sum_{i=1}^{n} \omega_i = 1, \omega_i \geqslant 0 (i = 1,2,\cdots,n)$$

于是按所有评价指标进行综合评判便得二级模糊综合评判矩阵如下：

$$\underset{\sim}{B} = \underset{\sim}{\omega} \cdot \underset{\sim}{A} = (b_1, b_2, b_3)$$

式中 $b_k = \sum_{i=1}^{n} \omega_i \cdot \omega_{ik} (k = 1,2,3)$ 为综合考虑所有评价指标时，参评方案对优、中、差 3 个等级的隶属度。

若有 m 个方案，便得矩阵 $\quad \underset{\sim}{B} = (b_{mk})_{m\times 3}$

(4)综合求优

若参评方案既有量化指标，又有非量化指标，并且已获得量化指标和非量化指标的权数分别为 ω_A、ω_B。

由前述知，量化指标的满意度矩阵为 $A(a_i)_{1\times m}$，m 个方案的非量化指标对优、中、差的隶属度矩阵为 $\underset{\sim}{B} = (b_{mk})_{m\times 3}$ 进行综合评判，便得三级模糊综合评判矩阵。

$$\underset{\sim}{C} = \omega_A \cdot A + \omega_B \cdot B = (C_i)_{1\times m}$$

式中 $C_i = \omega_A \cdot a_i + \omega_B \cdot b_i$ 为第 i 个方案对优的隶属度。找出 $C_k = \max_i \{C_i\} (i=1,2,\cdots,m)$ 即为最优方案。

2. 评价准则不同

当参评方案的评价准则不同时，除以下两点外，方法、步骤与评价准则相同时一样。

(1)评价准则不同时，只能逐个方案地进行评价，每个方案依自己的评价准则计算出对优

的隶属度，最后再找出对优隶度最大的方案。

(2)评价准则不同时，对量化指标中求满意度的分式修改为：

i)当 $\underset{\sim}{k}_j$ 为模糊上界 $\bar{k}_j$ 时，令 $k_j=\bar{k}_j^L$

$$
\mu_{ij}=\begin{cases}1 & (k_{ij}\leqslant \bar{k}_j^L)\\ (\bar{k}_j^U-k_{ij})\Big/(\bar{k}_j^U-\bar{k}_j^L) & (\bar{k}_j^L\leqslant k_{ij}\leqslant \bar{k}_j^U)\\ 0 & (k_{ij}>\bar{k}_j^U)\end{cases}
$$

ii)当 $\underset{\sim}{k}_j$ 为模糊下界 $\underline{k}_j$ 时，令 $k_j=\underline{k}_j^U$

$$
\mu_{ij}=\begin{cases}1 & (k_{ij}\geqslant \underline{k}_j^U)\\ (k_{ij}-\underline{k}_j^L)/(\underline{k}_j^U-\underline{k}_j^L) & (\underline{k}_j^L\leqslant k_{ij}\leqslant \underline{k}_j^U)\\ 0 & (k_{ij}>\underline{k}_j^L)\end{cases}
$$

iii)当 $\underset{\sim}{k}_j$ 为一模糊区间$[\underline{k}_j,\bar{k}_j]$时

$$
\mu_{ij}=\begin{cases}1 & (\underline{k}_j^U\leqslant k_{ij}\leqslant \bar{k}_j^L)\\ (\bar{k}_j^U-k_{ij})/(\bar{k}_j^U-\bar{k}_j^L) & (\bar{k}_j^L\leqslant k_{ij}\leqslant \bar{k}_j^U)\\ (k_{ij}-\underline{k}_j^L)/(\underline{k}_j^U-\underline{k}_j^L) & (\underline{k}_j^L\leqslant k_{ij}\leqslant \underline{k}_j^U)\\ 0 & (k_{ij}\geqslant \bar{k}_j^U \text{ 或 } k_{ij}<\underline{k}_j^L)\end{cases}
$$

3. 在方案评价中应尽量减少主观因素的影响

方案评价归根结底要由人来完成，要使评价结果客观、公正，应尽量减少主观因素的影响。

(1)评价准则的选定

评价准则是方案评价的依据，应由给定的问题和具体方案给出评价准则，应力求全面、丰富、具体、客观、准确地反映实际情况。一般由专家咨询或专家小组会议商定。

(2)权数的确定

权数可由专家给定，也可用判别表法计算。

(3)隶属度

在三级模糊评价中，受到主观影响的隶属度主要是等级评判矩阵。等级评判矩阵可由专家确定数值，也可由隶属度函数等距离移动求值得到。应尽量使等级评判矩阵近似对称矩阵。

合理的评价使多方案得到充分比较，为科学的决策创造有利的条件，是设计中选取最佳方案不可缺少的步骤。

根据任务要求确定评价目标项目并判别各目标的重要程度(以加权系数定量表达)，这是方案评价前必须做的准备工作。

针对不同的评价对象和目的可采用相应的评价方法。如只要求作定性评价，对各方案排列顺序时，可采用点评价法和名次计分法。一般评分法应用较多，普通的工程方案用加权计分的有效值法既不复杂又很实用。技术—经济评价法求出对于理想方案的相对评价值，在评价过程中有利于找出方案的弱点加以改进。模糊评价法可使各种模糊评价概念定量化，便于计算机在评价中的全面应用。

第六章　结构方案设计

本章主要介绍结构方案设计中提高产品性能和降低成本的一些原则和措施，并简略介绍成本估算方法。

本章学习要求是：

1. 了解结构方案设计的任务、内容及步骤；
2. 掌握提高产品性能和降低成本的基本原则和主要途径；
3. 掌握产品成本组成结构，了解估算成本的各种方法，掌握相似产品成本估算法。

第一节　结构设计任务、内容和步骤

一、结构设计任务和重要性

产品结构设计又称技术设计，它的任务是将原理设计方案结构化，确定机器各零部件的材料、形状、尺寸、加工和装配。因此，结构设计是涉及到材料、工艺、精度、设计计算方法、实验与检测技术、机械制图等许多学科领域的一项复杂、综合性工作。

机械结构设计，可分为三个方面：

(1)功能设计　为满足主要机械功能要求，在技术上的具体化。

(2)质量设计　兼顾各种要求和限制，提高产品的质量和性能价格比。

(3)优化设计和创新设计　用结构设计变元等方法系统地构造优化设计解空间，用创造性设计思维方法和其他科学方法优选和创新。

结构设计的重要性表现为下列几方面：

(1)机械设计的最终成果都是以一定的结构形式所表现，并且按照设计的结构进行加工、装配出成品，以满足使用要求。因此结构设计的工作质量对满足产品功能要求有十分重要意义。

(2)机械设计中，各种计算都要以确定的结构为基础，机械设计公式都只适用于某种特定的机构或结构。如果不事先选定某种结构，机械设计计算是无法进行的。

(3)结构设计关系到整机性能、零部件的强度、刚度和使用寿命及加工工艺性、人机环境系统的协调性、运输安全性等。因此，结构设计是保证产品质量，提高可靠性、降低产品成本的关键环节。

二、结构设计的内容和步骤

结构设计内容包括：设计零部件形状、数量、相互空间位置、选择材料、确定尺寸、进行各种计算、按比例绘制结构方案总图。若有几种方案时需进行评价决策，最后选择最佳方案。在进行计算时，采用优化设计、可靠性设计、有限元设计、计算机辅助设计等多种现代设计方法。

在进行结构设计时，还要充分考虑现有的各种条件，如加工条件、现有材料、各种标准零部件、相近机器的通用件等。

结构设计是从定性到定量,从抽象到具体,从粗略到精细的设计过程。

结构设计的步骤见图 6-1,每个步骤的内容叙述于下:

(1)设计任务书对结构设计的要求,一般包括:功率、转矩、传动比、生产率、连接尺寸、相互位置、耐腐蚀性、抗蠕变性、规定的工件材料和辅助材料、空间大小、安装限制、制造和运输等方面要求。

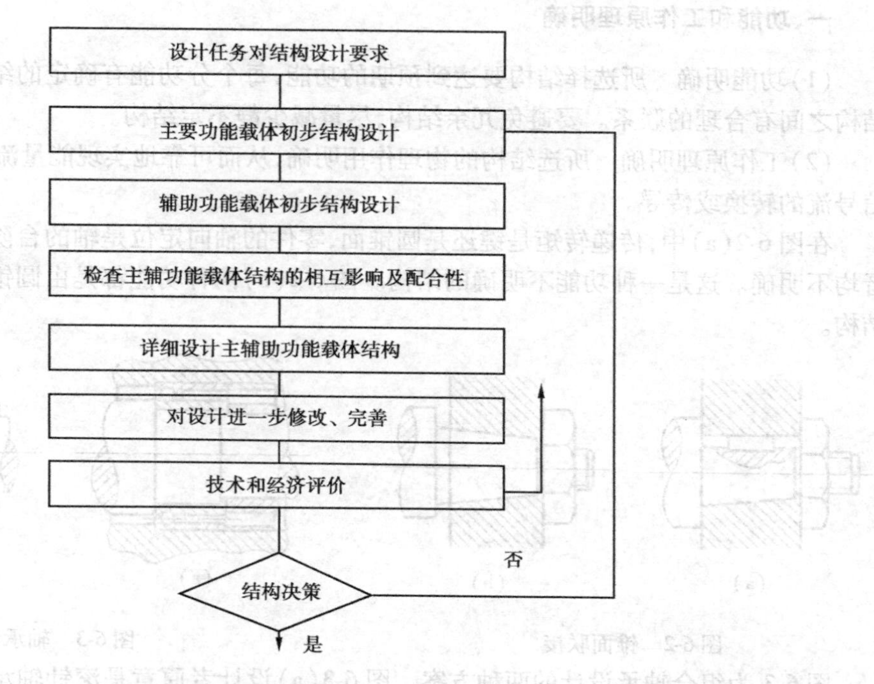

图 6-1 结构设计步骤

(2)初步确定主要功能载体的结构。主要功能载体是指承受主要功能的元件(即零件或部件),如减速箱中的齿轮和轴。所谓初步结构设计是对这些零部件结构形状初步确定。主要凭经验或粗略估算,确定其几何尺寸和空间位置。

(3)初步确定辅助功能载体结构。辅助功能是指支撑、密封、联接、防松和冷却等。如齿轮轴的轴承、输出输入轴的密封、箱体和端盖等。辅助功能载体找出来后,马上就确定初步结构形式。

(4)检查主辅助功能载体结构相互影响及配合性,即:结构形状、几何尺寸和空间位置是否相互干涉,保证各部分结构之间有合理的联系。

(5)详细设计主辅功能载体结构,确定两种结构的零部件几何尺寸、相互位置等。设计人员要充分运用自己所掌握的知识,掌握的现代设计方法和手段,并考虑加工方法和成本,并十分重视结构工艺性。

(6)对设计的进一步完善。主要是检查和分析产品可能出现的故障,主要薄弱环节,找出对策进一步修改设计。

(7)技术和经济评价。如果出现几种设计方案,就应该进行技术和经济评价,最后确定一种。

结构设计主要目标是:保证功能,提高性能,降低成本。

第二节　结构设计基本要求

结构设计基本要求是:功能和工作原理明确;结构简单;安全可靠。

一、功能和工作原理明确

(1)功能明确　所选择结构要达到预期的功能,每个分功能有确定的结构来承担,各部分结构之间有合理的联系。要避免冗余结构,尽量减少静不定结构。

(2)工作原理明确　所选结构的物理作用明确,从而可靠地实现能量流(力流)、物料流和信号流的转换或传导。

在图6-2(a)中,传递转矩是键还是圆锥面,零件的轴向定位是轴的台阶面还是圆锥面,两者均不明确。这是一种功能不明确的结构。图6-2(b)两种功能都是由圆锥面承担,是一种好结构。

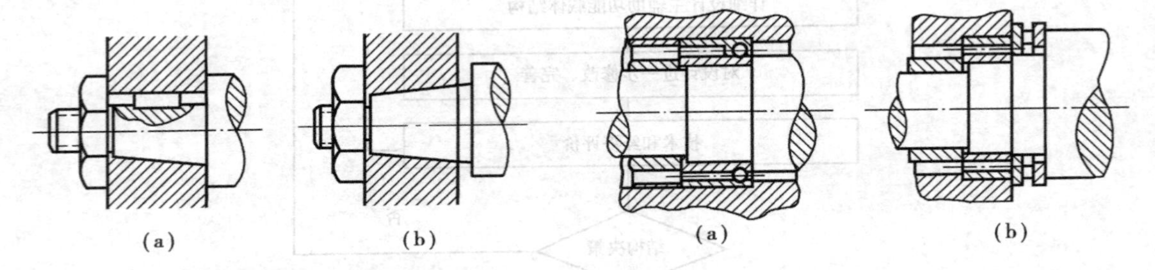

图6-2　锥面联接　　　　图6-3　轴承组合

图6-3为组合轴承设计的两种方案。图6-3(a)设计者原意是滚针轴承承担径向力,球轴承承受轴向力。实际上,两个轴承都能承受径向力,各自受力大小因两种滚动体不同而不确定,故容易导致某个轴承过载而损坏。图6-3(b)径向力和轴向力承受者都很清楚,因此功能和作用原理都明确。

图6-4受拉焊缝。(a)图为静不定结构;(b)图为合理结构。

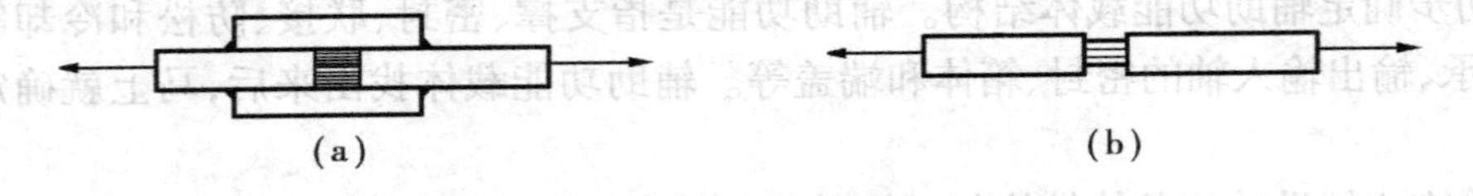

图6-4　受拉焊缝

二、结构简单

结构设计简单是指整机、部件和零件的结构,在满足总功能前提下,尽量力求结构形状简单、零部件数量少等。

(1)零部件数量少,实质是缩短加工、组装和生产准备周期,降低生产成本。由于零件少,工作面少,磨损也减少,能耗降低,保养和维护容易。在设计中常采用一个零件担任几种功能的办法,达到减少零件数量的目的。如图6-5吊车轨道,除作导轨用外,还兼作水、空压、油压管道的作用,是多功能结构件。图6-6是轻型缝纫机,外罩兼作工作台的例子。

(2)零件几何形状简单,使得毛坯生产、加工工序缩短;制造与测量容易,安装和调整迅速。

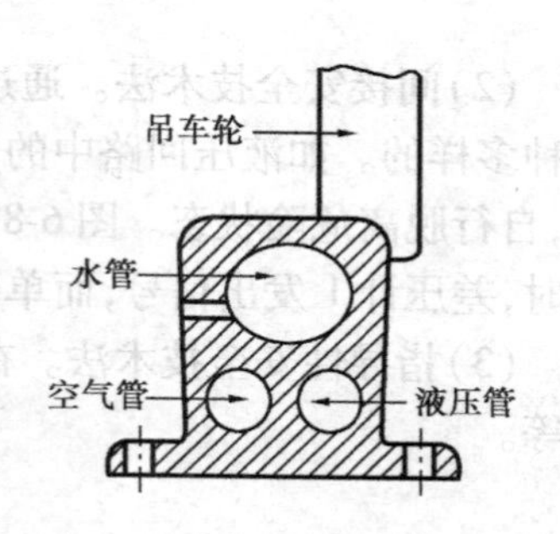

图 6-5　多功能的轨道

(3)采用标准零部件。结构设计中,在满足功能的前提下,应该尽量采用现有的标准部件和零件,它包括工厂、企业、部门和国家各级范围内的标准零部件。因为标准零部件的材料性质、性能、可靠性等数据都是成熟可靠的,并已通过实践证明是确信无疑的。在制造成本上比自行设计加工要低10%左右。在产品设计时,不要画图,只要提出所需标准件的型号或代号,就可从市场上,制造单位买到,因而,简化了结构设计,缩短了机器的设计与制造周期。

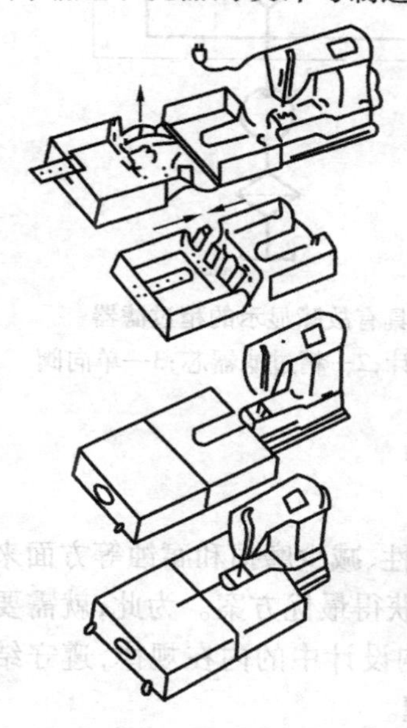
图 6-6　缝纫机外罩兼工作台

(4)操作简单,结构布置合理,信号显示醒目。

(5)包装简单,运输方便。

三、安全可靠

1. 机器安全包括 4 个方面

零件安全　主要指在规定外载荷和规定时间内,零件不发生断裂、过度变形、过度磨损,不丧失稳定性。

整机安全　指整个技术系统,保证在规定条件下实现总功能。

工作安全　对操作人员的防护,保证人身安全和身心健康。

环境安全　对技术系统的周围环境和人不造成危害和污染,同时也要保证机器对环境的适应性,如挖掘机对沼泽地工作的适应。

2. 安全技术法

为了保证安全可靠性,而采取的技术措施:

(1)直接安全技术法,是指在结构设计中充分满足安全可靠要求,保证在使用中不出现危险。主要遵循下面 3 个原理:

安全存在原理　组成技术系统的各零件和零件之间的联接在规定载荷和时间内完全处于安全状态。这就必须做到:构件中受力、使用时间和使用环境是清楚的;选择的计算理论和方法、材料是经过验证而可靠的;试验负荷要高于工作负荷;严格限定使用时间和范围。

有限损坏原理　使用中,当出现功能干扰或零件出现断裂时,不会使主要部件或整机遭到破坏。这就要求失灵的零件易于查找和更换,或者能被另一零件所代替。如采用安全销、安全阀和易损件等。对于可能松脱的零件加以限位,使其不致脱落造成机器事故。如图 6-7(a)表示螺钉松脱后落入机器内,不能工作。图 6-7(b)表示螺钉松脱时,受到限位,不致掉入系统中。

冗余配置原理　当技术系统发生故障或失效时会造成人身安全或重大设备事故,为了提高可靠性,常采用重复的备用系统。如飞机发动机的双驱动、三驱动和副油箱;压力容器中两个安全阀;为确保煤矿井下绝对安全,对排水的水泵系统采用两套或三套配置(一套运转,一套维修,一套备用)。

（2）间接安全技术法。通过防护系统和保护装置来实现技术系统的安全可靠，其类型是多种多样的。如液压回路中的安全阀、电路系统中的保险丝等，都是当设备出现危险或超负荷时，自行脱离危险状态。图 6-8 具有故障显示正常的精过滤器，液压回路中，精过滤器芯 2 被堵时，差压计 1 发出信号，而单向阀 3 打开，回路仍正常工作。

（3）指导性安全技术法。在事故出现以前发出报警和信号，提醒人们注意，如指示灯，警铃等。

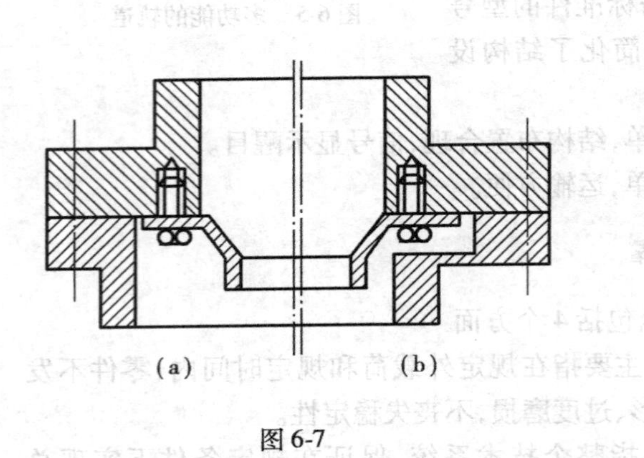

图 6-7

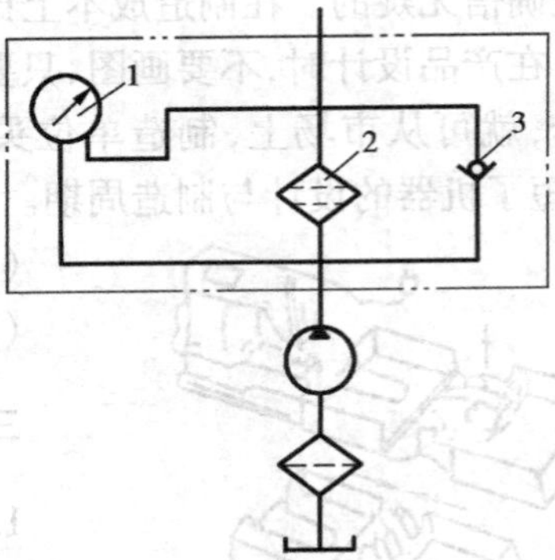

图 6-8 具有故障显示的精过滤器

1—差压计；2—精过滤器芯；3—单向阀

第三节 结构设计基本原理

在结构设计中，设计者要从承载能力、寿命、强度、刚度、稳定性、减少磨损和腐蚀等方面来提高产品性能，获得最优方案。为此，就需要进一步掌握结构设计中的内在规律，遵守结构设计基本原理。

一、任务分配原理

1. 相同功能的任务分配

相同的功能可以由一个构件来承担，如减速箱中的齿轮轴，既承受弯矩，又承受扭矩，而对承受大功率的零件，往往需要设计成大尺寸，此时可采取多个零件来分担，从而减少零件承受的功能、缩小尺寸、减少占地空间。如图 6-9 卸荷皮带轮，皮带轮的径向力经滚动轴承，轴承座和螺钉传给箱体。皮带轮的扭矩经螺钉、内花键套传给轴。轴只承受转矩而不承受弯矩。因而尺寸减小，节约材料。

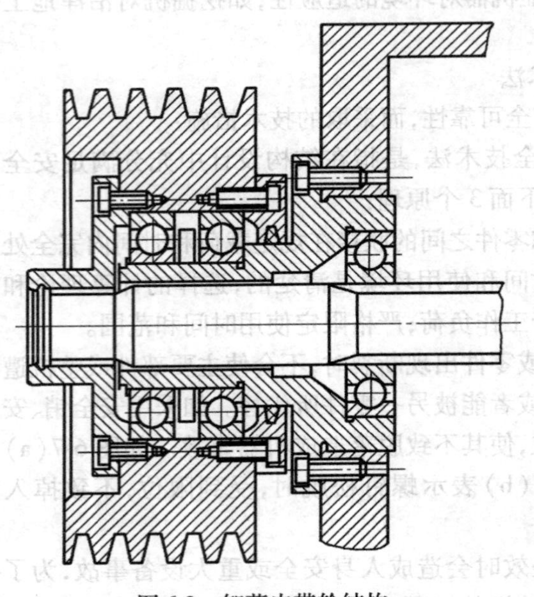

图 6-9 卸荷皮带轮结构

图 6-10 组合弹簧，是几个零件共同承担一种功能的实例。

2. 不同功能任务分配

在结构设计时，常用一个构件来完成多个分功能，其优点是零件数量少、减轻重量、降低成本，但随着零件承受功能增加，其承载能力和限制条件也增加，使得构件结构变得复杂，给制造或安装带来不便。若改用多个零件，由几个结构件分别承担不同的功能，则任务单一，便于达到“明确”、“简单”的目标。如图 6-11 是 3 种不同的密封和定位结构。图(a)轴承的密封和定位用同一个结构 1 来完成，需用圆钢车成，其制造费用高。图(b)密封和定位分别由 1 挡圈和 2 轴套承担，2 可用管料车成，节约材料、减少加工时间。图(c)密封件 1 为冲压件，用无屑加工代替了有屑加工，确保了密封，大大节约工时和材料。

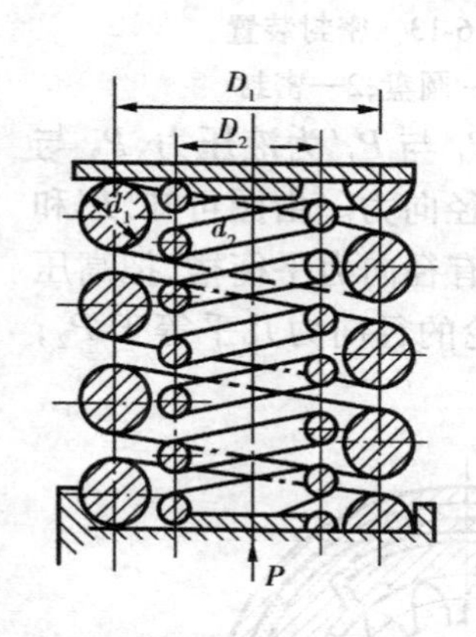

图 6-10 弹簧族

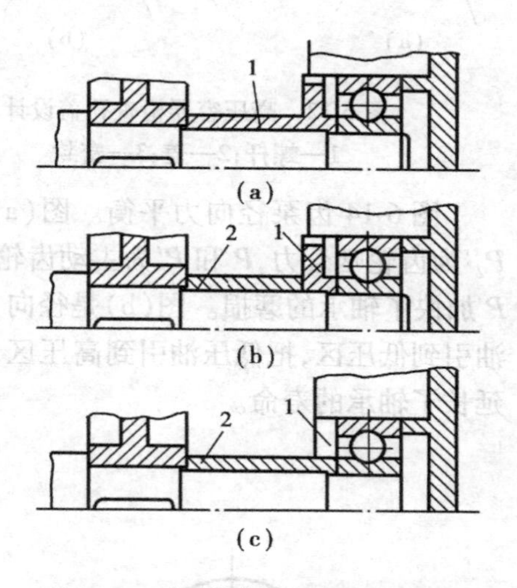

图 6-11 不同的密封和定位结构

二、自补偿原理

通过技术系统本身结构或相互配置关系，产生加强功能、减载和平衡作用，称为自补偿或自助。

在自补偿结构中，其总效应是由初始效应和辅助效应共同产生，初始效应保证系统初始状态可靠，辅助效应是在力的作用下功能得以加强。

常见的自补偿原理的应用形式有：自增强、自平衡、自保护 3 种。

1. 自增强

在正常工作状态下辅助效应与初始效应的作用方向相同，总效应为两者之和。如图 6-12 高压容器检查孔盖的设计。图(a)拧紧螺杆，使端盖 2 紧贴在密封件 3 上，形成初始效应。工作时间，内部高压 P 作用在端盖 2 上，加强密封效果，产生辅助效应。总效应是两者叠加，使密封自增强。图(b)是自损结构。效应相互抵消，密封效果不好。

图 6-13 自增强作用的密封装置，压力 P 使带锥面圆盘 1 更紧密地压在密封 2 上，这就是利用主参数压力 P 产生了增强密封的辅助作用。

2. 自平衡

自平衡是在工作状态下，辅助效应和初始效应相反并达到平衡状态，取得满意的总效应，叫自平衡。

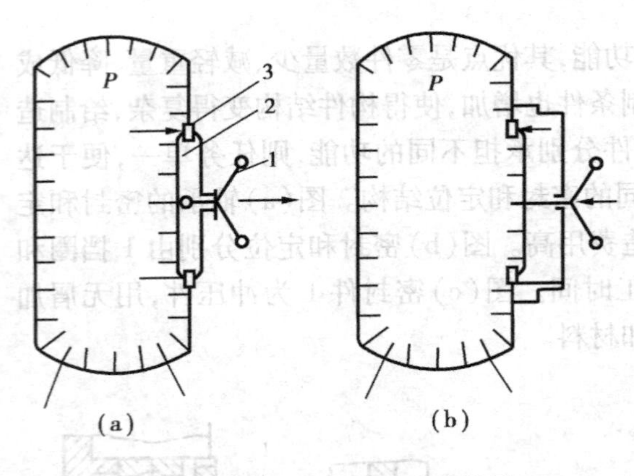

图 6-12　高压容器检查孔盖设计

1—螺杆;2—盖;3—密封

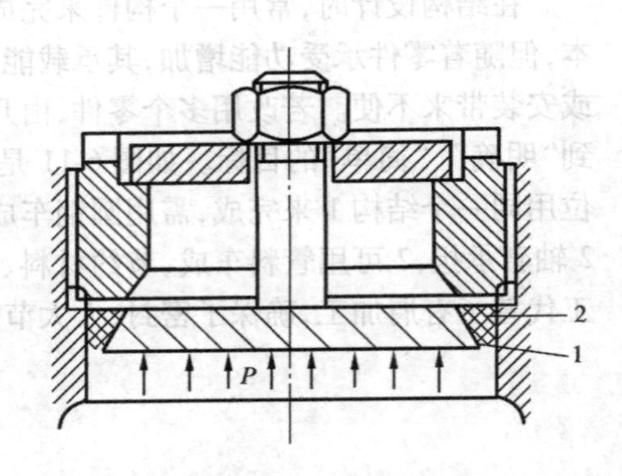

图 6-13　密封装置

1—圆盘;2—密封

图 6-14 齿泵径向力平衡。图(a)为齿轮泵径向力未平衡状况,P_1 与 P_1'为液压力,P_2 与 P_2'为齿轮啮合力,P 和 P'为主动齿轮轴承和被动齿轮轴承所承受的径向力。由图可知,P'和 P 加快了轴承的磨损。图(b)是径向力得到平衡,在泵壳或侧板上开有径向力平衡槽,把高压油引到低压区,把低压油引到高压区,液压力 P_1 得到平衡。两个齿轮的径向力几乎等于 P_2,延长了轴承的寿命。

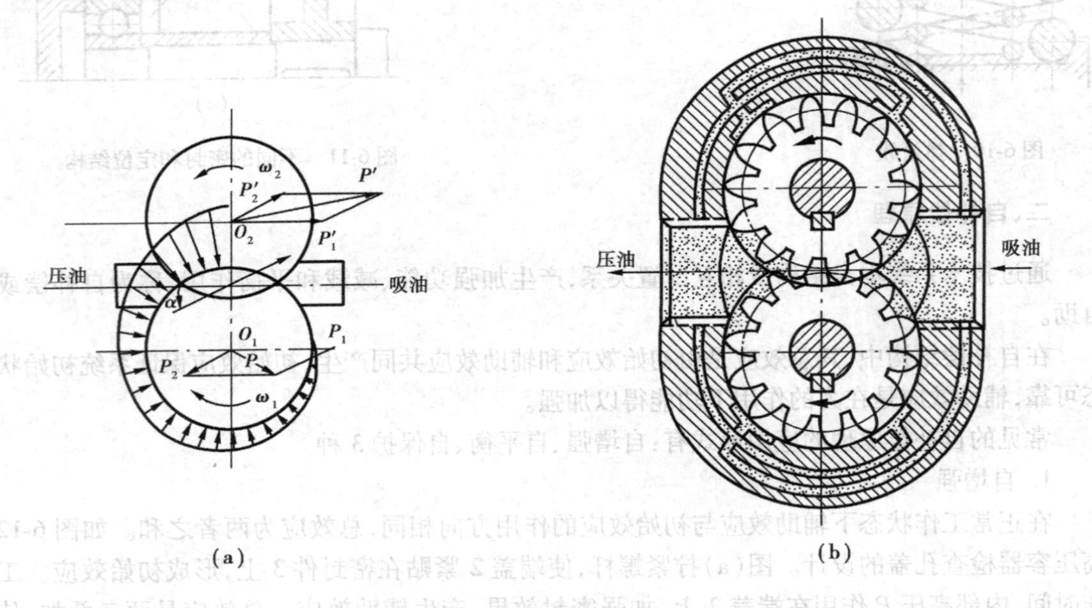

图 6-14　齿轮径向力平衡

3. 自保护

自保护是指技术系统在超载工作时,其结构中元件产生保护效应,使系统免于受损。例如,摩擦离合器中的摩擦片,由于超载而打滑,使得离合器输入和输出端脱开,停止运动。高压锅,当压力超过时,易熔塞失效,内部压力减小,保护高压锅不受损。

三、力传递原理

机械结构设计要完成能量、物料和信号的转换，力是能量的基本形式。完成力的形成、传递、分解、合成、改变和转换是结构设计的主要任务。其中最重要的是完成力的接受和传递。力在构件中的传递轨迹就像电场中的电力线、磁场中的磁力线、水流中的流线一样，按力流路线传递。力线密集程度反映力大小。力线和力流方向用箭头表示。力线和力流在连续物体中传递，数量不变、且连续不断，还可以封闭，如图 6-15。

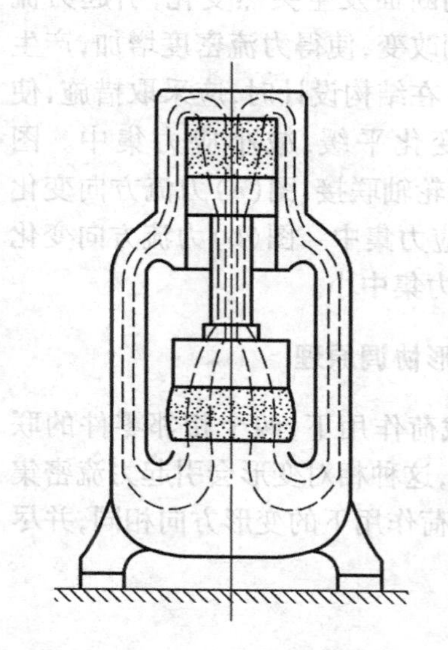

图 6-15　水压机力流的封闭轨迹

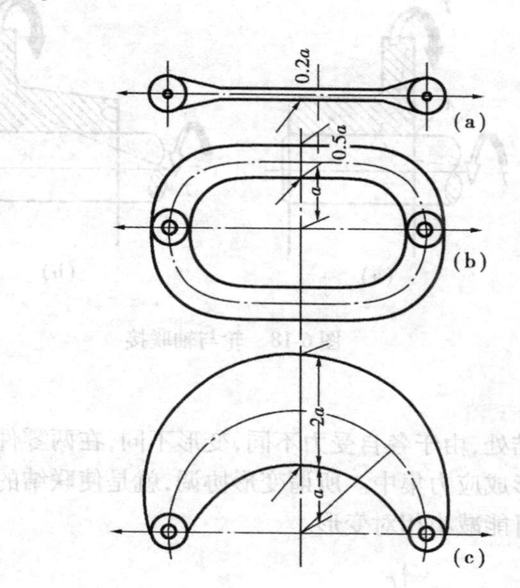

图 6-16　力流路线对结构的影响

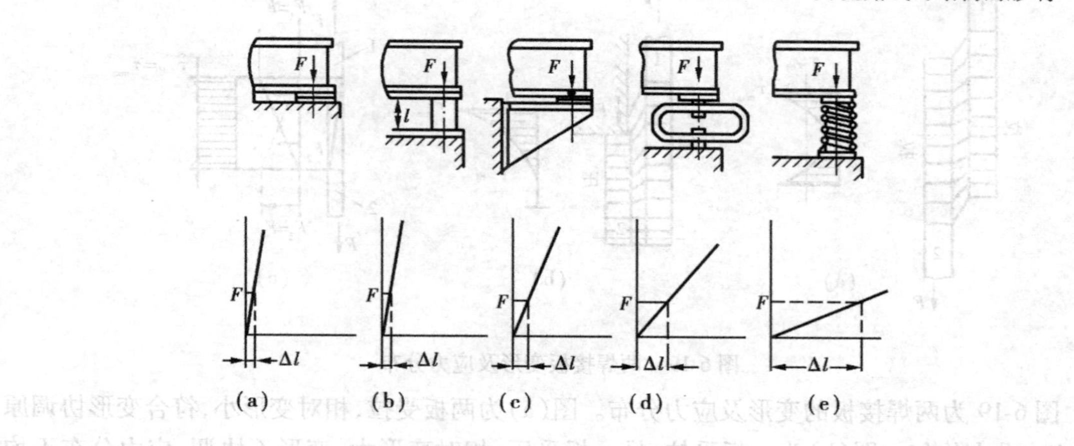

图 6-17　力流路线与变形的关系

力传递原理包括下述内容：

1. 力流路线直接、最短

按照力流直接而最短的传递原理设计零件，就可以使零件尺寸缩小、节省材料、变形小、刚度好。如图 6-16(a)为力流路线最短、结构尺寸最小。图 6-16(b)、(c)力流路线比图(a)都长，故尺寸大。在力流路线近似下，图(b)为对称结构又比非对称结构图(c)好。

如果力流路线增长，承载区增大，零件体积重量和变形就增大，当然系统的弹性和柔性随之增加。其关系如图 6-17(a)为力流路线短、支承件压缩变形小，刚性很大；图(b)为支承管件，力流路线大于图(a)，故压缩变形大些；图(c)为托架支承，产生弯矩变形、刚性差；图(d)为挠性支承，具有弹性；图(e)为螺旋弹簧支承件，压缩变形很大，是典型的弹性支承，适用于要求减震的机械。

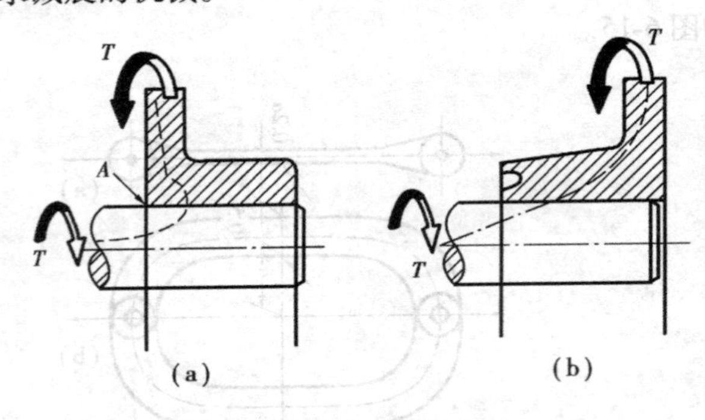

图 6-18　轮与轴联接

2. 力流转向平缓

当结构断面发生突然变化，引起力流方向的急剧改变，使得力流密度增加，产生应力集中。在结构设计时，应采取措施，使力流方向变化平缓，减小应力集中。图 6-18所示为轮轴联接，图(a)力流方向变化急剧，A 处应力集中。图(b)力流方向变化较平缓，应力集中小。

四、变形协调原理

在外载荷作用下，两个相邻零件的联结处，由于各自受力不同，变形不同，在两零件间产生相对变形，这种相对变形会引起力流密集形成应力集中。所谓变形协调，就是使联结的相邻零件在外载荷作用下的变形方向相同，并尽可能减小相对变形。

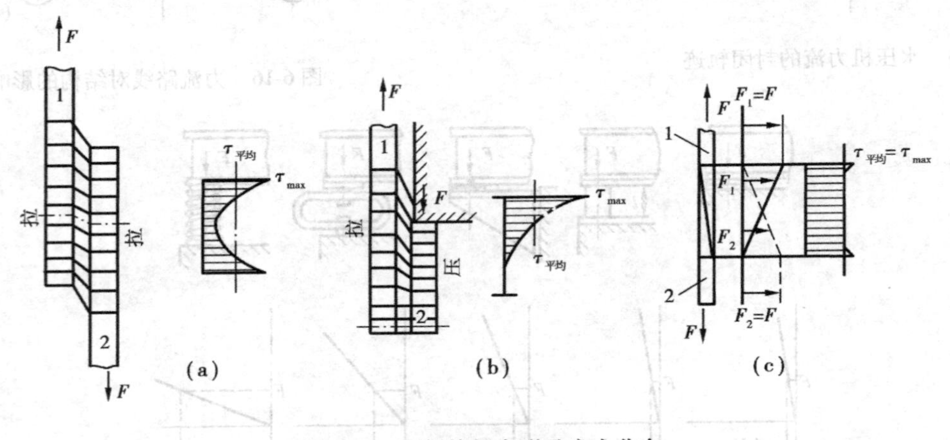

图 6-19　两焊接板变形及应力分布

图 6-19 为两焊接板的变形及应力分布。图(a)为两板受拉，相对变形小，符合变形协调原理，应力分布均匀。图(b)为一板受拉，另一板受压，相对变形大，变形不协调，应力分布不均匀。图(c)为改进型设计，两板改为板厚呈线性变化的斜接口，两板相对变形几乎等于零，应力分布非常均匀。

图 6-20 为螺纹联接的载荷分布，图(a)螺杆受拉，螺母受压，两者变形方向相反，使得各圈螺纹载荷分布不均匀。图(b)和图(c)螺杆与螺母下部都受拉，相对变形小，因而螺纹各圈受力较均匀。

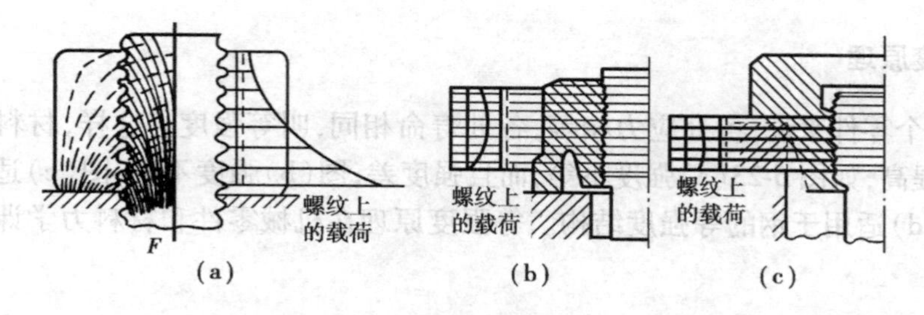

图 6-20　不同结构螺母螺纹间载荷分布

五、力平衡原理

为了实现总功能，各机构或零件需要传递做功的力和力矩，例如驱动力矩、圆周力等，这种力称为有功力(矩)。然而，与此同时常常伴随产生一些无功力，例如斜齿轮的轴向力、惯性力等，这些无功力使轴和轴承等零件负荷增大，并且造成附加的摩擦损失，降低机器的传动效率。因此，如何消除无功力的不良影响，是结构设计中一个重要问题。图 6-21(a)是斜齿轮传动产生无功的轴向力。图 6-21(b)是采取人字齿轮的措施，使轴向力互相抵消。图 6-22 为锥形摩擦盘离合器，图(a)轴向力作用在支承上，图(b)轴向力被抵消。

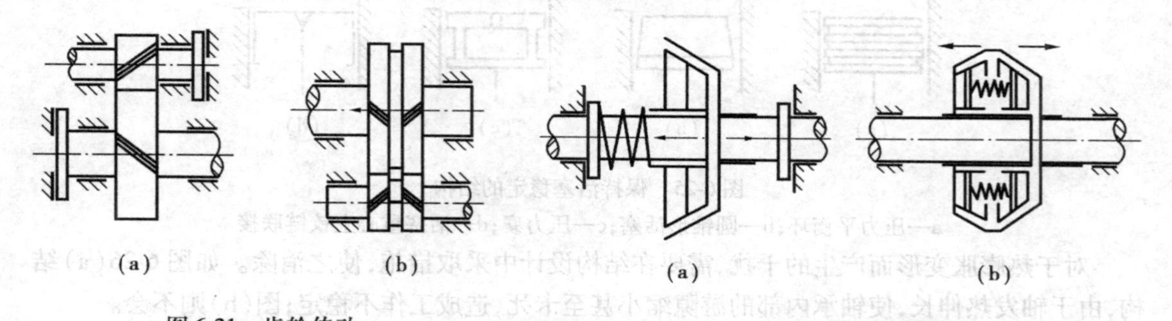

图 6-21　齿轮传动

图 6-22　锥形摩擦盘离合器

为了使无功力得到平衡，常采取下列措施：

(1)采取对称布置　行星齿轮传动，行星轮采用对称布置，齿轮啮合产生的径向力被抵消。太阳轮、内齿轮及转臂只传递扭矩，因而可以浮动。它适用于体积小、功率大的场合。

(2)采用平衡元件　适用于传递中等大小的力，见图 6-22(b)。

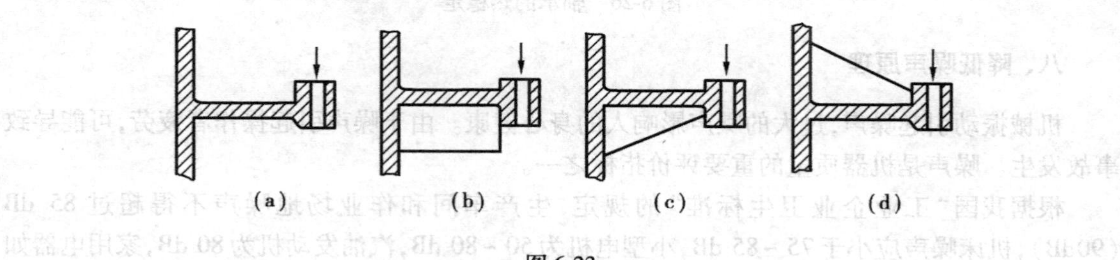

图 6-23

六、等强度原理

对于同一个零件来说,各处应力相等,各处寿命相同,叫等强度。这样,材料得到充分利用,经济效益提高,如图 6-23(a)强度不等,而且强度差;图(b)强度不等;图(c)适于铸铁的等强度结构;图(d)适用于钢的等强度结构。等强度原理在机械零件和材料力学课程中得到广泛应用。

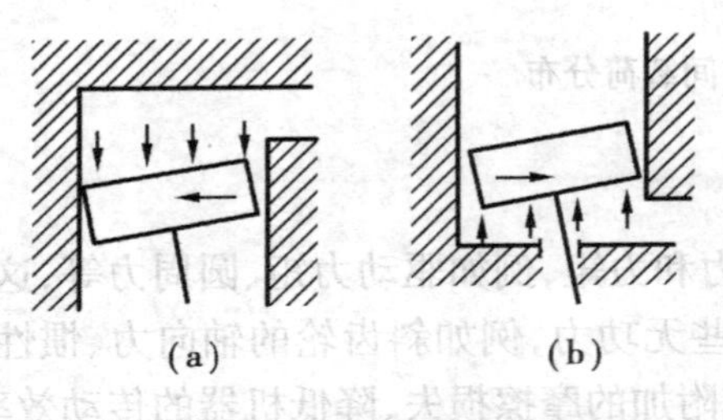

图 6-24　活塞不稳定结构

七、稳定性原理

所谓系统结构稳定性,是倾翻力与恢复力平衡。或者恢复力大于、等于倾翻力时,系统处于稳定状态。图 6-24 中,图(a)使活塞偏斜,是不稳定结构;图(b)汽缸压力能使活塞有恢复到垂直位置的倾向,达到稳定工作状态。图 6-25 是几种加强结构稳定性的措施。

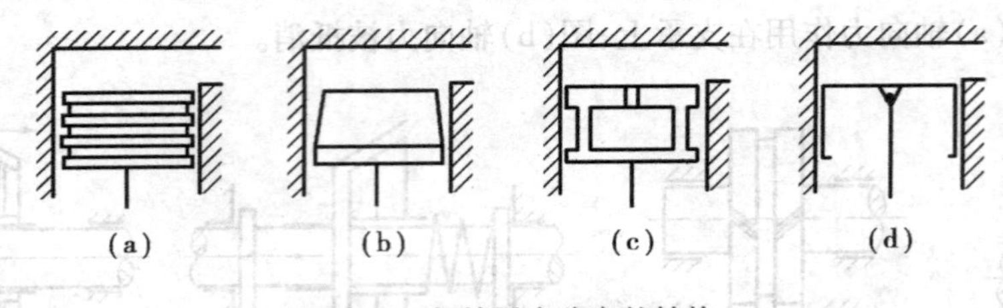

图 6-25　保持活塞稳定的结构

a—压力平衡环;b—圆锥形活塞;c—压力襄;d—活塞重心上铰链联接

对于热膨胀变形而产生的干扰,需要在结构设计中采取措施,使之消除。如图 6-26(a)结构,由于轴发热伸长,使轴承内部的游隙缩小甚至卡死,造成工作不稳定;图(b)则不会。

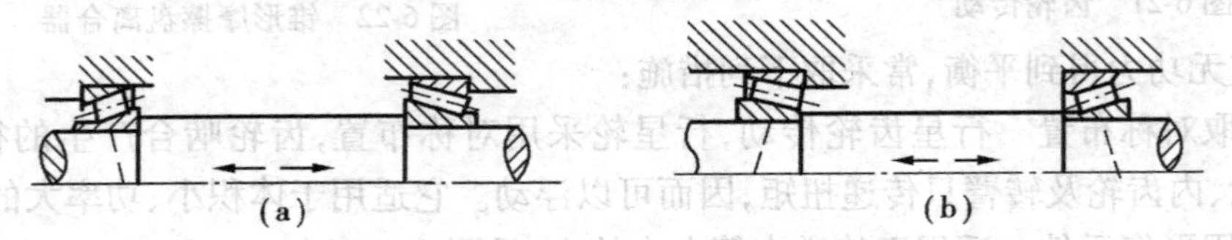

图 6-26　轴承的热稳定

八、降低噪声原理

机械振动引起噪声,过大的噪声影响人的身心健康。由于噪声引起操作者疲劳,可能导致事故发生。噪声是机器质量的重要评价指标之一。

根据我国"工业企业卫生标准"的规定,生产车间和作业场地噪声不得超过 85 dB(90dB),机床噪声应小于 75 ~ 85 dB,小型电机为 50 ~ 80 dB,汽油发动机为 80 dB,家用电器如电冰箱应控制噪声小于 45 dB,而洗衣机噪声则应小于 65 dB。

1. 机械噪声分类

机械噪声是由固体振动产生的,在冲击、摩擦、交变载荷和磁应力作用下,各零部件产生振动,发出噪声。其表现为:

运动噪声　各运动零部件作旋转或往复运动时，因质量不平衡，产生惯性力，发生自振，引起噪声，如联轴器，因不平衡的惯性力及安装偏心等产生噪声。电机由于旋转磁场变化产生电磁噪声。

接触噪声　机器零件因滚动、滑动和敲击而产生噪声，如齿轮啮合、滚动轴承、离合器、制动器等。

传力噪声　机器零件因力的传递不均匀产生振动发出噪声。如链传动、杠杆机构等。液压系统中，因液体的流量、压力脉动及液体中混入空气而产生流体噪声，如齿轮油泵因吸油、排油压力变化及困油现象都产生噪声。

2. 降低噪声的原则和措施

工程系统噪声产生的过程为：振源振动—共振—振动（声波）的传递。降低噪声可针对以上几个方面采取相应的措施。

（1）降低噪声　减少机器中振源的振动，降低噪声源是控制噪声最有效的方法，如采用较平稳的传动机构，以带传动、蜗轮传动代替齿轮传动，斜齿轮代替直齿轮，齿形链代替套筒滚子链等。对于同样的传动机构如平型带传动从结构上加以改进，用无端带或胶合接头代金属皮带扣接头，也可降低噪声。火车轨道接缝之间因考虑热膨胀量都留有间隙，火车行走时不可避免地会产生振动，现在采用长钢轨的新技术，每1 000m左右才有一个接头，因而大大降低了振动和噪声。

提高运动部件的平衡精度，可减小旋转件由于质量不均匀、重心偏离回转中心而引起的不平衡噪声。如家用电风扇的叶片经过专用的风扇叶动平衡机平衡后，可以将不平衡振动的振幅控制在1 μm之内，使噪声明显下降。

（2）防止共振　系统的工作振动频率与其自振频率一致而产生共振现象，会导致强烈振动并产生很大的噪声。

回转系统正常的工作转速应在共振区之外。可以采用控制系统刚性的办法使共振临界转速n^*值，使$n<0.75n^*$；高速回转系统常用减小刚性降低n^*的方法使$n>1.2n^*$。

有些大而薄的零件或箱体冲击振动时会产生很大的噪声，往往通过增大壁厚或合理加筋增加其刚度的方法而降低噪声。

（3）提高机构的阻尼特性　阻尼减振的作用是衰减沿结构传递的振动能量，降低结构自由振动，减弱共振频率附近的振动，以达到降低噪声的目的，在工件表面上粘接或喷涂一层有高内阻尼的材料，如塑料、橡胶、软木、沥青等，能减振和降低噪声。这种方法已广泛用于车、船体的薄壁板上。涂层材料的重量约为板材重量的30%。图6-27是把阻尼材料贴在悬梁和地铁车轮轮缘上以减小噪声的结构。

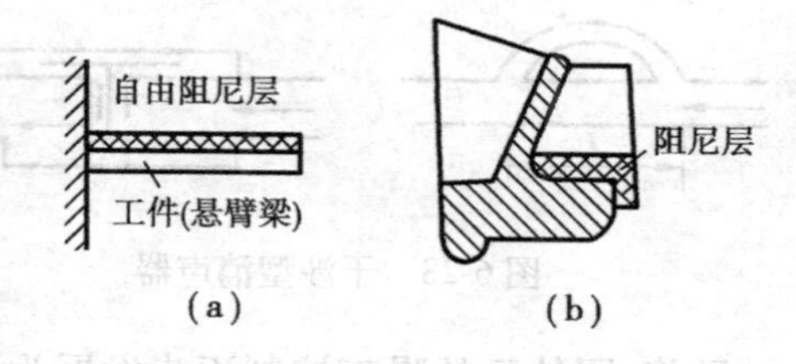

图6-27　有阻尼层的降噪声结构

减振合金是一种新型减振材料，通过材料内部晶体或原子的相互作用，增加内损耗而减振降噪。如国产的锰-铜-锌减振合金由于热弹性马氏体相变孪晶或母相马氏体相界的移动，导致能量损耗，其强度大于45号钢，适用温度170 ℃以下，内耗为普通钢材的12～45倍。将减振合金制成零件或做成片、环、塞等形状，粘贴在激烈振动或撞击的机件表面，即可降低机械的辐射声。根据试验，锰-铜-锌减振合金试件与45号钢对比，打击噪声低27 dB，落地噪声低于

10 dB。

3. 控制噪声的传播

①隔振　利用隔振材料或采用隔振结构降低振动源的固体声传播。通过隔振可降低噪声 10 ~ 30 dB。

隔振材料是弹性材料如塑料、橡胶、软木、塑料板、酚醛树脂、玻璃纤维板等,受力后相对变形量越大,隔振效果越好。

隔振器是具有橡胶体(主要用于高频)、弹簧(螺旋弹簧或板弹簧,主要用于低频)、空气垫等隔振元件的隔振部件,根据不同要求形成系列产品供选用。

振动较大的机器,直接放在车间地面上,为减少振动对环境的影响常采用隔振沟结构。隔振沟处于机器与基础之间,宽度 >100 mm,填入松散软粘的物质,如石棉屑、粗砂等。

②吸声　利用吸声材料(玻璃棉、矿渣棉、聚氨酯泡沫塑料、毛毡、微孔板等)及吸声结构贴附墙壁或悬挂在空中吸声。好的吸声材料能吸收入射声 80% ~90%,薄板状吸声结构在声波撞击板面时产生振动,吸收部分入射声,并把声能转化为热能。微穿孔板一个或两个腔的复合吸声结构利用声波通过的空气在小孔中来回摩擦消耗声能,且用腔的大小来控制吸声器的共振频率,腔愈大,共振频率愈低。空间吸声体是一种高效吸声结构,用穿孔板作成各种形状,中间填充超细玻璃棉、矿渣棉、毛毯等吸声材料。空间吸声体分散悬挂在车间或建筑物的天花板上,声波由各个表面撞击声体,吸声效果好,降噪值可达 10.5 ~12.5 dB。

③隔声　利用隔声罩、隔声间、隔声门、隔声屏等结构,用声反射的原理隔声。简单的隔声屏能降低噪声 5 ~10 dB。1 mm 钢板作隔声门时,隔声量约为 30 dB;而好的隔声间可降低噪声 20 ~45 dB。

④消声　将消声器、消声箱放在电机、空气动力设备及管道的进出口处,噪声可下降 10 ~40 dB,响度下降 50% ~93%,主观感觉有明显效果。

消声器利用声阻、声反射、声干涉或空气柱共振等原理消耗声能,降低噪声。

利用声阻消声的阻性消声器,当声波通过衬贴有多孔吸声材料的管道时,声波将激发多孔材料中的无数小孔内的空气分子的振动,其中一部分声能将用于克服摩擦阻力和粘滞力而变为热能。

图 6-28 为干涉型消声器,它将声波分为两路,使通过不同长度的途径在会合处产生振幅相等、位移相反的两种声波互相干涉而降低噪声。

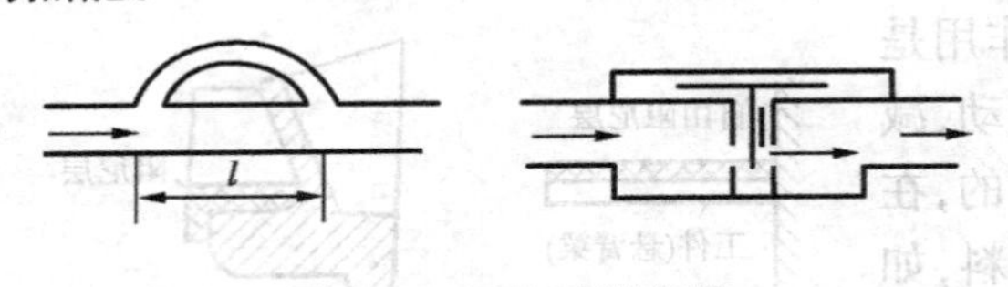

图 6-28　干涉型消声器

4. 低噪声产品及零部件设计

目前,国外已从噪声控制逐步发展为研制低噪声产品。设计低噪声产品时,必须分析产品中各部件的原理和结构对噪声的影响,从根本上采取综合措施以降低噪声。

(1)低噪声齿轮传动　根据日本加藤与西德尼曼(Niemann)教授提出的计算渐开线齿轮的噪声公式为:

$$L_A = \frac{20(1-\lg\beta/2)k\sqrt{i}}{f_v\sqrt{\varepsilon}} + 20\lg P$$

式中　L_A——在距声源 1 m 处的声压 A 声级量值,dB;

β——齿轮螺旋角;

k——系数，升速 $k=4$，降速 $k=8$；

i——齿数比；

f_v——速度系数，齿轮精度低、线速度高，则 f_v 减小；

ε——重合系数；

P——传递功率，马力（1 kW = 1.36 马力）。

利用上式可分析各参数对齿轮噪声的影响，并粗略估算齿轮噪声大小。

降低齿轮噪声的主要途径：

①提高齿轮加工精度　实验表明，齿轮加工精度提高一级，噪声可降低 7 ~ 8 dB。减小齿轮的线速度。噪声 L_A 与线速度 v 的关系约为 $L_A = av + b$，其中，a，b 为常数。

②控制齿轮参数　如加大斜齿轮的螺旋角 β，减小模数，增加齿数或利用变位以增加重合系数。

③改进齿轮结构　如轮齿修缘如图 6-29（a），在齿轮上钻孔如图 6-29（b），增加轮廓幅厚度如图 6-29（c）。

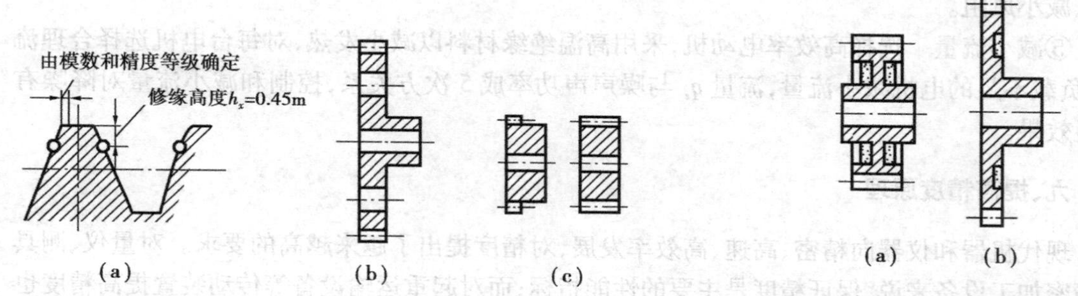

图 6-29　改进齿轮结构以降低噪声

图 6-30　用阻尼减小齿轮噪声
（a）贴阻尼层；（b）卡入阻尼环

④采用阻尼材料涂层　在齿轮端面用阻尼材料涂层如图 6-30（a），采用磨擦阻尼环如图 6-30（b）或用高阻尼材料制造轮体。

（2）通风机的降噪设计　高速异步电动机采用风机通风降温，为降低通风机噪声，分析其噪声声功率 W 与以下参数有关：

$$W \propto \left(\frac{1}{\eta} - 1\right) D^7 n^5 \tag{6-1}$$

$$W \propto Z^2 q v^5 \tag{6-2}$$

式中　W——通风机声功率；

η——风机效率；

D——风机叶轮直径；

n——风机转速；

Z——风路总风阻；

q_η——体积流量。

降低风机噪声可以从 5 方面着手：

①减小风机叶轮直径　由式（6-1）可知通风机噪声功率与叶轮直径的 7 次方成正比，某些风机叶轮直径减小一半，可降低噪声 21 dB。

②降低风机转速　对于 100 kW 以上较大的电机或高速电机，应采用单独驱动的低速电机供风，这样能显著降低噪声。

③提高风机的运行效率　根据工作参数由式(6-3)计算比较数 n_s，选择合适的风机型式，并合理选择风机叶片结构尺寸，以减少损耗，提高运行效率。

$$n_s = \frac{nq_v}{(H_{20})^{3/4}} \tag{6-3}$$

式中　n——风机转速，r/min；

q_v——体积流量，m^3/s；

H_{20}——标准工况 20 °C 时风机压头，Pa。

当　$n_s = 15 \sim 100$ 时，宜选离心式风机；

$n_s = 90 \sim 300$ 时，宜选轴流式风机；

$n_s = 75 \sim 120$ 时，两式均可用。

④减小风阻　合理设计风路系统，迎风的阻碍物尽量作成流线型，避免急剧转向或截面突变以减小风阻。

⑤减小流量　选择高效率电动机，采用高温绝缘材料以减小发热，对每台电机选择合理流量，负载不足的电机减小流量，流量 q_v 与噪声声功率成 5 次方关系，控制和减小流量对降噪有明显效果。

九、提高精度原理

现代机器和仪器向精密、高速、高效率发展，对精度提出了越来越高的要求。对量仪、测具或精密加工设备来说，保证精度是主要的性能指标；而对起重运输设备等传动装置提高精度也很有意义，齿轮减速器若提高齿轮和滚动轴承的精度，不但能减少噪音，而且能够提高承载能力，延长零件寿命。

机器和仪器中的误差包括原理误差和原始误差。原理误差可通过设计消除或减小，而原始误差是由加工、装配、调整产生或由于使用中磨损，弹性变形或热变形所引起，它是产生误差的主要根源，应着重研究和避免。

在设计精密机械时要进行精度分配和综合。按要求的总精度规定各部分的精度要求。设计后按已确定的公差计算机械的总体精度，如不满足要求则要修改设计。

提高机械精度的途径是“重点设计法”和加“附件校正”。“重点设计法”是以最大限度简化系统为目标，减少相关零件，提高关键精度以提高系统的精度和可靠性。“附件校正”则是用凸轮或校正尺等作为机械的附件补偿误差。

1. 阿贝原则

1890 年，德国人阿贝(Abbe)通过实践总结出一个原则：“若使量仪给出正确的测量结果，必须将仪器的读数线尺安放在被测尺寸的延长线上”。在设计量仪或精密机械时，这是一个重要的指导性原则。

如图 6-31 量仪读数导轨与被测工件距离为 h，由于导轨有误差，工作台沿圆弧运动，测量时工件测量距离 CD 与工作台在导轨上所行距离 $l = AB$ 间有误差 Δl。

由相似三角形关系：　$\frac{\Delta l}{l} = \frac{h}{R}$

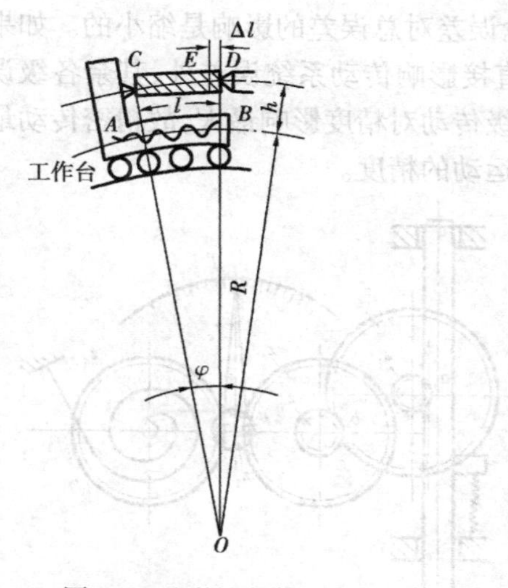

图 6-31　阿贝原则

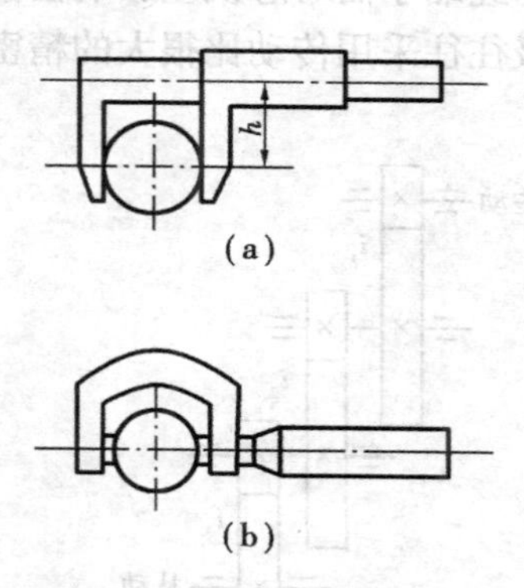

图 6-32　阿贝原则的应用
(a)不符合；(b)符合

即：

$$\Delta l = \frac{l}{R}h$$

误差 Δl 只有当 $\phi = 0$ 或 $h = 0$ 时可消除。

$\phi = 0$ 要求导轨加工精度很高，而利用阿贝原则可在设计时控制 $h = 0$ 除去测量误差。

图 6-32(a)所示测量长度的游标卡尺不符合阿贝原则，故测量精度较差。而图 6-32(b)的螺旋测微计符合阿贝原则，其测量精度比较高。

2. 补偿原则

结构设计时要考虑到尽量让产生的误差互相抵消和补偿以减小总误差。

如图 6-33 所示两种结构凸轮杠杆下端接触面的磨损量 u_1 和杠杆上端与从动件的磨损量 u_2 都相同，但由于凸轮位置的不同，它们对从动件移动误差 Δ 的影响是不一样的。对图 6-33(a)中 $\Delta = u_1 + u_2$，误差叠加；而图 6-33(b)中 $\Delta = u_2 - u_1$，由于磨损量引起的误差互相抵消了一部分，从而提高了机构的精度。

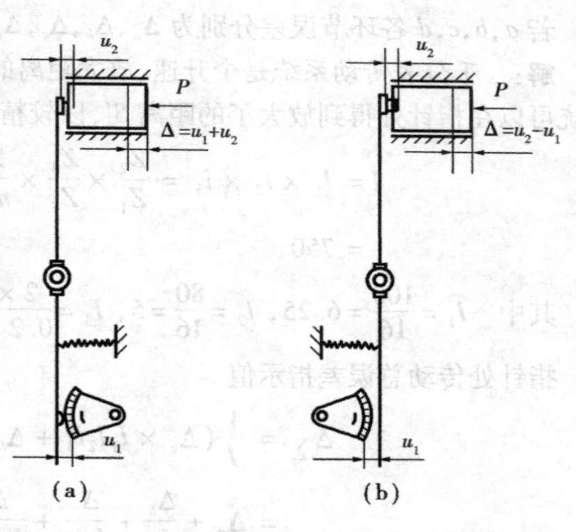

图 6-33　误差的叠加和抵消
(a)磨损量误差叠加；(b)磨损量误差补偿

3. 误差缩放原则

在传动机构中误差可以传递，且随传动比而缩放。设计时要特别注意误差的主要环节。

图 6-34 中的齿轮传动机构，若各对齿轮的传动比分别为 i_1、i_2、i_3，而运动误差为 Δ_1、Δ_2 和 Δ_3(反映主动轴等速回转时从动轴的角速度误差)，则传动系统总误差的最大值为

$$\Delta = \frac{\Delta_1}{i_2 i_3} + \frac{\Delta_2}{i_3} + \Delta_3$$

$$\left(i = \frac{\text{主动轮转速}}{\text{从动轮转速}} = \frac{\text{从动轮齿数}}{\text{主动轮齿数}}\right)$$

降速传动的传动比 $i>1$，随着传动比增大，前级齿轮误差对总误差的影响是缩小的。如果末级传动比 i_3 很大(如 $i_3 \geqslant 100$)，除末级传动误差 Δ_3 直接影响传动系统误差外，其余各级误差均经缩小而对总误差影响甚微。对降速系统而言，末级传动对精度影响最大，故精密传动最末级往往采用传动比很大的精密蜗轮副，以此控制系统运动的精度。

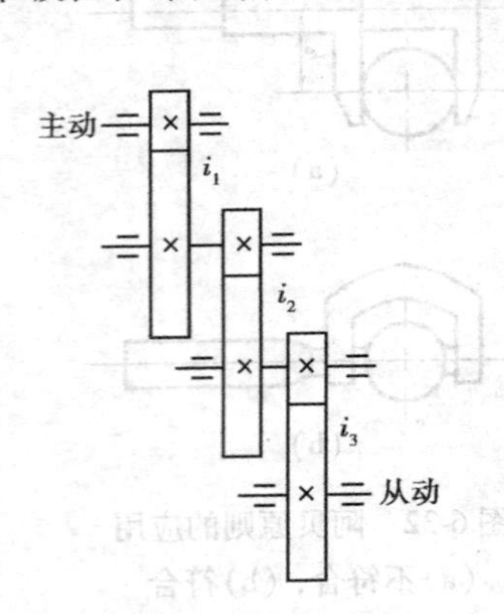

图 6-34　齿轮传动系统

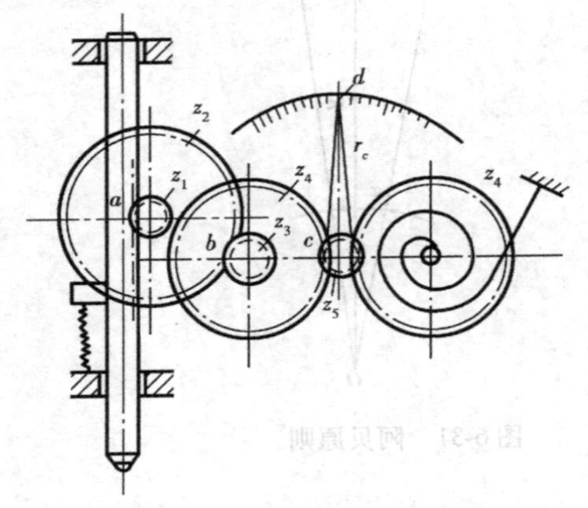

图 6-35　千分表传动系统

例 1　分析千分表传动系统(如图 6-35)的运动误差。

齿条齿距 $t=0.625$ mm，模数 $m=0.2$ mm

齿轮齿数 $Z_1=Z_3=16, Z_2=100, Z_4=80, Z_5=10$

指针半径 $r_6=24$ mm

若 a,b,c,d 各环节误差分别为 $\Delta_a,\Delta_b,\Delta_c,\Delta_d$，试分析其对系统总误差的影响。

解：　千分表传动系统是个升速、放大距离的系统。千分表测量头的微小移动 S 通过传动系统可以在指针处得到放大了的距离 S'，以较精确地指示测量值。其放大倍数为 I。

$$I = I_1 \times I_2 \times I_3 = \frac{Z_2}{Z_1} \times \frac{Z_4}{Z_5} \times \frac{2r_6}{mZ_5} = \frac{100}{16} \times \frac{80}{16} \times \frac{2 \times 24}{0.2 \times 10}$$

$$= 750$$

其中　$I_1 = \frac{100}{16} = 6.25,\ I_2 = \frac{80}{16} = 5,\ I_3 = \frac{2 \times 24}{0.2 \times 10} = 24$

指针处传动总误差指示值

$$\Delta_{\sum} = \frac{1}{I}(\Delta_a \times I_1 I_2 I_3 + \Delta_b \times I_2 I_3 + \Delta_c \times I_3 + \Delta_d)$$

$$= \Delta_a + \frac{\Delta_b}{I_1} + \frac{\Delta_c}{I_1 I_2} + \frac{\Delta_d}{I_1 I_2 I_3}$$

假设各环节误差值相同，$\Delta_a = \Delta_b = \Delta_c = \Delta_d = \Delta$

$$\Delta_{\sum} = \Delta(1 + \frac{1}{I_1} + \frac{1}{I_1 I_2} + \frac{1}{I_1 I_2 I_3})$$

$$= \Delta(1 + \frac{1}{0.25} + \frac{1}{31.25} + \frac{1}{750})$$

$\Delta_a,\Delta_b,\Delta_c,\Delta_d$ 引起的误差对总误差的比分别为 83.8%，13.4%，2.7% 和 0.1%。最靠近主动件的齿条齿轮副对千分表系统精度影响最大。

4. 误差配置原则

设计时不但要考虑零件本身的精度,而且要分析各零件误差对系统的综合影响。合理配置不同精度的零件能使机器和部件总精度得到提高。

以机床主轴轴承对主轴端部振摆的影响为例,在配置不同精度轴承是应该注意以下规律。

(1)前轴承精度比后轴承高,有利于减小端部振摆。

机床主轴系统如图 6-36(a)端部 O 处的振摆为 Δ,前后轴承径向振摆分别为 δ_1,δ_2,根据几何关系可推出:

$$\frac{\delta_2 + \Delta}{l + a} = \frac{\delta_1 + \delta_2}{l}$$

$$\Delta = \delta_1\left(\frac{l + a}{l}\right) + \delta_2\,\frac{a}{l} \tag{6-4}$$

若前轴承精度低于后轴承,$\delta_1 > \delta_2$,端部振摆为 Δ_{I},如图 6-36(b)。若前轴承精度高于后轴承,$\delta_1 < \delta_2$,端部振摆为 Δ_{II},如图 6-36(c)。因$\frac{l+a}{l} > 1$,$\frac{a}{l} < 1$,对比 $\delta_1 > \delta_2$ 和 $\delta_1 < \delta_2$ 两种情况,由式(6-4)计算必得到 $\Delta_{I} > \Delta_{II}$。因此,为了减小主轴端部振摆,一般情况下机床主轴前轴承精度要比后轴承精度至少高一级。

(2)安装时若控制前后轴承最大径向振摆在同一方向,则同样精度轴承可以使主轴端部振摆减小。

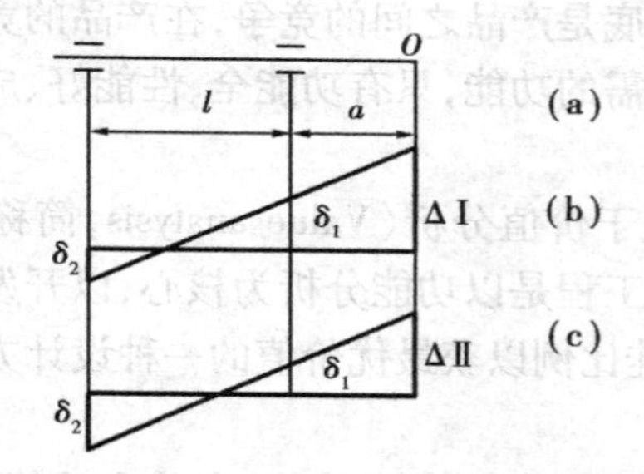

图 6-36　轴承精度装置对主轴精度的影响

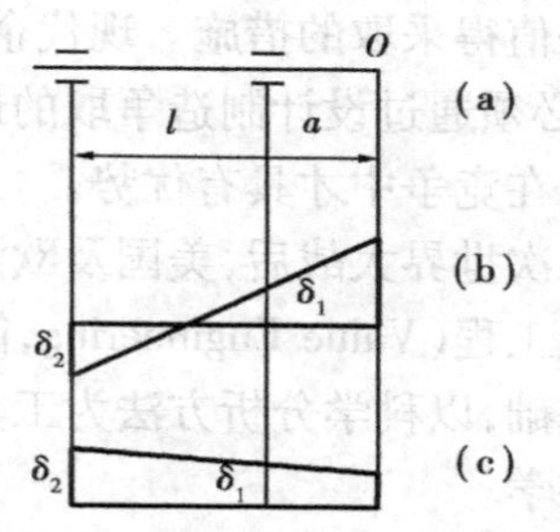

图 6-37　轴承安装对主轴精度的影响

图 6-37(b)两轴承最大径向振摆在 180°C 方向。端部振摆

$$\Delta_a = \delta_1\left(\frac{l + a}{l}\right) + \delta_2\left(\frac{a}{l}\right)$$

图 6-37(c)两轴承最大径向振摆控制在同方向。端部振摆

$$\Delta_b = \delta_1\left(\frac{l + a}{l}\right) - \delta_2\left(\frac{a}{l}\right)$$

显然后者主轴端部振摆小,精度高。

第四节　结构设计与成本

机械产品在满足功能和可靠性要求的同时,还要求较低的制造成本,才能使企业获得最大利润。产品的价值 V、功能 F、成本 C 的关系是 $V = F/C$。当功能确定后,V 与 C 成反比,由此

说明，产品价值是功能与成本的综合反映，只有降低产品成本，才能提高产品的价值。

一、价值与价值设计

社会效益及经济效益是衡量社会生产活动的基本指标。设计是生产活动的重要组成部分，衡量设计是否成功的基本指标亦应是其社会效益和经济效益，它们主要反映在设计对象——产品上。

对产品的社会效益和经济效益的考核，通常使用产品的“价值”这一概念，提高产品价值是设计的主要指标，产品的价值是其功能与成本的综合反映，通常定义为产品的功能 F 与实现该功能所耗成本 C 的比值。即：

$$V = F/C$$

式中 V——产品的价值；

F——产品具有的功能；

C——取得该功能所耗费成本。

产品以其功能为社会服务，产品能实现的功能及其重要程度反映了其社会效益。此处 F 实质上是用户为获得一定的功能所付的费用，因而 F 即表征了产品社会效益的大小，同时也与产品所能获得的经济效益有关。F 值的提高，表示产品社会效益的提高和可能获得的经济效益的提高。成本 C 则直接与经济效益有关，当 F 值不变时成本 C 愈低，经济效益愈好，若成本微有提高，而功能 F 大大提高，则价值 V 提高，仍表明取得了更高的社会效益与经济效益，这也是值得采取的措施。现代企业之间的竞争，归根结底是产品之间的竞争，在产品的竞争角逐中，必须通过设计制造争取的最低的费用提供用户所需的功能，只有功能全、性能好、成本低的产品在竞争中才具有优势。

二次世界大战后，美国及欧洲许多国家都开展了关于价值分析（Value analysis，简称 VA）和价值工程（Value Engineering，简称 VE）的研究。价值工程是以功能分析为核心，以开发创造性的基础，以科学分析方法为工具，寻求功能与成本最佳比例以获最优价值的一种设计方法和管理科学。

美国通用电器公司在产品开发时注意从功能分析入手，实现必要功能，去除多功能，既满足了用户需要，又降低了成本，将产品设计问题变为用最低成本向用户提供必要功能的问题，20 世纪 50 ~ 60 年代的 17 年内，通用公司在价值分析方面花了 80 万美元的费用，却获得两亿多美元的利润。价值分析应用的效果引起各界人士的重视，美国国际部及各大公司纷纷将价值分析列入军事装备及民用工业的设计，并进一步程序化，称之为价值工程。

日本佳能照相机公司运用价值工程方法，于 1976 年开发出了 35 mm 的 AE—1 型照相机，这种照相机采用大规模集成电路，能自动调节光圈和快门，自动卷片，连续摄影，性能大大超过了同类产品，而售价却低 20%，投入市场后很受欢迎。

前联邦德国 1973 年制定价值分析标准化程序，并纳入工程师协会技术准则。据说某自行车厂有 5 名价值分析专家，每年平均组织对 20 个项目进行价值分析，每项节 60 ~ 80 万马克。民主德国部长会议曾做出规定，规定国营企业必须应用价值分析方法，仅 1975 年一年，工业部门由此而节约金额 8.5 ~ 9 亿马克。

随着生产的发展和科学的进步，在市场竞争激烈，用户对产品性能提出更高要求的形势下，以功能不变，成本降低、价值提高的价值分析，价值工程方法又有所发展。20 世纪 70 年代初期日本某些公司提出价值设计(Value Design,简称 VD)和价值革新(Value Innovation 简称 VI)的方法,其特点是从性能提高和成本降低两方面同时采取措施,更有效地提高产品价值,利用创造性方法寻求合理方案,在不提高甚至减轻顾客负担的情况下,积极提供最佳功能的产品及最佳经营服务,使企业增加效益,VA · VE 较多针对已有产品进行分析,而 VD · VI 是在新产品开发中进行价值优化,其效果更加显著。

日本电气公司组织价值革新小组针对一些产品改型或新产品开发项目进行攻关,每年申请专利 50 ~60 项,降低成本 100 ~200 亿日元,效益很好。

我国已有许多工厂企业推广应用价值工程。如上海地区至 1982 年底已有 60 多家企业对几十项产品进行价值分析,成本下降 5% ~30%,节约几百万元及大量钢材、电能等。上海机床厂在新产品 M7750 双端面磨床的设计中应用了价值分析方法。他们根据用户的要求,针对磨削精度高、磨头刚性好,产品性能稳定等条件,选择 4 个关键部件进行性能分析,与国内外同类产品相比,实现了 24 项改进措施,这些措施中有:$V=F\rightarrow/C\downarrow$,$V=F\uparrow/C\downarrow$,$V=F\uparrow\uparrow/C\uparrow$,从各方面提高了产品价值,设计结果比同类产品 M7775 磨床零件数量少 28.5%,产品成本下降 13.8%。

提高产品价值可以从以下 3 个方面着手:

①功能分析　从用户需要出发,保证产品的必要功能,去除多余功能,调整过剩功能,必要时增加功能。

②性能分析　研究一定功能下提高产品性能的措施(上一节已作了详细介绍)。

③成本分析　分析成本的构成,从各方面探求低成本的途径。

1. 功能分析

在第二章中已作了详细论述,此处仅介绍与价值设计有关的内容。

(1)功能分析的目的

明确用户的要求和产品所应具有的工作能力,以便有效地进行设计。

①从功能分析入手进行产品设计可以启发创造性

如一提到温度计,人们容易想到常用的水银温度计或酒精温度计,但针对其功能“指示温度”,探寻方案的范围就大大扩展了。从原理上看,热胀冷缩,温度影响电阻值变化等都可考虑应用,而热胀冷缩又可应用于各种气体、液体、固体介质,由此可能突破原来的框框而得到一些创新的“指示温度”的方案,西德市场上就有一种利用金属的热胀冷缩原理设计的指针式塑料温度计,测温范围 -50 ~50 ℃,不易打碎,价格低廉,使用很方便。

②从功能分析着手还可以避免设计的盲目性,特别是针对引进产品,如某些外国产品为了缩短产品更新周期,在机体上打有扩展功能所需的接口连接螺孔、销孔等,有些人不作功能分析,在测绘时不管有用无用,照抄不误(甚至有些误加工孔亦如此(见反求工程技术))不敢作任何改动,结果闹成笑话。

③从功能分析入手可全面掌握对产品各方面的要求,不致遗漏,由总功能分解为分功能便于找出各种合理解法。

④从功能分析着手,全面考虑功能和成本的关系,以求得价值优化,这样的设计便于得到质高价廉的产品。

(2)功能分类

从不同角度考查,功能可以分为不同的类型。

①按功能的重要程度划分——基本功能和辅助功能。

基本功能是产品主要的必不可少的功能。如减速器的减速增矩功能，全自动洗衣机的增加水速（揉搓和冲洗衣服）和物水分离（甩干）功能。

辅助功能是与基本功能并存和附带功能，可以使产品的功能更加完善或增加特色。如全自动洗衣机各工序完成后的报警功能，落地风扇的送香风功能等。

②按功能的性质划分——使用功能和外观功能

使用功能是直接满足用户使用要求的功能，而外观功能是对产品起美化、装饰作用的功能，起着吸引顾客的作用。同样的产品若在造型、色彩、包装方面进行合理设计，使其具有较好的外观功能，则价值相应就能提高，在市场竞争力就有所加强。

相反，由于不注意外观功能，使我们的一些一等产品在国际市场上只能卖得末等价格。某些食品机械由于色彩不悦目，部分零件未作表面处理而生锈，甚至由于商标是"WC"（与厕所 Water Closet 的简称巧合）而被打入冷宫，"帆船"商标出口时译成了"冒牌货"。

③按用户的需要划分——必要功能和不必要功能

必要功能　凡是用户需要的功能（不论是基本功能或辅助功能，还是使用功能或外观功能）。

不必要功能　包括多余功能及过剩功能。

多余功能往往是由于对用户需要不完全了解或不根据实际情况盲目照搬已有设计而形成的。如吉普车过去在战场或恶劣环境中越野行驶，具有前后轴分别驱动的功能，现在作为城市公路行驶的吉普车前轴驱动功能就成为多余功能。北京汽车厂生产的 BJ212 吉普车去除了前轴驱动功能，改为普通被动轴，它既不影响使用，且每辆节约 200 元。

有些功能属必要，但超过产品所需的适宜程度，称为过剩功能，如产品功率、速度、寿命等性能超过实际需要量；采用过分贵重的原材料；不必要地提高加工精度，在不暴露在外的表面上不惜工本地提高表面装饰质量等。如以前设计的 X62W 万能铣床的设计功率为 7.5 kW，经广泛调查其平均使用功率仅 2.75 kW，最高使用功率 4.5 kW，国外同类型铣床的最大设计功率 5.5 kW，此铣床过剩功率在 40% 以上，应该进行调整。

根据国外资料统计，现行产品中约有 30% 零部件的功能是不必要的，取消这些不必要功能将会大大降低其成本。

例：对自行车进行功能种类的分析。

基本功能：行走代步、方向控制、制动、报警

辅助功能：停靠稳妥、兼负它物

使用功能：骑行轻快、乘坐舒适、维修方便

外观功能：造型大方、色泽悦目、装饰新颖

不必要功能：照明

设计中经过功能分析应该重点保证基本功能，并兼顾辅助功能，同时考虑使用功能和外观功能，去除多余功能，调整过剩功能，分清主次地合理使用成本，这样才能有的放矢地提高产品价值，求得价值最优。

2. 价值设计对象的选择

（1）选择原则

设计中进行价值分析和价值优化工作，一般重点选择以下几类产品：

①设计年代久，多年没有重大改进的老产品，这类产品一般结构陈旧，工艺落后，性能差，效率低。

②结构复杂，零部件数量较多的产品。

③制造成本过高，影响市场竞争的产品。

④使用中功能不满足要求，性能差，可靠性差，用户不满意产品。

这些产品由于在结构、工艺、性能、成本方面存在比较多的缺点和问题，改进潜力较大。

(2)产品寿命周期与价值设计

各种产品都要经历从开发期进入市场，经过成长、成熟最后衰退的过程，图6-38是以销售量为纵坐标反映产品投入期、成长期、成熟期和退让期4个阶段的寿命周期曲线(图6-38)。

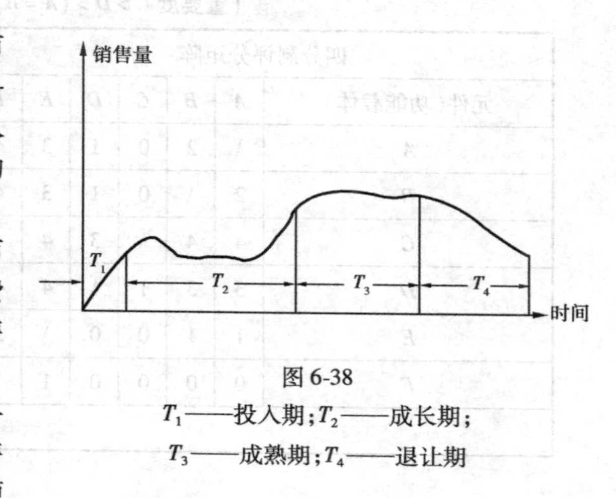

图6-38

T_1——投入期；T_2——成长期；

T_3——成熟期；T_4——退让期

投入期(开发期)T_1：产品开始投入市场，还存在一些技术问题有待解决，消费者从试用到接受有一段过程，这阶段销售量较低且增长缓慢。

成长期 T_2：此阶段销售量可能有一次起伏，随广告宣传和用户的认识，销售量有所增加，但随使用中产品缺点和问题的暴露，市场销售量会有所下降，经过对缺点的分析和改进，在成长后期销售量迅速增加。

成熟期 T_3：产品在市场上供求平衡，销售量稳定。

退让期 T_4：由于更新换代产品的出现，原产品销售量逐渐下降。

对于各种产品应该分析其目前所处市场寿命周期的阶段，根据不同阶段特点，采取不同的价值优化措施，当产品处于投入期与成长期阶段，应重点根据用户需要完善产品功能，提高性能、保证质量地争取市场。产品处于成熟期时重点应放在降低成本上，这样既能提高经济效益，也使竞争力增强，而当产品已进入退让期时要设法延长其市场寿命，通过价值优化进一步扩大功能，改进外观，较大幅度地降低成本，以推迟产品的衰退时间。

如半导体收音机在收录机出现后销路大减，逐渐进入退让期，工厂采取各种措施进行价值优化，如改进外观，提高性能(增加收音波段)，最有效是采用集成电路使收音机小型化，将成本降至10元以下，且便于携带，使学生、老人、旅游者等各种类型的人都愿意购买，延长了市场寿命。

(3)选择价值分析对象的方法

一个产品包括许多功能元件，必须抓住影响价值的一些主要功能元件作为分析对象，采取有效措施以提高价值，以下介绍两种选择价值分析对象的方法：

①价值系数分析法

用价值系数分析元件功能与成本的关系，寻找成本与功能不相适应的元件作为重点分析对象和改进的目标。价值系数由功能系数和成本系数所决定。

功能系数：按零件在整个部件中的重要程度排队评分，求出每个元件相对于产品的功能系数(也称功能重要度系数)f，功能系数值高说明零件对部件的功能影响大，重要程度高，在此介绍一种求功能系数的方法——四分制重要度对比法，也称强制决定法(Forced Desision)简称

FD 法。将产品各元件(功能载体)按顺序自上而下和自左而右排列起来,将纵列各功能与横行各功能进行重要性对比,双方的得分可分为 4—0(重要得多),3—1(重要),2—2(同等重要),1—3(次要),0—4(次要得多)五级,将分值填于表中,形成矩阵形式,然后自左至右把每个元件的得分加起来,用全体得分的总数去除,得到的系数就是该元件的功能系数(这与求加根系数的判别表法一致)。

表 6-1　四分制重要度对比法求功能系数 f

(重要度 $C > D > (A = B) > E > F$)

四分制评分矩阵							得分数 P_i	功能系数 f_i
元件(功能载体)	A	B	C	D	E	F	1	$f_i = P_i / \sum P_i$
A	\	2	0	1	3	4	10	0.167
B	2	\	0	1	3	4	10	0.167
C	4	4	\	3	4	4	19	0.317
D	3	3	1	\	4	4	15	0.250
E	1	1	0	0	\	3	5	0.083
F	0	0	0	0	1	\	1	0.017
							$\sum P_i = 60$	$\sum f_i = 1$

零件的成本系数 C 为零件成本与产品总成本之比:

$$C_i = 零件成本 / 产品总成本 = C_i / \sum C_i$$

零件的价值系数 v_1 为功能系数 f_i 与成本系数 C_i 之比:

$$v_i = f_i / C_i$$

若价值系数等于 1,说明功能与成本相当。

若价值系数大于 1,零件功能重要而所占成本偏低,应调整。

若价值系数小于 1,成本过高与功能重要性不相适应,应降低成本以提高价值。

②*ABC* 分析法　也称为成本比重分析法,它是一种优先选择占成本比重大的零部件、工序或其他要素作为价值分析对象的方法。

根据意大利经济学家巴雷托(Pareto)的不均匀分布理论,在产品成本分析时发现以下规律:占产品零件总数 10% ~20% 的零件其成本占产品成本的 60% ~70%,这类零件划为 A 类;占产品零件总数 60% ~70% 的零件,其成本占产品成本的 10% ~20%,这类零件划为 C 类;其余部分零件称为 B 类零件,它们数目占零件总数比例与它们成本占产品总成本的比例基本相适应。利用这种分类的方法,可以找出产品成本影响最大的 A 类零件作为分析及降低成本的主要对象。

二、产品的成本构成

产品的总成本包括生产成本、运行成本和维修保养成本。生产成本又分为设计成本、生产准备成本、材料成本、加工成本和装配成本。产品由设计到使用寿命结束的整个过程为产品的寿命周期,产品的总成本也就是它的寿命周期成本。产品的成本结构见图 6-39。

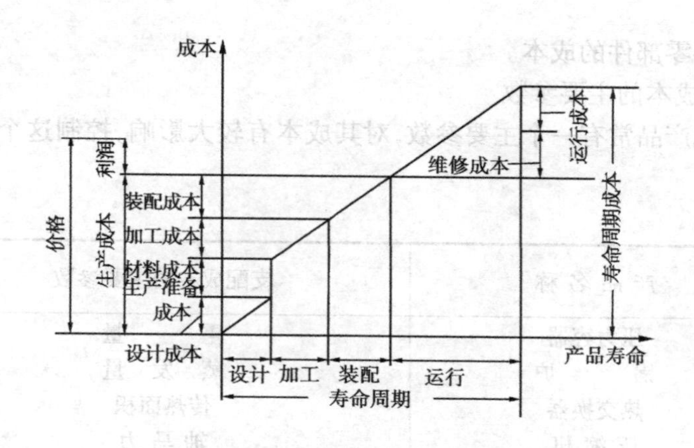

图 6-39　产品的成本结构

表 6-2　不同产品成本结构比例

产　　品	生产成本/总成本	运行成本/总成本	维护成本/总成本
扳　手	100	0	0
小汽车	20	50	30
水　泵	<5	>90	<5

不同类型的产品成本结构比例不同(如表6-2),扳手等简单零件几乎100%是生产成本。而小汽车的生产成本仅占总成本的20%,对使用者来说,运行的汽油费和维修费比汽车的购买价要大得多。水泵运行费用占总成本的90%以上,如购买一个多级泵比单级泵价格要增加20%,但可提高工作效率3%,在使用寿命15年内,电费可大大节省,总成本还是比单级泵低。

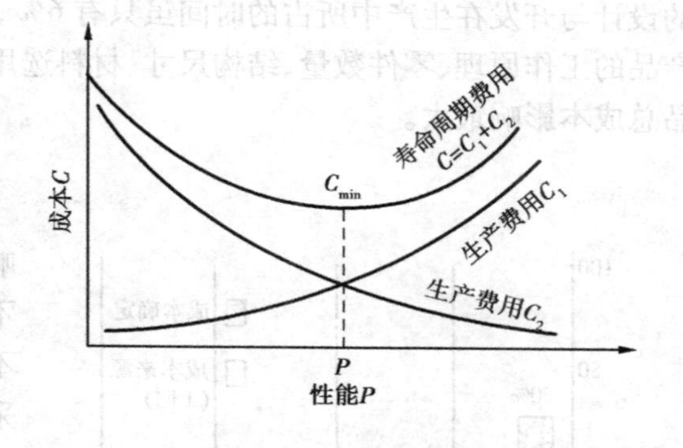

图 6-40　产品性能与成本关系

产品的总成本是生产成本与使用成本之和。随着对产品性能要求提高,生产成本会增加,使用成本将降低,而总成本有一最低点,如图6-40。设计时应根据要求寻找性能适宜,总成本较小(不一定是最小)的价值优化方案。

降低产品成本可以从控制产品方案,降低生产成本,降低使用成本(运行成本与维修成本)等方面采取措施。

机械产品成本的统计规律:

(1)机械产品材料费的比例

机械产品中材料费用占成本比例较大,尤其是大型机械产品所占比例更大,一般可达70%,因此在降低产品成本时应注意材料费用的降低。

(2)机械产品中成本份额的分布

机械产品零部件很多,但各零部件所占成本份额极不相同,据统计,通常产品中重要零部件数约占总数的30%,但它们所占的成本份额却达总成本的70%以上,因此考虑 产品的成本时要特别注意重要零部件的成本。

(3)支配产品成本的主要参数

对于各种机械产品常有一个主要参数,对其成本有较大影响,控制这个参数,即可控制成本的增长。

如:

产品名称	支配成本的主要参数
压力容器	重量
锅炉	蒸发量
热交换器	传热面积
压缩机	轴马力
泵	流量

三、通过设计环节降低成本

由设计降低成本是最关键的一环。德国工程师协会规范 VDI2235 中对企业一般产品生产的设计与开发,生产准备与加工,材料与外购件的购买,管理与销售四部分工作所占的时间比例(成本来源)及对成本的影响(成本确定)作了量的分析。从图中(图 6-41)明显看出产品的设计与开发在生产中所占的时间虽只有 6%,但对成本的影响却占 70%。设计阶段决定了产品的工作原理、零件数量、结构尺寸、材料选用,直接影响加工方法,使用性能等,因此,对产品总成本影响最大。

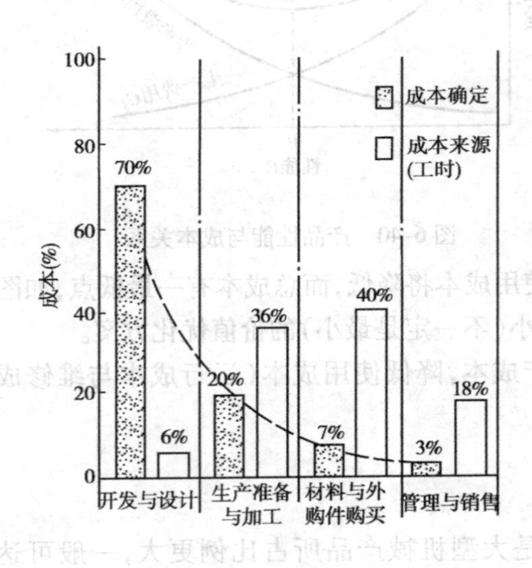

图 6-41 产品中各项成本的比例

1. 方案对成本的影响

设计中应特别注意原理方案对成本的影响。产品设计的目的是为了实现特定的功能。不同的设计方案实施后所产生的经济效益必然不同。由于优选设计方案在一般情况下要比只采用制造等方面的措施能更大幅度地降低产品成本,因此,设计人员应对设计方案进行全面的经济分析,力求使设计方案以最低成本获得最佳的产品。

图 6-42 为不同齿轮组生产成本及加工件的重量分析。齿轮组传动比 $i=10$,生产批量为 10 件,齿轮材料为 16MnCr15,由图可见,由于传动比大,单级齿轮传动虽然结构最简单却由于尺寸太大,重量及生产成本均过大,成为不可取方案。但在传递扭矩超过 2 500 N·m 时,三路分流式双级齿轮传动虽然结构最复杂,但却由于齿轮尺寸小,重量轻,加工工时少等原因,生产成本却最低,应成为传递扭矩时的优选方案。由此看来不能仅从表面上看结构的简单与复杂,对成本问题往往需要作细致的分析与比较。

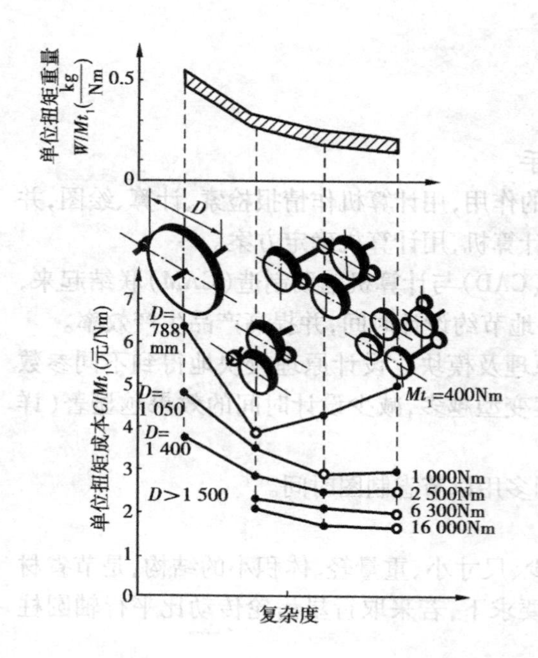

图 6-42　不同齿轮组方案的成本比较

W—加工件重量；W/Wt_1—单位扭矩重量

C—产品成本；C/Mt_1—单位扭矩成本

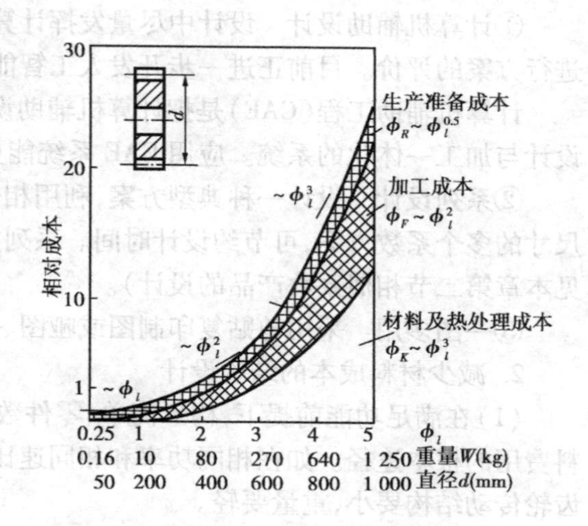

图 6-43　零件生产成本与尺寸关系

2. 构件尺寸对成本的影响

同结构下随构件尺寸及重量增大，产品成本将大大增加，据统计和分析，当两构件尺寸比是 ϕ_l 时，材料及热处理成本比 $\phi_M=\phi_l^3$，加工成本比 $\phi_F=\phi_l^2$，准备工作成本比 $\phi_R=\phi_l^{0.5}$。

图 6-43 是单件生产的不同大小的齿轮随直径尺寸及重量增大，相对成本增加的统计曲线。这些齿轮采用同样材料及加工方法。由图中可以看出，尺寸大的零件材料及热处理成本所占的比例大，而小零件则生产准备成本及加工成本的比例大，故大零件随尺寸增大，成本增加更为显著。

3. 零件数对产品成本的影响

产品由许多零件组成，零件件数多，从加工、运输、布置、装配、资金约束等方面都会使成本提高，同时使供货时间拖长。

经 135 种产品调查统计，通过零件数的减少，平均能降低生产成本约 10%。如德国某公司生产的推土机驱动装置，近 20 年内方案经过 3 次变化，零件数减少至原来的 30%，成本降低为原来的 1/3（详见表 6-3）。

表 6-3　推土机驱动装置的方案变化

时期（年代）	1955/1965	1965/1975	1975/1985
结构特点	液压扭矩转换	行星传动、集成结构	集成结构，模块式组合结构
零件数（件）	1 923（100%）	1 214（63%）	562（29.2%）
成本（西德马克）	8 895（100%）	4 931（56%）	2 927（33%）

四、降低生产成本的措施

1. 降低设计成本

降低设计成本主要从节约和减少设计时间着手。

①计算机辅助设计　设计中尽量发挥计算机的作用，用计算机作情报检索、计算、绘图，并进行方案的评价。目前正进一步开发人工智能的计算机，用计算机确定方案。

计算机辅助工程（CAE）是把计算机辅助设计（CAD）与计算机辅助制造（CAM）联结起来，设计与加工一体化的系统。应用CAE系统能更多地节约设计时间，并提高产品生产效率。

②系列设计　设计一种典型方案，利用相似原理及模块化设计原理较快地得到不同参数尺寸的多个系数方案，可节约设计时间。系列方案变型越多，减少设计时间的效果越显著（详见本章第二节相似系数产品的设计）。

③一图多用　采用剪贴复印制图或哑图、一图多用以节省制图时间。

2. 减少材料成本的结构设计

（1）在满足功能前提下，构形简单、零件数量少、尺寸小、重量轻、体积小的结构，是节省材料费用的根本途径。如在相同功率和相同速比的要求下，若采取行星齿轮传动比平行轴圆柱齿轮传动结构要小，重量要轻。

（2）采用廉价材料

用烧结的粉末冶金材料，代替钢或其他贵重的有色金属，如含油轴承代替滑动轴承的铜套，钢制齿轮和凸轮用粉末冶金代替等。

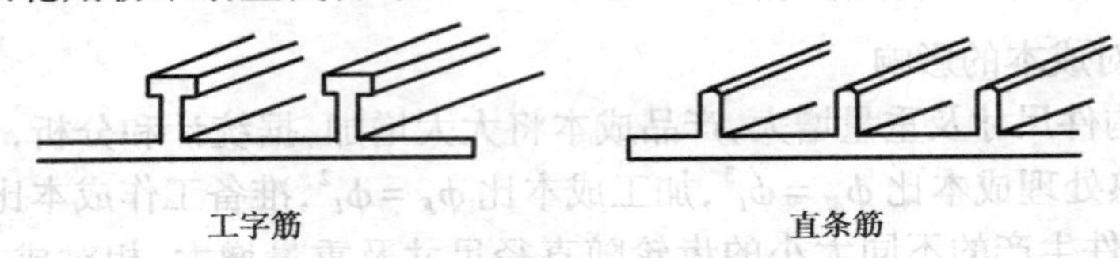

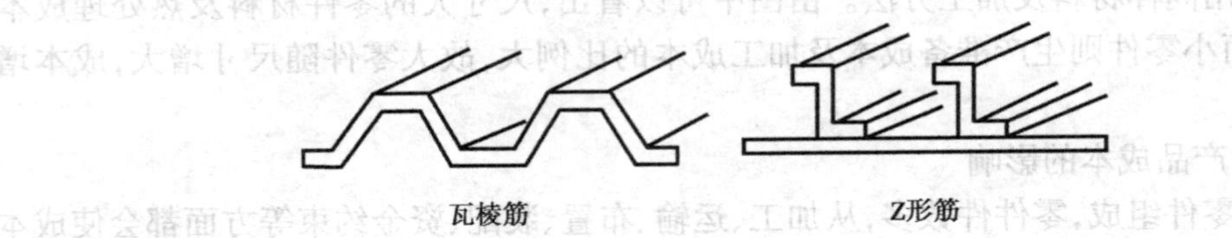

图6-44　薄壳筋板结构

用工程塑料代替钢材，是当前节约钢材的一个途径，塑料制品不但轻，而且可以浇注成各种需要的如板、管、工业用薄膜以及更加复杂的的形状。它广泛用于绝缘零件（聚四氟乙烯、有机玻璃）；耐酸、碱防腐蚀的零件（软聚氯乙烯、聚乙烯）；低摩擦材料（酚醛树脂等）；透明壳罩（聚氯乙烯等），目前我国和世界其他国家或地区正在生产的全塑汽车等。

（3）采用节约材料的结构

用薄壳加筋板结构代替实心或厚板结构，不但减轻了重量，节约了材料而且提高了钢度，图6-44为薄壳筋板结构。

采用夹心结构不但重量轻而且强度高，图6-45为夹心结构。

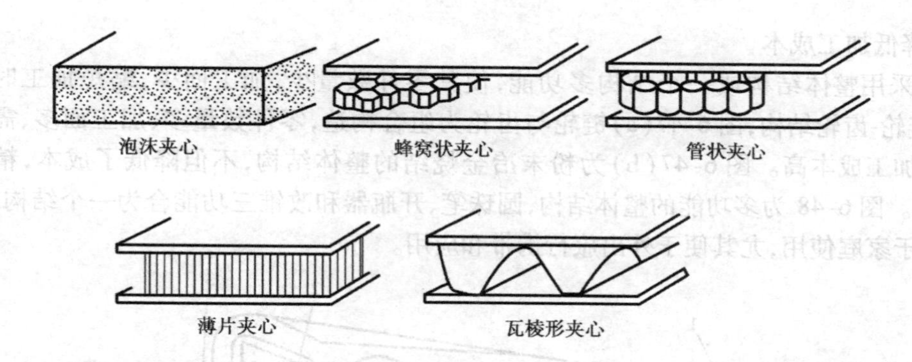

图 6-45　夹心结构

3. 降低生产准备成本

对每批零件的加工都要进行机床、夹具、刀具、量具等生产准备工作。零件批量越大，分配到每件上的生产准备成本越低。降低生产准备成本主要从增加产品批量着手。

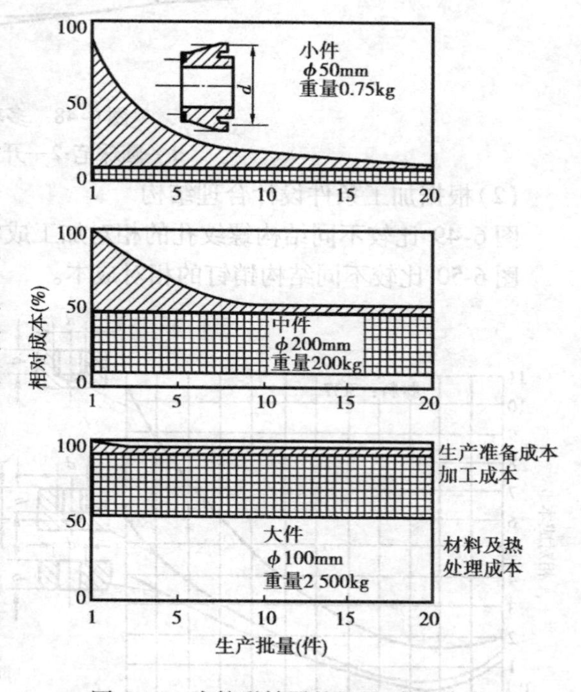

图 6-46　齿轮联轴器的批量-成本曲线

图 6-46 是不同大小齿轮联轴器在不同批量下的生产成本比较。由于大、中、小件生产成本中各类成本所占比例不同大零件材料及热处理成本所占比例较大，而小零件生产准备工作及加工成本占比例大。增加批量主要是通过生产准备成本和加工成本，来降低生产成本，所以对小零件的影响更为显著。

增大零件批量的措施：

(1)尽量使类似零件的尺寸相同，在同一产品或不同产品上采用同样的零件。如某减速器中间齿轮轴两端的轴承盖原来结构相似，但尺寸大小不同，现改为相同尺寸，使成本降低 45%。

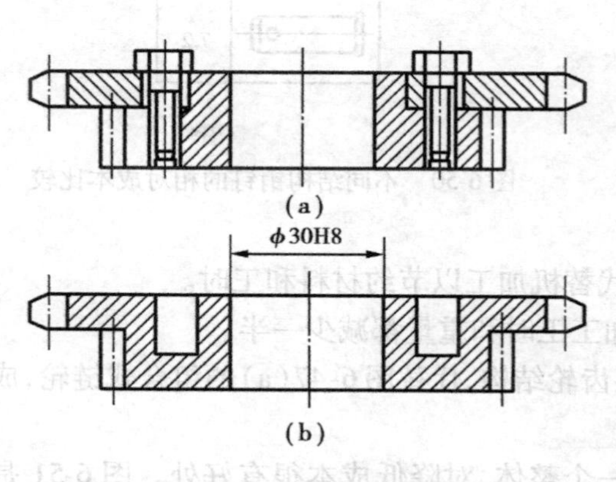

图 6-47　为链轮-齿轮结构

(2)建立相似零件的零件族，采用成组加工工艺。机械产品虽千差万别，但零件有 70% 属于几何结构类似的相似件，按其相似性进行分类并建立相应零件族，可以大面积提高标准化程度，按相似工艺组织生产。

(3)尽量采用标准件或批量生产的外购件。

(4)采用模块化组合结构，将零件模块化，可大量生产并多次使用。德国德马克公司(DEMAG)生产的桥式吊车系列在采用模块化结构后设计费用减小为单件结构的 12%，而生产成本降低为 45%。

4. 降低加工成本

(1)采用整体结构或一个结构多功能,使其零件数量少,加工面少,缩短加工时间。图6-47为链轮-齿轮结构,图6-47(a)链轮与齿轮为组合构造,零件数量多、加工面多、需组装时间长,故加工成本高。图6-47(b)为粉末冶金烧结的整体结构,不但降低了成本,精度可达0.05 mm。图6-48为多功能的整体结构,圆珠笔、开瓶器和改锥三功能合为一个结构,降低了成本,便于家庭使用,尤其便于外出旅行携带和应用。

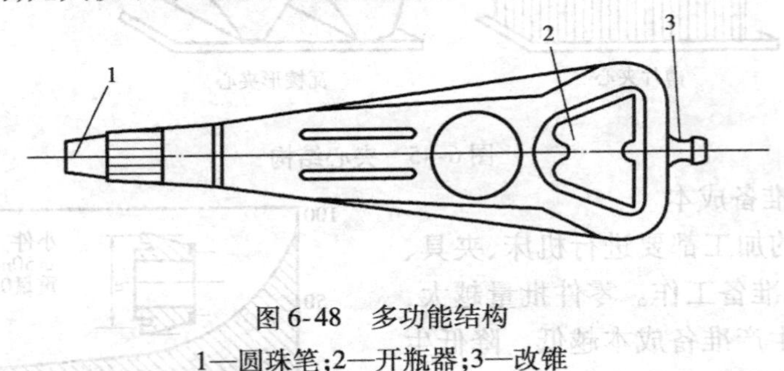

图6-48　多功能结构

1—圆珠笔;2—开瓶器;3—改锥

(2)根据加工条件设计合理结构

图6-49 比较不同结构螺纹孔的相对加工成本,打通的螺纹孔加工成本最低。

图6-50 比较不同结构销钉的相对成本。

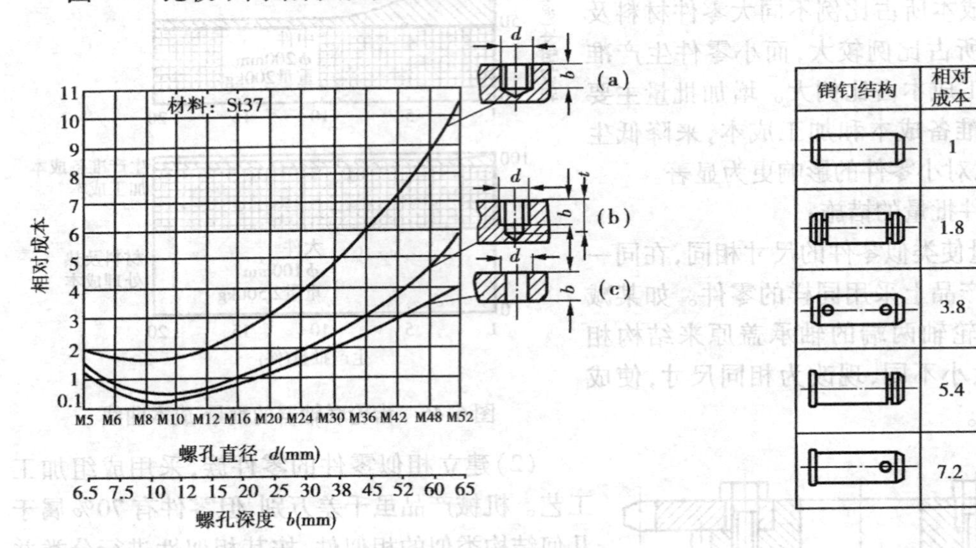

图6-49　不同螺纹孔结构对成本的影响　　　　图6-50　不同结构销钉的相对成本比较

(3)无屑加工代机加工

用无屑加工(压铸、冲压、注塑、粉末冶金等)代替机加工以节约材料和工时。

如冲压的三角带轮,较铸造及机加工带轮的加工工时和重量都减少一半。

如图6-47(b)为粉末冶金烧结的整体式链轮-齿轮结构,代替图6-47(a)的组合式链轮,成本大大降低。

注塑成形既节约材料,又能将多个元件塑为一个整体,对降低成本很有好处。图6-51是美国通用汽车公司设计的双稳态闭合门(美国专利3541370号),其中,弹簧压紧装置是由聚丙烯注塑成形的。

(4)以焊代铸

单件或小批量生产条件下,以焊代铸对降低成本有明显效果。美国某公司生产10件泵座,用铸铁铸造的成本为546美元/件,改为钢板焊接时,成本仅为160美元/件。

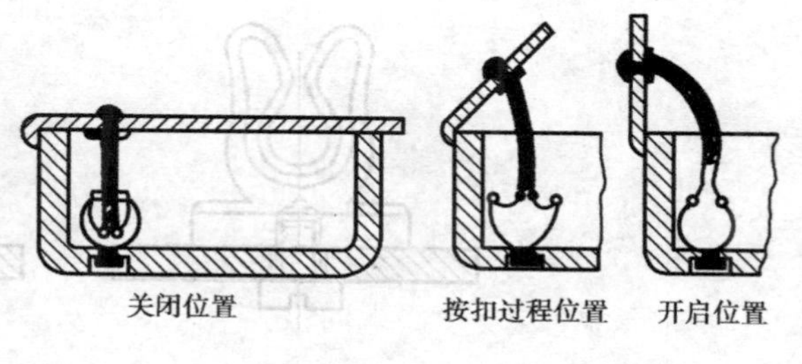

图6-51 双稳态闭合门

焊接件生产周期短。中捷人民友谊厂生产T6916落地镗铣床床身时,用焊接加工需3 112 h,而用铸件时仅加工木模即需6 000 h。

同工作条件下,焊接比钢铸件轻50% ~60%,由于重量减轻,提高了固有频率,还有利于抗震。

(5)采用合理的公差要求

结构设计时,要避免过高的配合精度要求,因为公差数值小,会带来大量的加工费用,使价格昂贵,通常是公差减小10倍,费用相应增加10倍或更多。一般选用合理的配合要求,采用配合件、避免双重配合等措施,降低公差要求。图6-52为避免双重配合的示例。图6-53显示出在圆柱体与孔配合时采取不同精度的公差对成本的影响。五级精度(平均公差5 μm)比八级精度(平均公差20 μm)的相对成本要提高一倍多。

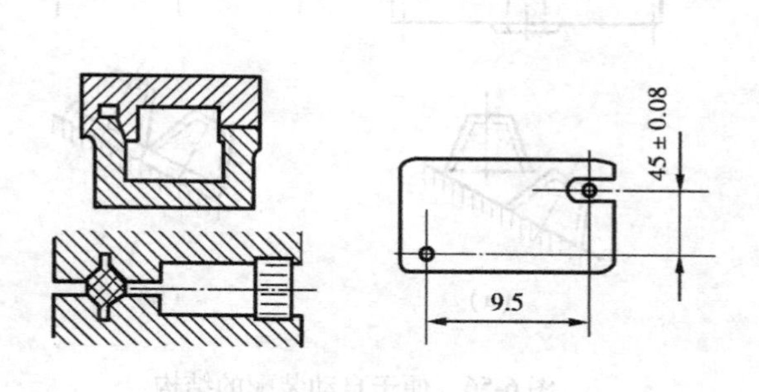

图6-52 降低公差要求的结构示例

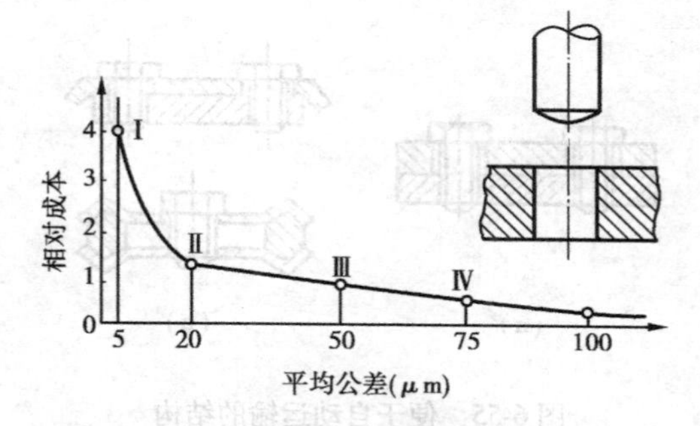

图6-53 尺寸公差对相对成本的影响

5. 降低装配成本

(1)选用便于装卸的结构 如采用快动联接结构,此结构简单,通过一定弹性变形达到联接的目的,便于装拆。图6-54上部的电缆卡子和下部的盖板联接都采用快动联接(图6-54(b))代替螺钉联接(图6-54(a)),联接结构大部分为塑料件,可用注塑方法加工。图6-54(b)中部为薄钢板制成的盖板,利用弹性变形联接。

(2)便于自动装配 某些零件结构要考虑便于自动运输和符合机械手自动装配的要求。如图6-55(b)齿轮零件的结构便于自动运输,图6-56(b)的零件结构便于自动定位。

(3)采用组合结构 组合结构是零件的组合,功能的组合,用简单的结构满足更多的功能要求。采用组合结构既可减少零件数又便于装配,对降低生产成本的效果显著。

整体结构用一个结构代替多个零件完成同一功能。如图6-57(a)是某包装机械中的一个支架构件,由11个零件组成;现改设计为一个整体结构如图6-57(b)所示,通过精密铸造一次加工,节约工时61%,降低成本72%。

集成结构由相同或不同的功能元件集合成一个共同的结构单元。如仪器中把多个簧片组

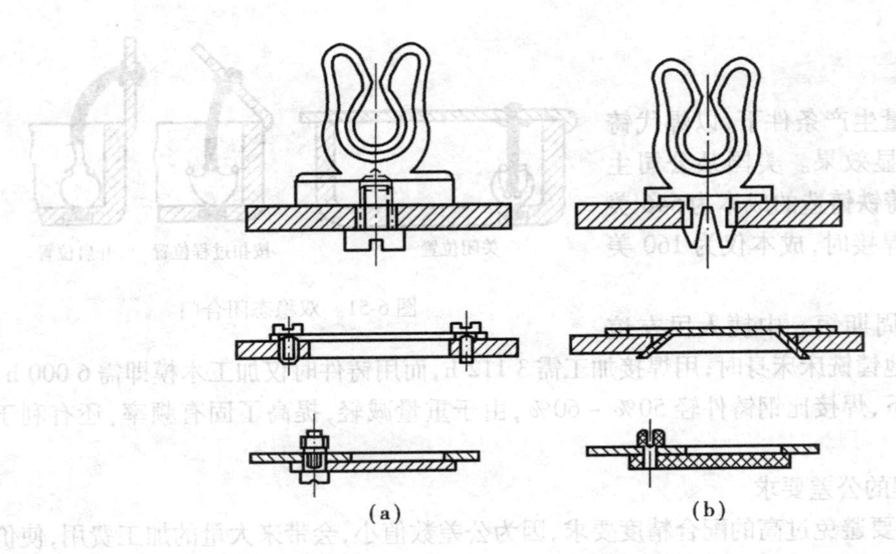

图 6-54　3 种快动联接结构

(a)螺钉联接;(b)快动联接

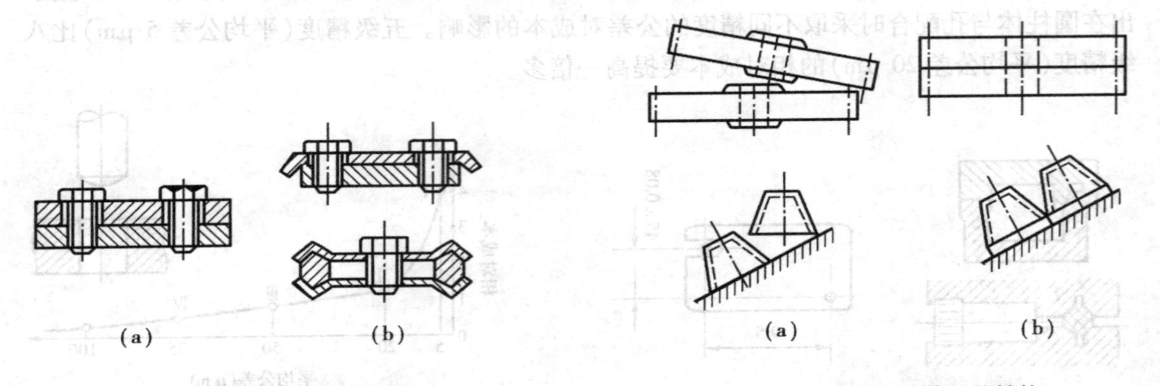

图 6-55　便于自动运输的结构

(a)不好;(b)好

图 6-56　便于自动装配的结构

(a)不好;(b)好

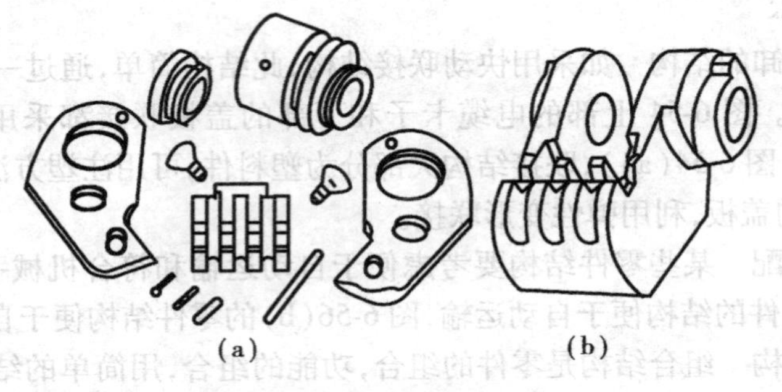

图 6-57　整体结构——支架

(a)11 个零件;(b)整体结构

成为一个集成元件,内燃机的进气阀凸轮与排气阀凸轮集成到一个共同的凸轮轴上,如图 6-58(b)。图 6-59(b)的螺钉集成结构代替图 6-59(a)中的普通螺钉、垫片和防松垫圈等零件,具有联接、加大接触面、防松等多种功能。

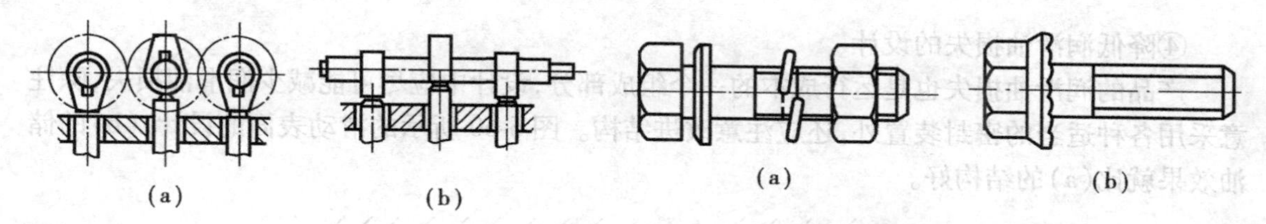

图 6-58　凸轮集成结构

图 6-59　螺钉集成结构
(a)普通螺钉;(b)集成结构螺钉

五、重复利用原则

失效的产品若能重复利用,既能控制污染,又可提高材料的使用率,从总体来看,产品的经济效益提高,成本也降低了。

一般重复利用可以从以下几个方面考虑:

①通过修理或更换配件重复使用。部件中的易损元件标准化,并用插入式结构使其便于修理和更新,如汽车零件中的座位、散热片等标准化后可适用于不同型号的汽车。损坏的设备中的某些零件可作为功能件再次使用。

②通过功能转换另作它用。如旧船体制成钢筋用于钢筋混凝土构件;薄金属冲压后的下脚料制作多孔的金属屏风;从旧汽车蓄电池中回收铅,从冲洗照片废液中回收银等。果酱瓶设计得好,可利用空瓶作杯子,价值也就提高了。

③易于解体,便于材料分类。采用积木式组件及便于装拆的快动联接等,使失效部件便于解体,以便重新利用或作材料回收,设计者应考虑到不同材料的分别回收。如汽车里的铜线都集中在电缆里,便于拆卸,易于统一处理。

六、降低产品的运行成本

产品的运行成本在很大程度上决定着产品的生命力。主要考虑以下几方面:

①减少输入能量的设计

减少能源消耗是降低产品运行成本的主要措施,这对耗能产品如电冰箱、空调器、工业炉等尤为重要。为此要注意探讨新的工作原理,如各种节能灯具的出现,使耗能降低。还要注意负载与驱动装置的匹配。

②提高机械效率的设计

提高机械效率是降低能源消耗,减少运行成本的重要方面之一,根据日本学者松本的研究,如果柴油机的摩擦损失减少 10%,则其燃油消耗能降低 5%。

减少运动件的质量,降低相对运动速度,是减少摩擦,提高机械效率常用的措施。柴油机设计中活塞环道数的减少便是这方面的设计实例。20 世纪 30 年代的载重汽车用柴油机中,每个活塞有 5 甚至 6 个活塞环,40 年代便发展出了 4 环活塞;50 ~ 60 年代产生了 3 环活塞,以后又出现了双环活塞,这种双环活塞除了能减少燃油消耗降低运行成本外,还能降低材料,加工及装配成本,当然活塞环道数的减少必须满足柴油机的性能要求。

③回收剩余能量的设计

任何产品的效率都不可能达到 100%,若能充分利用或回收作无用功的那部分能量,就能提高产品总效率,减少能消耗,降低运行成本。

④降低润滑油损失的设计

产品的润滑油损失也是运行成本的一个组成部分，设计中应尽可能减少润滑油损失，除注意采用各种适当的密封装置外，还应注意改进结构。图6-60所示的滑动表面的设计，(b)的储油效果就比(a)的结构好。

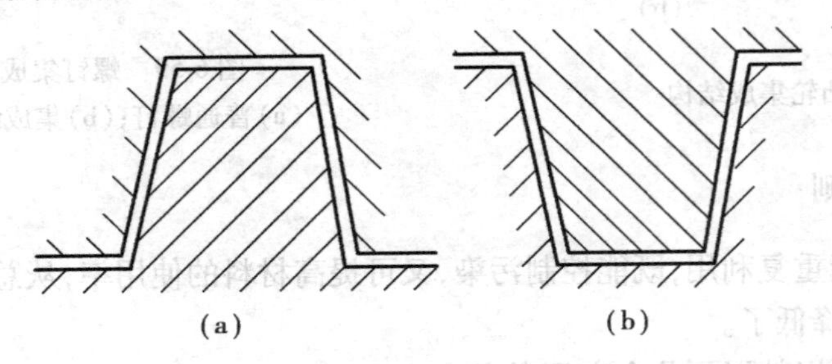

图6-60　滑动表面设计

七、降低产品的维修成本

任何产品都有出现故障的可能。维护和修理是产品工作周期内不可缺少的阶段。所谓维修是指对于一个已出现故障的产品，从诊断、拆卸、更换、调整，直至最后验证产品确实恢复到原工作状态为止的全过程。显然，产品发生故障后所需的修理时间愈短，停工所造成的损失就越小，但修复产品所需的时间与其本身的结构等因素有关，是产品的一种固有属性，是由设计决定的。它表示了对产品进行维修的难易程度，因而也称为产品的维修性，是衡量产品质量优劣的指标之一。

1. 提高产品维修性的结构设计

即从结构上注意在产品由于某些零件失效而出现故障时能方便地得到修复，通常可考虑下述方面：

①结构上的可达性　结构上的可达性是指维修产品时接近维修点的难易程度。在产品设计中，特别对于易损零件应提供良好的可达性。例如，对产品内部的某些零件应设计供操作者检查和拆装维修的通道或开设窗口等。另外，对摩擦表面的定期润滑，应保证在不拆卸零部件的条件下完成。

②拆装上的便利性　维修产品时拆装工作量一般占有很大的比例。产品设计时提高其拆装上的便利性，就是提高了维修产品的工作效率，降低了维修成本。常用的措施有：设计便于装配的整体式安装单元，如内燃机中的油泵总成，分电器总成等，本身就是一个整体，拆装比较方便；设计便于拆装的联接结构；设置定位装置和识别标志，如定位销、刻线等，以保证装配时迅速找正；必要时设计和配置专用拆装工具，方便拆装工作，如专用的套筒扳手等。

③修理上的简易性　简化修理作业，也可大大提高维修速度，从而降低维修成本。设计中首先要注意尽量简化结构，减小产品维修的复杂性，结构简单，出故障的可能亦将减少，维修亦较简单。其次要提高零部件的可更换性，除在结构上保证易于更换外，还应尽量采用标准件和通用件，使备件容易得到，成本亦低。

要注意设计可调结构，以便较快地通过调整来补偿零件工作中由于磨损造成的间隙变化，还可注意设置检测点和监测装置，以便快速诊断出产生故障的部位和原因。

2. 提高产品维修性的维修周期设计

通常,产品中各零部件的寿命不同,其损坏具有随机性或离散性。这无疑会增加产品的修理次数和重复拆装的工作量,对降低维修成本极为不利。为了有效地克服这一弊端,可在产品设计时对产品零部件的寿命进行分类和调整,使之彼此相同或相近,或大约成倍数关系,从而保证在一次修理时尽可能多地完成寿命相近的零件的修理工作,这就是产品维修周期设计的基本思想,其工作步骤归纳如下:

①零件的寿命分类　产品的各个零件由于结构、工作性质和受力状态等因素的差异,导致了其失效率和使用寿命的不同。综合设计、制造与使用等因素,在一定技术条件下,每个零件都有一个相对合理的使用寿命,可通过统计方法求出。在此基础上,把寿命相同或相近的零件划为一类,这样将可得出若干类。以最短寿命为基准,令其为第一类修理间隔周期,用 t_1 表示。其余类推,分别可得第二类、第三类修理间隔周期 t_2、t_3 等。

②确定维修间隔周期　就是建立所有零件寿命之间的相互关系。在机械工程的维修管理中,常把维修内容划分为一号保养、二号保养和大修等类别。若相应的维修间隔周期为 T_1、T_2 和 T_3,则其相互关系应满足下式:

$$T_3 = kT_2 = mkT_1$$

式中:m、k 均为正整数。

显然,T_1 由 t_1 决定。但 t_2 和 t_3 常需经过平衡才能分别与 T_2 和 T_3 相适应。

③平衡零件寿命　现代产品的设计极为重视其寿命设计,以便在保证高可靠度的同时使产品得到充分利用。因为零件的寿命分布离散性常较大。当与 t_2 和 t_3 相应的 T_2 和 T_3 不满足上式时,应改进设计。通过适当改变零件的材质和几何尺寸等要素,延长或缩短零件寿命,使之符合 k、m 为正整数的关系。例如发动机中的活塞组零件,第一道活塞环的工作条件最恶劣、磨损最严重。为此,当前多采用镀铬或喷钼的方法提高该环的寿命,使之与其他各环寿命大致平衡。

3. 提高产品维修性的软件设计

它主要指的是维修技术文件的编制。

①编写使用说明书　产品使用说明书是产品使用和维护的指导性文件,它应该详细说明产品的使用条件、使用方法,特别是有关润滑、调试、保养等内容。它可以保证使用者合理使用产品,充分发挥其效能而不招致事故。

②编制维修技术指南和维修技术指标

搞好维修工作是有条件的,只有按照产品本身的特点,采取最合理的修理工艺和方法,才能取得最好的效果。维修技术指南便应提供这方面的内容。维修技术指标是为保证维修质量而提供的技术依据,如配合间隙、位置精度标准和某些组件的试验规范。

③确定维修备件的储备指标

备件储备指标的制定应以零件的寿命为依据。易损零件应随产品配备;大修中需更换的零件,仓库中应有一定的储备。以保证备件及时供应,备件最好有专门厂家批量生产,这样可以降低备件成本,保证维修时间。

第五节　成本估算方法

成本估算是产品设计过程中的重要工作，它影响对产品经济性的评价和决策。在设计过程中进行成本估算的目的是对产品及零部件的经济性进行评价；寻求在设计中降低产品成本的依据和方向；亦可用以判别产品及零部件成本是否能达到预期目标，一般说来，成本估算的准确度随设计工作的不断深入而逐步提高。在方案设计阶段的估算最为粗略，技术设计阶段次之，施工设计阶段估算最为准确。下面介绍几种成本估算方法。

一、按重量估算法

1. 基本公式

根据产品的生产成本是重量的函数进行成本估算。此法首先统计计算出某种典型产品的重量、成本系数，即单位重量生产成本，将其乘以所求产品的重量，即可估算出生产成本。

$$C = W \cdot f_W \tag{6-5}$$

式中　C——生产成本，元；

W——产品重量，kg；

f_W——重量成本系数，元/kg。

2. 重量成本系数

重量成本系数 f_W 是重量 W 的函数，可通过统计用最小二乘法正交回归曲线求得。重量成本系数 f_W 与重量 W 关系的一般通式为

$$f_W = k \cdot W^p \tag{6-6}$$

式中，k、p 为系数，随不同产品而异。

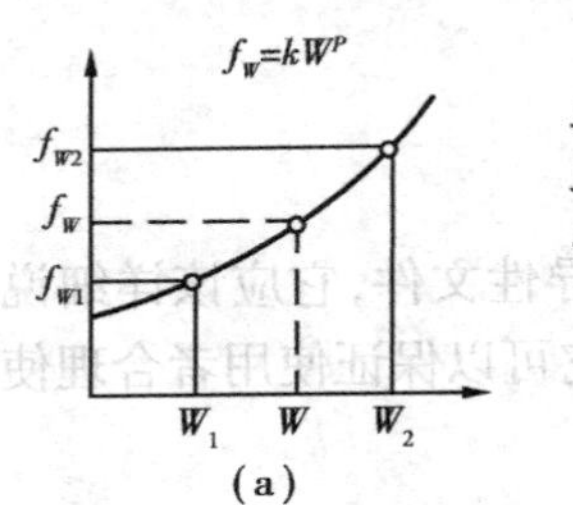

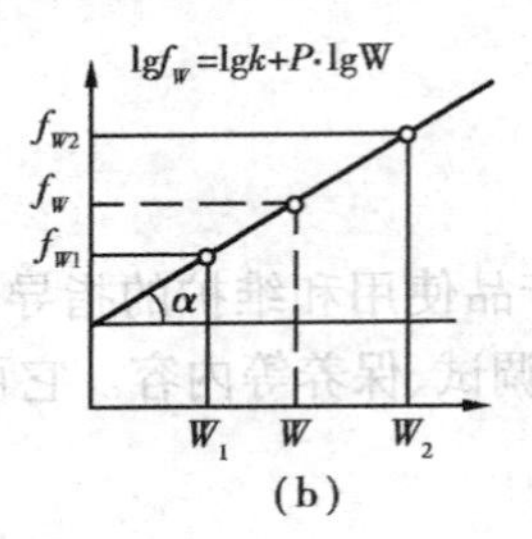

图 6-61　$W—f_W$ 关系曲线

（a）函数坐标；（b）对数坐标

（1）作图法求 f_W　$W—f_W$ 一般关系曲线如图 6-61（a），通过调查某类产品几种重量 W_i 下的生产成本 C_i，分别计算出相应的重量成本系数 f_{Wi}，即可用作图法求是 $W—f_W$ 曲线。常选用对数坐标，这样得出来的关系是直线，如图 6-61（b），便于作图。通过 $W—f_W$ 曲线可进一步由任意重量 W 求出相应的 f_W。

（2）解析法求 f_W　若已知 $W—f_W$ 曲线上两点 W_1、f_{W1} 及 W_2、f_{W2} 的数值，可用解析法计算任意点的重量成本系数 f_W。

由式（6-6）取对数

$$\lg f_W = \lg k + p\lg W$$

在对数坐标中 $\lg W - \lg f_W$ 为直线，如图 6-61（b）所示，其斜率

$$\tan\alpha = \frac{\lg f_{W2} - \lg f_{W1}}{\lg W_2 - \lg W_1}$$

α 角为 $\lg W = \lg f_W$ 直线与水平线夹角，由水平线逆时针取得。对于所求的任意（W，f_W）点

$$\tan\alpha = \frac{\lg f_W - \lg f_{W1}}{\lg W - \lg W_1} = \frac{\lg(f_w/f_{w1})}{\lg(W/W_1)}$$

$$\frac{f_w}{f_{w1}} = \left(\frac{W}{W_1}\right)^{\tan\alpha}$$

$$f_W = f_{W1}\left(\frac{W}{W_1}\right)^{\tan\alpha} = (f_{W1} \cdot W_1^{-\tan\alpha})\,W^{\tan\alpha}$$

故

$$f_w = k \cdot W^p$$

其中

$$\left.\begin{aligned} k &= f_{w1} \cdot W_1^{-\tan\alpha} \\ p &= \tan\alpha \\ \tan\alpha &= \frac{\lg f_{W2} - \lg f_{W1}}{\lg W_2 - \lg W_1} \end{aligned}\right\} \tag{6-7}$$

用作图法或解析法求出一定重量下的 f_W 后代入式(6-5)，即可估算出产品的生产成本。

例 2 图 6-62 盘类零件不同重量下生产成本如下表，试求 $W = 145$ kg 的此类零件的成本。

零件号	重 量 W/kg	生产成本 C/元
1	22	85.3
2	51.7	211.1
3	115	443.3
4	204	805
5	950	3 765

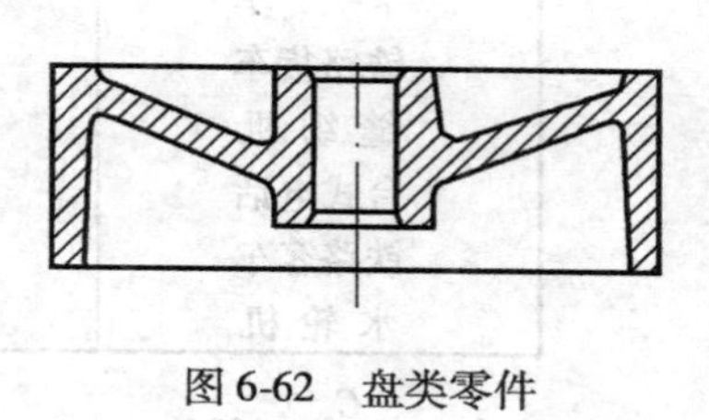

图 6-62 盘类零件

解： (1)求零件不同重量下的重量成本系数

零件号	重量 W/kg	重量成本系数 $f_W = C/W$〔元·(kg)$^{-1}$〕
1	22	3.88
2	51.7	4.08
3	115	3.86
4	204	3.95
5	950	3.96

(2)随重量增加，重量成本系数变化不大，可近似认为是一常数。取各零件 f_{wi} 的平均值为此类零件的重量成本系数。

$$f_W = \frac{1}{5}\sum_{i=1}^{5} f_{Wi}$$

$$= \frac{1}{5}(3.88 + 4.08 + 3.86 + 3.95 + 3.96)$$

$$= 3.95 \text{ 元/kg}$$

(3)由式(6-5)得

$$C = W \cdot f_W = 145 \text{ kg} \times 3.95 \text{ 元/kg} = 572.75 \text{ 元}$$

重 145 kg 的此类零件成本约为 572.75 元。

二、材料成本折算法

这种方法利用产品的材料成本来估算生产成本。据统计根据产品的结构复杂程度和加工特点，其材料成本在生产成本中占有不同比例，每类产品的材料成本 C_m 相对于生产成本 C 的百分比即其材料成本率 m 是有一定范围的。德国工程师协会规范 VDI2225 中给出经统计方法求得的各类产品的材料成本率 m 的参考数值，如表 6-4。

表 6-4　各类产品的材料成本率　/%

产品类型	m	产品类型	m
吸尘器	80	柴油马达	53
起重机	78	蒸汽透平机	44 ~ 49
小汽车	65 ~ 75	挂　钟	47
卡　车	68 ~ 72	电动机	45 ~ 47
铁路货车	68	重型机床	44
缝纫机	62	电视机	38
台式电话	58	电测仪	26 ~ 38
铁路客车	57	中型机床	34
水轮机	56	精密钟表	31

注：$m = \frac{C_m}{C} \times 100\%$

新产品的材料成本若为 C_m，可按下式估算其生产成本 C

$$C = \frac{C_m}{m} \text{元} \tag{6-8}$$

若已知某产品的生产成本 C_0 及相应的材料成本 C_{m0}，新设计的同类产品材料成本 C_m，根据材料成本率分析，可估算其生产成本 C。

$$C = C_0 \frac{C_m}{C_{m0}} \tag{6-9}$$

新产品的材料成本可按下式估算：

$$\left.\begin{aligned} C_m &\approx 1.25W + 1.15Z \\ W &= \sum_{i=1}^{n} v_i \cdot r_i \cdot k_i \\ Z &= \sum_{j=1}^{P} Z_j \end{aligned}\right\} \tag{6-10}$$

式中　W——自制件成本，元；

v_i——某种自制件体积，cm^3；

r_i——材料单位体积重量，kg/cm^3；

k_i——单位重量材料价格，元/kg；

n——自制件种类数；

Z——外购件成本，元；

Z_j——某种外购件成本，元；

P——外购件种类数。

例3　一台中型铣床与一台起重机材料成本皆为15 000元左右，试估算生产成本是否相同。

解：　由表6-4中型机床1与起重机2的材料成本比分别为$m_1 \approx 34\%$，$m_2 \approx 78\%$

若一台中型铣床与一台起重机成本皆为15 000元，其生产成本C不同。

由式(6-8)

机床　$$C_1 = \frac{C_m}{m_1} = \frac{15\,000}{34\%} \approx 44\,120 \text{ 元}$$

起重机　$$C_2 = \frac{C_m}{m_2} = \frac{15\,000}{78\%} \approx 19\,230 \text{ 元}$$

三、相似产品的成本估算

几何相似的产品可按相似关系对生产成本进行估算。

单件产品的生产成本C似按以下公式计算：

$$C \approx C_r + C_f + C_m \tag{6-11}$$

式中　C_r——生产准备成本；

C_f——加工成本；

C_m——材料成本。

相似产品生产成本之间不存在固定的相似比例。其成本估算的思路是由长度相似比求有关各类成本的相似比，通过相似计算求得相似产品的各类成本，进而求总生产成本。

两产品若相似，其几何尺寸、生产准备成本、加工成本和材料成本都成一定比例。

几何尺寸比　$\phi_l = l/l_0$

式中，l_0与l分别已知产品与所求的相似产品的相应几何尺寸长度。

生产准备成本与批量n、n_0有关。根据大量实例统计各批相似产品的生产准备成本比ϕ_{C_r}是长度比的0.5次方。

$$\phi_{C_r} = \frac{nC_r}{n_0 Cr_0} \approx \phi_l^{0.5}$$

$$C_r = \frac{n_0}{n} Cr_0 \cdot \phi_{Cr} = \frac{n_0}{n} Cr_0 \cdot \phi_1^{0.5} \tag{6-12}$$

加工成本与加工面积直接有关。根据相似理论可推出面积比与长度比成平方关系，故加工成本比ϕ_{C_r}是长度比ϕ_l的二次方。

$$\phi_{C_f} = \frac{C_f}{C_{f0}} = \phi_1^2$$

故

$$C_f = C_{f0} \cdot \varphi_{Cf} = C_{f0} \cdot \varphi_1^2 \tag{6-13}$$

材料成本决定于产品体积，而相似产品体积比与长度比成立方关系，故材料成本比ϕ_{Cm}是长度比ϕ_l的三次方。

$$\phi_{Cm} = \frac{C_m}{C_{m0}} = \phi_l^3$$

因此

$$C_m = C_{m0} \cdot \phi C_m = C_{m0} \cdot \phi_1^3 \tag{6-14}$$

将式(6-12)、(6-13)、(6-14)代入式(6-11)可得所求相似产品的成本C估算公式如下：

$$C = \frac{n_0}{n} C_{r0} \cdot \phi_l^{0.5} + C_{f0} \cdot \phi_l^2 + C_{m0} \cdot \phi_l^3 \tag{6-15}$$

式中　C_{r0}、C_{f0}、C_{m0}——已知产品的生产准备成本、加工成本和材料成本；

ϕ_l——所求产品与已知产品的长度相似比，$\phi_l = l/l_0$；

n、n_0——所求产品与已知产品的批量。

例4　标准渐开线齿轮 A 与 B 几何相似，齿数相同，模数分别为 $m_A=3$，$m_B=8$。齿轮 B 每批生产200件，每件生产成本 $C_B=300$ 元（其中材料成本 $C_{mB}=100$ 元，加工成本 $C_{fB}=150$ 元）。若齿轮 A 每批生产120件，求 A 每件的生产成本。

解：　两齿轮尺寸比 $\phi_l = \frac{m_A}{m_B} = \frac{3}{8} = 0.375$

齿轮 B 的生产准备成本 C_{rB}

由式　　$C_{rB} \approx C_B - C_{fB} - C_{mB} = 300\text{元} - 150\text{元} - 100\text{元} = 50\text{元}$

通过相似关系求齿轮 A 的生产成本 C_A

由式(6-15)

$$C_A = \frac{n_B}{n_A} C_{rB} \cdot \phi_l^{0.5} + C_{fB} \cdot \phi_l^2 + C_{mB} \cdot \phi_l^3$$

$$= \frac{200}{120} \times 50 \times (0.375)^{0.5}\text{元} + 150 \times (0.375)^2\text{元} + 100 \times (0.375)^3\text{元}$$

$$= 51.03\text{元} + 21.09\text{元} + 5.27\text{元} = 77.39\text{元} \approx 77\text{元}$$

所以齿轮 A 每件生产成本约为77元。

例5　已知每件生产的单级齿轮减速机中心距 $A_0=200$ mm，箱底座尺寸 $S_0 \times B_0 = 710\ \text{mm} \times 500\ \text{mm}$，重量 $W_0=500$ kg，输入轴转速 $n_0=3\ 000$ r/min，传递功率 $P_0=20$ kW，生产成本4 875元（其中准备工作成本20%，材料成本30%，加工成本50%，现拟设计制造 $P=40$ kW，转速相同，材料相同，与原机相似的新减速机5台，试估算尺寸、重量及成本。

解：　由已知相似比通过相似关系求其他相似比，进而计算新减速机的尺寸、重量和成本。

(1)求相似比

1)功率相似比　　$\phi_P = \frac{P}{P_0} = \frac{40}{20} = 2$

2)齿轮传动的物理关系式

ϕ 齿面接触应力　　$\sigma \propto \sqrt{\frac{EF}{b\rho}} \leqslant [\sigma]$　　①

转矩　　$T \propto F \cdot d$　　②

功率　　$P \propto T \cdot n$　　③

式中　E——综合弹性模量；

F——轮齿作用力；

b——轮齿接触宽度；

ρ——综合曲率半径；

d——齿轮节圆直径；

n——转速。

3）求相似比方程式

由① $\phi_\sigma = \dfrac{\phi_E \cdot \phi_F}{\phi_b \cdot \phi_\rho} \leqslant \phi_{[\sigma]}$ ④

由② $\phi_T = \phi_F \cdot \phi_d$ ⑤

由③ $\phi_P = \phi_T \cdot \phi_n$ ⑥

两减速机几何相似，故各长度相似比相等 $\phi_b = \phi_\rho = \phi_d = \phi_l$

材料相同 $\phi_E = 1, \phi_{[\sigma]} = 1$

转速相同 $\phi_n = 1$

将以上各关系式代入④⑤⑥

由④ $\phi_F = \phi_l^2$

由⑤ $\phi_T = \phi_l^3$

由⑥ $\phi_P = \phi_T = \phi_l^3 = 2$ 故 $\phi_l = \sqrt[3]{\phi_P} = 1.25$

4）求其他相似比

各长度尺寸相似比 $\phi_A = \phi_S = \phi_B = \phi_l = 1.25$

由式(6-13)加工成本比 $\phi_{Cf} = \phi_l^2 = 1.25^2 = 1.6$

由式(6-14)材料成本比 $\phi_{Cm} = \phi_l^3 = 1.25^3 = 2$

由式(6-12)准备工作成本比 $\phi_{Cr} = \phi_l^{0.5} = \sqrt{1.25} = 1.12$

又重量 $W = \gamma \cdot V \propto \gamma \cdot l^3$

相似比方程 $\phi_W = \phi_\gamma \cdot \phi_l^3 = \phi_l^3 = 2$

（材料相同，宽度 γ 同，$\phi_\gamma = 1$）

(2)新减速机生产成本

由式(6-15)

$$C = \frac{n_0}{n} C_{r0} \cdot \phi_l^{0.5} + C_{f0} \cdot \varphi_l^2 + C_{m0} \cdot \phi_l^3$$

$$= \frac{1}{5}(4\,875 \times 20\% \times \sqrt{1.25})\text{元} + (4\,875 \times 50\% \times 1.25^2)\text{元} +$$

$$(4\,875 \times 30\% \times 1.25^3)\text{元} = 7\,043.4\text{元} \approx 7\,000\text{元}$$

(3)新减速机其他尺寸参数

中心距 $A = A_0 \cdot \phi_A = 200 \times 1.25\ \text{mm} = 250\ \text{mm}$

底座尺寸 $S = S_0 \cdot \phi_S = 710 \times 1.25\ \text{mm} = 887\ \text{mm}$

$B = B_0 \cdot \phi_B = 500 \times 1.25\ \text{mm} = 625\ \text{mm}$

重　　量 $W = W_0 \cdot \phi_W = 500 \times 2\ \text{kg} = 1\,000\ \text{kg}$

第七章　相似设计和模块化设计

本章主要介绍变型产品设计的基本方法——相似设计和模块化设计。

本章学习要求是：

1. 了解产品变型设计的依据，了解标准化、系列化与模块化的概念及变型产品系列型谱的概念。

2. 理解相似三定理及基本相似条件，能根据不同工作要求分析其相似条件并列出有关相似比，能根据相似现象的物理关系求相似比方程并解出相似比，要求较熟练地掌握方程分析法。

3. 了解模块化产品的设计要点。

第一节　概　述

一、市场竞争与变型产品

随着生产的发展和人民生活水平的提高，市场的需求越来越广泛。为满足不同用户的需要，提高产品的竞争能力，希望同类产品有大小不同的尺寸和性能参数，各种产品通过部分结构的改变，可以增加功能，提高性能或降低成本，由此引出一系列变型产品。

变型产品具有以下特点：

(1)灵活　根据市场需要，灵活地推出多种相应产品，要善于“变”。

(2)迅速　为适应市场竞争的需要，推出产品要快。

(3)低廉　在保证功能和质量的前提下成本要低，或更确切地说性能价格比要低(如某些一次性商品就是属于要求价格低而保证一次使用质量的变型产品)。

系列产品的相似性设计及模块化设计等方法正是针对变型产品的特点而引出的。在变型产品的设计中还应贯彻“标准化、通用化、系列化”的原则。

二、变型产品与“三化”

在变型产品设计中，“零件标准化、部件通用化、产品系列化”是提高产品质量，降低成本，得到多品种多规格产品的重要途径之一。

“标准化”指使用要求相同的零件、产品或工程，按照统一的标准进行设计，标准化是国家的一项重要经济政策，加强机电产品的标准化工作在保证产品质量，缩短新产品研制和生产周期，便于使用维修，降低成本等方面都有重要意义，标准化水平是衡量一个国家技术管理水平的尺度。

“通用化”是指同一类型，不同规格或不同类型的产品，提高部分零件或部件彼此相互通用的程度。

“系列化”是指产品根据生产和使用的技术要求，经过技术和经济分析，适当地加以归并和简化，将产品的主要参数和性能指标按一定规律进行分档，合理地安排产品的品种规格以形成系列。

变型产品中的模块化产品用少量模块(零件或部件)通过排列组合得到多种类型或相同类型不同性能的产品。模块就是具有特定功能的通用件。

三、变型产品的系列类型

在基型产品的基础上进行变型产品的扩展可形成各种系列产品。变型产品系列一般分为纵系列、横系列和跨系列三类。

1. 纵系列产品

纵系列产品是一组功能相同、解法原理相同、结构相同(或相近)而尺寸、性能参数不同的产品。如 20 寸、26 寸及 28 寸的自行车系列产品。

纵系列产品一般综合考虑使用要求及技术经济原则,合理确定产品由小到大的尺寸及由低到高的性能参数。若其主要尺寸及性能参数按一定比例形成相似关系,则成为相似系列产品,能较好地满足用户要求且便于设计,目前在生产中应用较多。

2. 横系列产品

横系列产品是在基型产品基础上扩展功能的同类型变型产品。如在普通自行车基础上开发的可变速的赛车、能承受较大载荷的加重型车、适合不同路面的山地车、沙滩车等变型车都属自行车的横系列产品。

横系列产品的基型产品在设计时应考虑增加和更换各种部件,在结构上常采取一些措施,如留出足够位置、设计合理接口、预先加工出联接的定位面、定位孔等。

3. 跨系列产品

跨系列产品是具有相近动力参数的不同类型产品,它们采用相同的主要基础件或通用部件。

如某坐标镗床通过改变主轴箱部件及部分控制系统部件可构成坐标磨床、坐标电火花成形机床、三坐标万能测量机等跨系列产品,其中机床的工作台、立柱等主要基础件及一些通用部件适用于系列中各种产品。

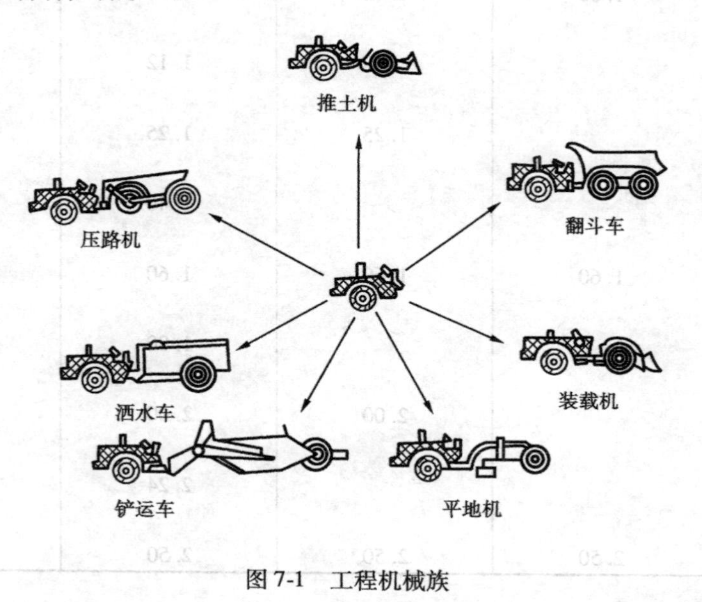

图 7-1 工程机械族

图 7-1 所示多种不同用途的工程机械,其动力和控制部分是通用的。这种以较少种类零部件实现多功能的工程机械族在军用上更有其特殊意义。

跨系列产品设计时必须对各类产品作细致分析,确保全系列组合产品保证功能且经济效益比单机设计明显有利,才能体现出系列产品的优越性。另外要注意在设计通用部件或基础件时要兼顾到不同类型的产品的需要。

四、优先数与标准公比

产品的特征参数是产品各种属性的数值描述。它们可以是表征产品使用性能的参数,如额定功率、载重量等;也可以是提供配套用的参数,如结合部位的尺寸等;或者是与上述无关的其他参数,如产品的最大尺寸、重量等。在发展系列产品中首先要注意的是参数系列化,将参数进行合理分档是一项很重要的工作。对用户来说,由于其需要是多种多样的,希望分档愈细愈好;但对企业来说,为了便于组织生产,增大生产批量,又希望分档愈粗愈好。特别要提出的是,分级数值的确定,必须考虑有关产品参数的协调和统一,不能随意取值。因为一种产品参数的数值会影响到一系列与它有关联的产品、材料和工程项目中有关参数的数值,数值这种特性称为数值的"扩播性"。例如,造纸机的尺寸决定了纸张的尺寸,纸张的尺寸又决定了书刊、纸品的尺寸,进而影响到印刷机、打字机、书架、文件柜等一系列设备的尺寸,因而设计人员在确定这种有关联的参数值时,必须特别慎重。

为了合理简化产品的品种规格,协调、统一各部门产品参数,简化设计计算,有必要制定一个各方人员都应遵守的选用数值的统一标准,优先数系就是在这种需要基础上形成的。

在变型系列产品设计中常选用的优先数和标准公比列于表 7-1。

表 7-1 优先数系与标准公比

系列符号	R5	R10	R20	R40
标准公比	$10^{1/5}\approx 1.6$	$10^{1/10}\approx 1.25$	$10^{1/20}\approx 1.12$	$10^{1/40}\approx 1.06$
优先数	1.00	1.00	1.00	1.00
				1.06
			1.12	1.12
				1.18
		1.25	1.25	1.25
				1.32
			1.40	1.40
				1.50
	1.60	1.60	1.60	1.60
				1.70
			1.80	1.80
				1.90
		2.00	2.00	2.00
				2.12
			2.24	2.24
				2.36
	2.50	2.50	2.50	2.50

续表

系列符号	R5	R10	R20	R40
标准公比	$10^{1/5}\approx1.6$	$10^{1/10}\approx1.25$	$10^{1/20}\approx1.12$	$10^{1/40}\approx1.06$
优先数				2. 65
			2. 80	2. 80
				3. 00
		3. 15	3. 15	3. 15
				3. 35
			3. 55	3. 55
				3. 75
	4. 00	4. 00	4. 00	4. 00
				4. 25
			4. 50	4. 50
				4. 75
		5. 00	5. 00	5. 00
				5. 30
			5. 60	5. 60
				6. 00
	6. 30	6. 30	6. 30	6. 30
				6. 70
			7. 10	7. 10
				7. 50
		8. 00	8. 00	8. 00
				8. 50
			9. 00	9. 00
				9. 50

注：(摘自 GB321—86)

优先数是在工程设计及参数分级时应优先采用的等比级数。优先数与优先数系是 1879 年由德国人勒纳尔(Charles Renard)在对气球绳索规格分级中发现的，统一用 R 表示，1973 年定为国际标准(ISO3—1973)。我国的国家标准 GB321—86 优先数与优先数系也与国际标准一致。

优先数是由公比为 $10^{1/5}$ (≈1.6)、$10^{1/10}$ (≈1.25)、$10^{1/20}$ (≈1.12) 与 $10^{1/40}$ (≈1.06) 导出的一组近似等比的数列，各数列分别用会号 R5、R10、R20、R40 表示，为基本系列。优先数系的派生系列是从基本系列中每隔 P 项值导出的系列，如 R10 系列中 $P=3$ 的派生数系以 R10/3 表示，其公比为 $10^{3/10}$，系数为 1. 00、2. 00、4. 00、8. 00…或 1. 25、2. 50、5. 00、10. 0…。

经过多年的生产应用证明优先数具有一系列优点：

(1)优先数按等比级数制定，提供了一种"相对差"不变的尺寸及参数数值分级制度，在一定数值范围内能以较少的品种规格经济合理地满足用户的全部需要。

(2)优先数作为国际上统一的标准，对于各种产品标准化和参数统一协调创造了有利的条件。

(3)优先数系有较广泛的适应性，其中，包含自然数系中最常用的一些数值如 1、2、3、4…

3.15(≈π)等。优先数密的分级中包含疏的分级，产品尺寸或参数根据需要可在 R40、R20、R10、R5 之间分段选用合适系列以复合形式组成最佳系列。

(4)优先数系是等比级数，优先数的积或商仍是先优数，而优先数系的对数则是等差级数，这些特点可简化设计计算。在设计系列产品时利用标准公比和优先数将使设计更合理、更简便。

那么如何进行优先数系参数的选用呢?

表征产品特征的参数涉及的方面很多，这些参数本身的性质、重要性与其他参数间的关系等亦各不相同，通常很难使所有参数都采用优先数。根据在满足用户需要的前提下，有利于达到简化、统一，实行经济生产的原则，在选择优先数系中的项值(优先数)时，应注意以下几点:

①应使在经济性或配套互换上有重要影响的主参数采用优先数，主参数对产品整个系列有决定性影响，它也是用户选择的主要依据之一，在商业上最通用。例如车床的中心高是它的主参数之一。中心高就决定了该产品的最大加直径，并影响到电机功率、速度、产品结构尺寸等。

②当产品尺寸参数和性能参数有矛盾时，通常首先选尺寸参数为优先数。因为性能要求常可有一定变化范围，尺寸要求却涉及工、夹、量具规格等，影响产品经济性。例如齿轮传动中常取中心距为优先数，对传动比则可规定其公称值为优先数，而实际值允许有一定偏差。

③当产品的装配尺寸和零件尺寸不能同时为优先数时，应优先使零件尺寸采用优先数，以利于零件的标准化生产。

④一个零件的各种尺寸中，互换性尺寸或重要的联接尺寸应优先选用优先数，以利于协调统一。

不同优先数系列的公比值不同，在一定范围内可取的优先数数目也不同。选用大公比数列，可以减少零件的尺寸规格，简化设计和加工，增大零件生产批量，有利于缩短生产周期，降低生产成本。但对用户来说，却容易出现以大代小的损失，增大使用中的损耗。为保证在最经济的前提下，兼顾使用与生产双方的利益，必须进行全面综合分析以确定最佳的公比数值，在选用优先数列时应注意以下几点:

①选用参数系列时，只要满足技术与经济上的要求，就应遵循“先疏后密”的原则，尽可能首先选用基本系列，其选用的优先顺序是 R5、R10、R20、R40，一般机械的主参数可选 R5 ~ R10;专用工具的主要尺寸可选 R10;通用型材、零件和工具尺寸、铸件壁厚等可取 R20 ~ R40，R40 尽量少用。

②当基本系列的公比不能满足分级要求，可选用派生系列，应优先选用公比较大和延伸项中含有项值 1 的派生系列。

③当整个系列范围很大，不同区间内需要量和功能价值相差悬殊时，允许分段选用最适宜的基本系列或派生系列，构成复合系列，以取得最佳经济效果。

第二节　相似系列产品的设计

系统相似，尺寸与性能参数皆成一定比例关系的纵系列产品为相似系列产品。相似系列产品不是按单个产品设计的，而是在基型产品的基础上通过相似理论利用量纲次原理和相似比关系计算出全系列产品的尺寸和参数，可节约设计时间并降低设计成本。

在讨论相似系列产品的设计方法之前，先简单介绍一下基本相似理论。

一、基本相似理论

解决相似问题的关键是找出相似系统各尺寸及参数的相似比，在基本相似条件及相似三定理的基础上，可引出求相似比的各种方法。

1. 相似概念

一组物理现象在物理过程中，在对应点上基本参数之间成固定的数量比例关系，称这一组物理现象为相似。物理量蕴于现象之中，现象相似是通过各种物理量相似来表现的。物理量相似主要是指几何相似、动力学相似和运动学相似三类。

（1）几何相似

相似概念最初产生在几何学中，两个几何相似的图形或物体，其对应部分的比值必等于同一个常数，这种相似叫几何相似。

例如两个相似三角形（图 7-2）A 和 B，其对应边必互成比例，其比值叫相似常数。

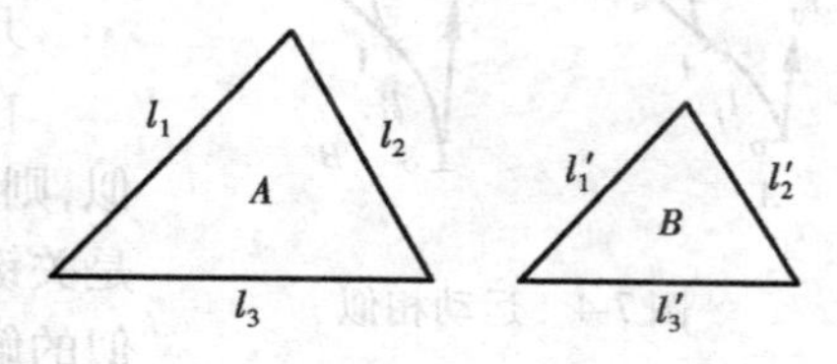

图 7-2　几何相似

$$\frac{l_1}{l_1'} = \frac{l_2}{l_2'} = \frac{l_3}{l_3'} = \phi_l = 常数 \tag{7-1}$$

式中　ϕ_l——几何相似常数。

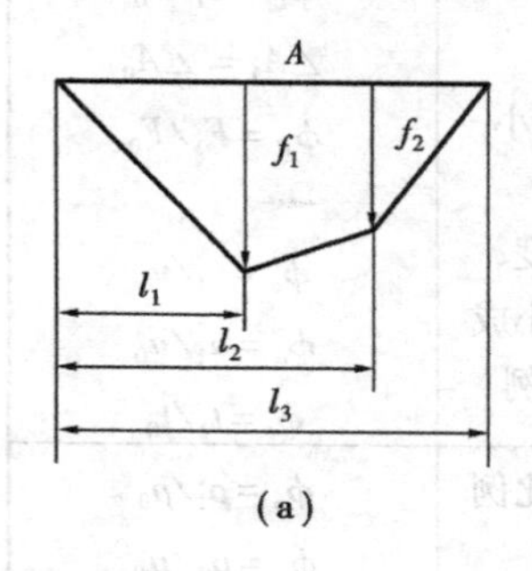

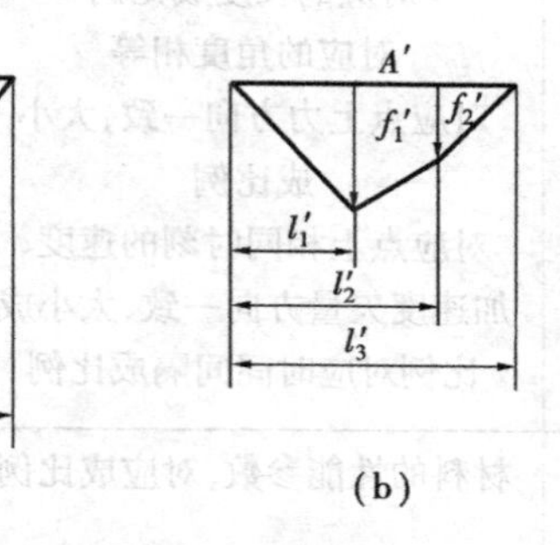

图 7-3　力相似

假若以三角形 A 为标本，将其每边放大相同的倍数 ϕ_l 时，则可得到相似于原来图形的另一个三角形。随着相似常数 ϕ_l 数值的不同，可获得各种尺寸的相似三角形，这种将原来图形转换成不同大小的相似图形的方法叫相似转换。

（2）动力学相似

在几何相似的力场中，所有各对应点上的作用力方向一致，而大小相应成比例，叫力相似。如图 7-3 所示。力相似，或连同转矩相似，称为动力学相似。其表达式为

$$\frac{f_1}{f_1'} = \frac{f_2}{f_2'} = \phi_f = 常数 \tag{7-2}$$

力相似又可转化为质量相似即

$$\frac{m_1}{m_1'} = \frac{m_2}{m_2'} = \phi_m = 常数 \tag{7-3}$$

式中　ϕ_f——力相似常数；

ϕ_m——质量相似常数。

（3）运动学相似

两个物体 A、B，沿着几何相似路线运动，如图 7-4 所示，在各对应点 0、1、2…上，其速度 v，或加速度 a 方向一致，而大小相应成比例，叫运动学相似。其表达式为：

$$\frac{v_0}{v_0'} = \frac{v_1}{v_1'} = \frac{v_2}{v_2'} = \phi_v = \cdots = 常数 \tag{7-4}$$

$$\frac{a_0}{a_0{}'} = \frac{a_1}{a_1{}'} = \frac{a_2}{a_2{}'} = \phi_a = \cdots = \text{常数} \tag{7-5}$$

运动学相似还包括时间 t 相似即

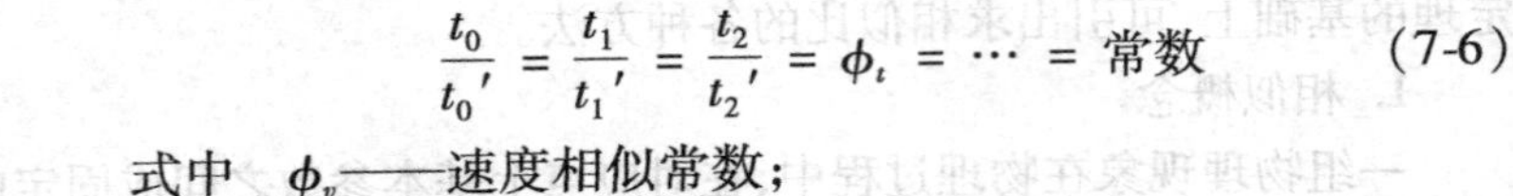

$$\frac{t_0}{t_0{}'} = \frac{t_1}{t_1{}'} = \frac{t_2}{t_2{}'} = \phi_t = \cdots = \text{常数} \tag{7-6}$$

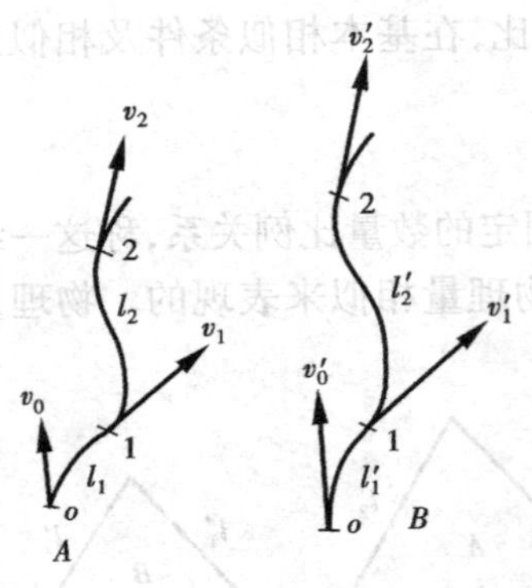

图 7-4　运动相似

式中　ϕ_v——速度相似常数；

ϕ_a——加速度相似常数；

ϕ_t——时间相似常数。

几何相似、动力学相似和运动学相似三者的关系是：

在两个系统中，若满足几何相似、动力学相似和运动学相似，则两系统的性能相似。其中几何相似是条件，动力学相似是关键。也就是说，凡是在几何相似条件下，求得的动力学相似的解，也能满足运动学的相似。

常用物理基本相似关系见表 7-2。各相似常数又叫相似比，用 ϕ 表示。

表 7-2　物理量的基本相似

	相似性	基本参量	单　位	相似条件	固定相似比
系统相似	几何相似	长　度	m	对应的长度成比例 对应的角度相等	$\phi_L = L_1/L_0$ $\angle A_1 = \angle A_0$
	动力相似	力	N	对应点上力方向一致，大小成比例	$\phi_F = F_1/F_0$
	运动相似	速　度 加速度 时　间	m/s m/s^2 s	对应点上相同时刻的速度、加速度矢量方向一致，大小成比例对应时间间隔成比例	$\phi_v = v_1/v_0$ $\phi_a = a_1/a_0$ $\phi_t = t_1/t_0$
基本参量相似	材质相似	密　度 柏桑比 抗拉弹性模量 抗剪弹性模量	kg/m^2 N/mm^2 N/mm^2	材料的性能参数，对应成比例	$\phi_\rho = \rho_1/\rho_0$ $\phi_\mu = \mu_1/\mu_0$ $\phi_E = E_1/E_0$ $\phi_G = G_1/G_0$
	热相似 电相似 光相似	温　度 电　量 光　强	K Q cd	温度场中对应点温度成比例 对应的电量成比例 对应的光强度成比例	$\phi_\theta = \theta_1/\theta_0$ $\phi_Q = Q_1/Q_0$ $\phi_B = B_1/B_0$

(4)相似准则

在物理现象中常作用有一定物理规律，它们涉及一些物理量，并表达了这些量间的关系。可以将这些规律按其物理量间的关系和一定规定表达为一无量纲综合数群。在一个现象中的不同点上和不同时刻，此数群的数值不同。当一对现象在对应时刻、对应点上此综合数群的值两两相等时，此二现象为相似，此无量纲综合数群称为相似准则。

例如，描述惯性的牛顿第二定律 $F = ma$ 表达了惯性力 F 与质量 m 和加速度 a 间的关系。从量纲而言，质量 m 可单独表示其量纲或写成密度 ρ 与长度 L 的关系 ρL^3；加速度 a 的量纲可

表达为速度 v 与时间 t 的关系 v/t；速度 v 的量纲则可表达为长度 L 与时间 t 的关系 L/t，若为 F 的量纲仍以 F 表示，将等式右边量纲除以左边时，可得表征惯性力的无量纲数群 N_e：

$$N_e = \frac{F}{\rho L^3 \cdot v/t} = \frac{Ft}{\rho L^3 v} = \frac{F}{\rho L^2 v^2} \tag{7-7}$$

因此数群由牛顿第二定律得来，N_e 可称为牛顿准则或牛顿数。若二现象的惯性力相似，必须任意对应点、任意对应时刻的 N_e 相同。

相似准则显示了物理过程的相似，反映了有关参数的内在联系。由于它仅反映量纲间的关系，若各参数单位不相应，其数值不一定是 1。

相似准则的特点是：

①相似准则不是一个物理量，而是多个物理量的组合；

②是综合数群，为无量纲；

③相似准则是不变量，而非“常量”。

(5)相似指标

由相似准则中与各参数对应的相似常数构成的关系称为相似指标。

例如与牛顿准则相应的相似指标 Π：

$$\Pi = \frac{\phi_F \phi_t}{\phi_m \phi_v} = \frac{\phi_F}{\phi_\rho {\phi_L}^2 {\phi_v}^2} \tag{7-8}$$

由于相似准则由一定的等式关系推来，化为相似指标后变成了比值之间的关系，脱离了单位不相应的影响，因此二现象相似时其相似指标的值必为 1。

相似常数、相似指标和相似准则意义上的差别是：

相似常数是在两相似现象上的对应点上，每一个物理量的比值(ϕ_l、ϕ_f、ϕ_m、ϕ_v、ϕ_a、ϕ_t 等等)保持恒定的数值，但当用另一相似现象替代时，比值发生变化即相似比不同。

相似指标是相似常数组成的数群，在相似现象中，相似指标 $\Pi=1$。

相似准则与相似常数都为无量纲，但意义不同。在相似现象中，相似常数可变化，但相似准则不变。

2. 相似三定理

相似三定理是相似设计的理论基础。1868 年法国科学家贝特朗(J · Bertrand)，以力学方程分析为基础，首先确定了相似第一定律，描述了相似现象的基本特性。1914 年美国的波金汉(E · Buckingham)提出相似第二定理，分析了相似现象各物理参量的表达。1930 年苏联学者基尔皮契夫(M · B · Кирпцчев)和古赫曼(A · A · Гухман)提出了相似第三定理，回答了相似现象的充分而必要的条件。

(1)相似第一定理——正定理

“对于相似现象，其相似指标 Π 等于 1，或其相似准则数值相同”。

相似第一定理指出了彼此相似现象具有的性质是：

①相似现象各对应点的相似常数之比即相似指标 Π 等于 1；

②相似现象各对应点的物理量的比值即相似准则具有同一数值，显示了物理过程内在联系；

③用第一定理来指导模型实验或进行相似设计，首先要导出相似准则，然后在实验中测量或计算相似准则包含的一切物理量。

(2)相似第二定理——Π 定理

"设一个物理系统有 n 个物理量,其中 k 个物理量的量纲是相互独立的,则它们可表成 $(n-k)$ 个相似准则的函数关系(即相似准则个数 $=n-k$)"。

若有一个描述某现象的方程为

$$f(a_1, a_2, \cdots, a_k, b_{k+1}, b_{k+2}, \cdots, b_n) = 0$$

式中 $a_1, a_2, \cdots, a_k$——相互独立的物理量,又叫基本物理量;

$b_{k+1}, b_{k+2}, \cdots, b_n$——导出的物理量;

n——系统物理量总数;

k——基本物理量的总数,也就是相互独立的基本量纲数目。

这些量都具有一定的因次,且 $n>k$,方程中各项量纲都是齐次的,则上式可以转换为无因次的准则方程:

$$F(\pi_1, \pi_2, \cdots, \pi_{n-k}) = 0 \qquad (7\text{-}9)$$

公式(7-9)就是第二相似定理的表达式,称为准则关系式或 π 关系式,式中的相似准则叫做 π 项。"π"是代表无量纲的专门符号,π_1、π_2、$\cdots\pi_{n-k}$ 表示 $n-k$ 个相似准则,与人们通常说的圆周率 π 毫无关系,它是希腊文中的一个字母。

相似第二定理指出:

①描述现象的方程都可以转换成无因次的准则方程;

②相似准则有 $(n-k)$ 个;

③如果把某现象的实验结果(设计结果)整理成(7-9)式所示的形式,则该式就可推广到与该实验结果相似的所有其他实验上去,因而有利于试验结果的应用和推广。

(3)相似第三定理——逆定理

"对于同一类现象,如单值量相似,且由单值量组成的相似准则在数值上相等,则现象相似"。

所谓单值量,是指单值条件(即影响因素)中的物理量。单值条件包括:几何条件(空间条件)、物理条件(介质条件)、边界条件和初始条件(时间条件)。

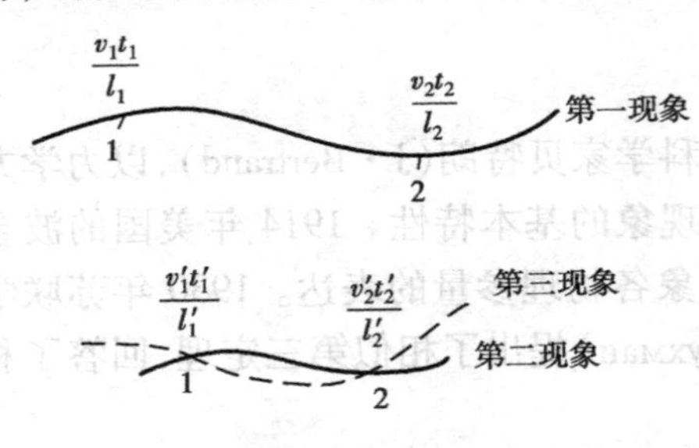

图 7-5　两曲线相似

第三定理阐述的是:两现象相似,除其对应点上的物理量组成的相似准则数值相同外,还必须具备初始状态相同的条件。为了更清楚地说明第三定理的内容见图 7-5 两曲线相似。图中用实线表示的第一现象与第二现象相似,根据相似第一定理,在对应点 1 与 2 可得到:

$$\frac{v_1 t_1}{l_1} = \frac{v'_1 t'_1}{l'_1};\frac{v_2 t_2}{l_2} = \frac{v'_2 t'_2}{l'_2}$$

用虚线表示的第三现象,通过第二现象的 1 点与 2 点,两曲线不重合,故第三现象与第一现象不相似,这就说明通过 1 与 2 两点的现象并不一定都是相似现象。为了使通过 1、2 两点现象都相似,必须从单值条件上加以限制。例如给一个初始条件:$t=10$、$v=0$、$l=0$ 之后,第三现象必须通过初始条件,再加上单值组成的相似准则 vt/l 的一致,则第三现象与第一、二两现象必相似。

由上可知,同样是对应点的物理量比值 vt/l 相等(相似准则相等)相似第一定理未必能说明现象相似,而只有加上相似第三定理的单值条件的补充,才能保证现象的相似。因此,相似第三定理是构成现象相似的必要充分条件。严格说,它是一切模型实验和相似设计应遵循的理论指导原则。

应用相似三定理,进行相似设计或用相似原理进行模型实验,首先应找出相似准则。常用的相似准则,见表 7-3。

表 7-3　常用相似准则

相似性	相等的参数比	相　似　准　则	说　明
静力相似	ϕ_L,ϕ_F	虎克准则(Hooke) $H_o=\dfrac{F}{EL^2}$	针对弹性力
动力相似	ϕ_L,ϕ_F	牛顿准则(Newten) $N_e=\dfrac{F}{\rho v^2 L^2}$	针对惯性力
	ϕ_t	柯西准则(Cauchy) $C_a=\dfrac{H_o}{N_e}=\dfrac{\rho v^2}{E}$	
		付鲁德准则(Froude) $F_r=\dfrac{v^2}{gL}$	惯性力/重力
		雷诺准则(Reynolds) $R_e=\dfrac{Lv\rho}{\eta}$	惯性力/液体气体摩擦力
热相似	ϕ_L,ϕ_θ	比奥准则(Biol) $B_e=\dfrac{aL}{\lambda}$	传递热量
	$\phi_L,\phi_t,\phi_\theta$	弗科亚准则(Fourler) $F_\theta=\dfrac{\lambda t}{cpL^2}$	传热量/贮热量

3. 相似比方程

在相似三定理的基础上可用各种方法求出有关的相似比方程,然后通过解方程求得参数的相似比。

(1)方程分析法

系统内的物理关系或几何关系常可以方程式的形式表达。当二现象相似时,其表达方程式的形式应完全相同且方程中任意对应二项的比值相等。即设对某系统有:

$$\phi_1+\phi_2+\cdots+\phi_n=0$$

则与此相似的现象当有:

$$\phi_1'+\phi_2'+\cdots+\phi_n'=0$$

且

$$\frac{\phi_i}{\phi_i'}=\frac{\phi_j}{\phi_j'}$$

或写成:

$$\frac{\phi_1}{\phi_n}=\frac{\phi_1'}{\phi_n'},\frac{\phi_2}{\phi_n}=\frac{\phi_2'}{\phi_n'},\cdots,\frac{\phi_{n-1}}{\phi_n}=\frac{\phi_{n-1}'}{\phi_n'}$$

由于量纲相同的量才能相加,故比值 ϕ_1/ϕ_n 等当为无量纲数群,它们就构成了相似现象的相似准则。此比例式说明二相似现象的相似准则相同。

将比例式予以转换,有:

$$\frac{\phi_i}{\phi_i'}\times\frac{\phi_j'}{\phi_j}=1$$

显然,ϕ_i/ϕ_i'为 ϕ_i 中所含二现象有关参数相似比的函数,ϕ_j'/ϕ_j 为 ϕ_j 中所含有关参数相似比倒数的函数，将各相似比代入，即可求得二相似现象间的相似指标。

方程中若有微分运算，计算 ϕ_1/ϕ_n 比值时将微分运算符号删去即可，如将 dL/dt^2 用 L/t^2 代替。

根据上述分析，方程分析法步骤可归纳如下：

①列出所需物理或几何关系方程式。

②用方程式中的任一项去除其他各项。

③将所有微分运算符号删去，用相应量的比值代替。

④将各项比值中的相应参数用相应的相似比代替，并令其等于1，所得各关系式即为二相似现象间的各相似指标。

例1　确定小变形时梁的弯曲变形相似指标。

解：　在此情况下描述梁的弯曲变形的方程为：

$$EJ\frac{d^2y}{dx^2} = M$$

式中　E——弹性模量；

J——截面的惯性矩；

x——截面沿梁轴线方向的坐标；

y——截面垂直梁方向的位移（挠度）。

变换上式，可得：$EJ\dfrac{d^2y}{dx^2} - M = 0$

用 M 除各项可得：$\dfrac{EJd^2y}{M\,dx^2} - 1 = 0$

删去微分运算符号：$\dfrac{EJ\,y}{M\,x^2} - 1 = 0$

考虑到弯矩 M 与外力 F 及梁的长度 l 有关，坐标 x 也与梁的长度 l 有关，计算相似比时乘、除常数均可消去，分别将与 E、J、F、L、Y 有关的相似比用 ϕ_E、ϕ_J、ϕ_F、ϕ_L、ϕ_Y 表示，代入方程中并令其等于1（因此处除常数1外只有一项，常数1不予考虑），可得：

$$\frac{\phi_E\phi_J\phi_Y}{\phi_F\phi_L^3} = 1$$

此即所求的相似指标。

若二梁截面形状亦相似，$\phi_J = \phi_L^4$，上式化为：

$$\frac{\phi_E\phi_L\phi_Y}{\phi_F} = 1$$

例2　求方程 $A = CX^mY^nZ^P$ 的相似比方程

解：　变换题目所给方程可得：$CX^mY^nZ^P - A = 0$

用 A 除各项，可得：$\dfrac{CX^mY^nZ^P}{A} - 1 = 0$

计算相似比时，乘除常数可以不予考虑，即不考虑 C 的影响，分别将 X、Y、Z、A 有关的相似比用 ϕ_X、ϕ_Y、ϕ_Z 及 ϕ_A 表示，代入方程式中并令其等于1（除常数项1外只有1项，常数1不予考虑），可得：

$$\frac{\phi_X^m \phi_Y^n \phi_Z^P}{\phi_A} = 1$$

由上述两例可知，当系统相似时相似比方程中各参数相似比的关系对应于物理或几何关系式中的参数关系，常数项不出现。

(2) 由相似第一定理求相似比方程

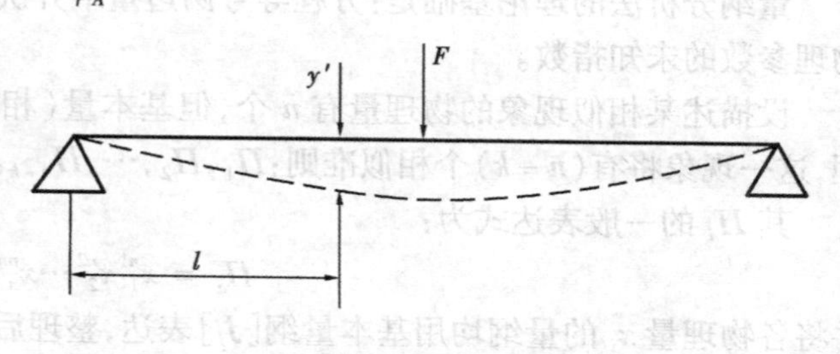

图 7-6　简支梁的弯曲变形

例 3　两简支梁系统刚度相似(图 7-6)，试求其相似比方程。

解：　梁的弯曲变形微分方程式为

$$\frac{d^2 y}{dl^2} = \frac{M}{EJ} \tag{①}$$

式中各符号的含义同 1. 3. 1 的例 1。

量纲等效(符号"△")

$$\frac{d^2 y}{dl^2} \triangle \frac{y}{l^2}, M \triangle Fl, J \triangle l^4$$

由①得相似准则

$$\Pi = \frac{d^2 y}{dl^2} \cdot \frac{EJ}{M} \triangle \frac{yEl^4}{l^2 \cdot Fl} = \frac{yEl}{F}$$

两系统相似由相似第一定理

相似准则相同　　$\Pi = \frac{yEl}{F} = \text{idem}$

相似指标为 1　　$\frac{\phi_Y \cdot \phi_E \cdot \phi_1}{\phi_F} = 1$

求得相似方程。

(3) 用量纲分析法求相似准则

量纲是物理量的单位。通过基本度量单位推导出其他单位的表达式，就叫量纲分析法。量纲分析是"物理对应"的设计方法，对于关系式未知的物理系统，可用量纲分析法先求出物理量间的关系式，再求其相应的相似准则。

物理量的基本量纲有 3 种，即力[F]、长度[L]和时间[T]。或者质量[M]、长度[L]和时间[T]，这也是机械系统中常用的基本量纲。前面 3 种称为力(量纲)系统，后 3 种称为质量(量纲)系统。

基本量纲是相互独立的量纲，是指任何两个基本量纲的代数结合(即乘、除、改变幂次等)，都不能产生第三个基本量纲。例如能量[ML^2T^{-2}]、速度[LT^1]和长度[L]，三者都是相互独立的量纲，它们中的任意两项相乘都不会等于第三项。即[$M^2L^2T^{-2}$] ≠ [L]·[LT^{-1}]，或者[LT^{-1}]·[ML^2T^{-2}] ≠ [L]，[L]·[ML^2T^{-2}] ≠ [LT^{-1}]。

根据牛顿第二定律：$f = ma$，可对[F]和[M]进行转换：

$$[F] = [MLT^{-2}] \tag{7-10}$$

$$[M] = [FL^{-1}T^2] \tag{7-11}$$

(7-10)和(7-11)所表达的方程式就叫量纲方程,任一物理方程都可以用量纲方程表示。

量纲分析法的理论基础是:方程等号两边量纲齐次性。根据这一原理,求出物理方程式中物理参数的未知指数。

设描述某相似现象的物理量有 n 个,但基本量(相互独立者)只有 k 个,根据相似第二定理,这一现象将有 $(n-k)$ 个相似准则:$\Pi_1, \Pi_2, \cdots, \Pi_{n-k}$。

其 Π_i 的一般表达式为:

$$\Pi_i = x_1^{n1} x_2^{n2} \cdots x_n^{nn}$$

并将各物理量 x_i 的量纲均用基本量纲 $[J_j]$ 表达,整理后可得:

$$[\pi] = [J_1]^{f1(n1,n2,\cdots,nn)} [J_2]^{f2(n1,n2,\cdots,nn)} \cdots [J_k]^{fx(n1,n2,\cdots,nn)}$$

因 π 是无量纲数群,根据物理方程等号两边量纲齐次的原理知,相应量纲指数均为零,故有:

$$f_1(n_1, n_2, \cdots, n_n) = 0$$
$$f_2(n_1, n_2, \cdots, n_n) = 0$$
$$\vdots$$
$$f_k(n_1, n_2, \cdots, n_n) = 0$$

此方程组有 n 个未知数,但只有 k 个方程式,故须对 $(n-k)$ 个未知数给定 $(n-k)$ 组不同的数值,可以求得 $(n-k)$ 组独立解,从而得到 $(n-k)$ 个相似准则。再将各准则中相应物理量代以相似比,并令指标等于1,即求得各相似指标了。

例4 分析物体受力运动的相似比关系式。

解: 描述物体受力运动的量有力 F、质量 m、速度 v 及时间 t。写出相似准则 π 的一般表达式:

$$\pi = F^a m^b v^c t^d$$

将各量用基本量纲 $[L]$、$[M]$、$[T]$ 表达,则有:

$$[\pi] = [MLT^{-2}]^a \cdot [M]^b \cdot [LT^{-1}]^c \cdot [T]^d$$

因 π 的量纲为零:可得

对于 $[M]$:$a+b=0$

对于 $[L]$:$a+c=0$

对于 $[T]$:$-2a-c+d=0$

3个方程式,4个未知数,故令 $a=1$,可得

$$b=-1 \qquad c=-1 \qquad d=1$$

故: $\pi = Fm^{-1}v^{-1}t\ \dfrac{Ft}{mv}$

这就是牛顿准则,若代以相应的相似比,并令其等于1,则有:

$$\frac{\phi_F \phi_t}{\phi_m \phi_v} = 1$$

这就是所求的相似指标。

例5 分析机床床身强迫振动的相似比关系式。

解: 机床强迫振动的频率 $f(s^{-1})$ 与长度 l(mm)、材料密度 ρ(g/mm^3)及弹性模数 $E[N/mm^2 \rightarrow (kg \cdot m/s^2)/mm^2]$ 有关。

$$F(f, l, \rho, E) = 0$$

设 $f = Cl^{\alpha} \cdot \rho^{\beta} \cdot E^{\gamma}$，式中，$C$ 为系数。

列量纲方程式

$$\begin{aligned} T^{-1} &= L^{\alpha}(M/L^{3})^{\beta} \cdot (MLT^{-2}/L^{2})^{\gamma} \\ &= L^{(\alpha-3\beta-\gamma)} \cdot M^{(\beta+\gamma)} j \cdot T^{-2\gamma} \end{aligned}$$

方程两端量纲齐次

$$\begin{cases} \alpha - 3\beta - \gamma = 0 \\ \beta + \gamma = 0 \\ -2\gamma = -1 \end{cases}$$

解得 $\alpha = -1, \beta = -1/2, \gamma = 1/2$

故，床身强迫振动频率关系式

$$f = Cl^{-1}\rho^{-1/2}E^{1/2}$$

若两系统相似，其相似比方程

$$\psi_f = \psi_l^{-1} \cdot \psi_\rho^{-1/2} \cdot \psi_E^{1/2}$$

二、模型设计与试验

以相似理论为基础的模化方法，近40年来，在科学研究和开发新产品中得到了极大的发展。所谓模化方法，是指不直接研究对象本身，而是建立一个相似模型，通过对模型的试验，得到某些量之间的规律，然后把获得的规律推广到实际对象上去，这种通过模型间接认识原型的方法，又叫模型试验。

在大型和复杂的机械产品设计中，模型设计和模型试验是产品开发中的重要环节。相似三定理是模型设计的依据。模型试验与实型试验相比，具有典型性好、直观性强、易于实现、经济性好等优点。近些年来，从民用到军事，从一般工程技术到尖端科技研究，都广泛进行模型试验，例如，阿波罗登月仓在倾斜的月球表面降落及指令仓在地球陆地上的降落、运动规律，汽车在碰撞事故中的运动轨迹等等。但是如何将相似理论用于指导模型试验，需针对不同研究课题，分别对待。

1. 模型设计基本原则

（1）模型与原型（基型）应当几何相似。据此确定模型的比例和模型尺寸。

（2）模型与原型用同样物理关系式或微分方程描述。同名的物理量应相似，相似准则相等，相似指标为1。

（3）模型与原型的初始条件，边界条件相似（按相似第三定理要求）。

（4）模型与原型的同类物理参数对应成比例（载荷、速度、温度、预应力等），而且比值为常数。

2. 模型设计步骤

（1）导出相似指标与准则

用同样的物理方程式或者微分方程式描述模型与原型，应用相似三定理导出相似指标和相似准则。

（2）选材料

与模型材料有关的物理量有：密度 ρ、弹性模量 E、泊桑比 μ、线膨胀系数 β、导热系数 α、比热 θ 等。模型材料不一定与原型材料相同。确定模型材料时，要满足相应的有关相似准则。

模型材料的性能要求如下：

弹性模量小，作用力小时，变形大，对加载、测量有利；

在实验载荷范围内，材料的应力—变形呈线性关系；

有一定强度，加工性能好，便于制造。

(3)定尺寸

模型各部分尺寸将由几何相似常数确定。原型与模型的长度相似 $\phi_l>1$ 为缩小模型，$\phi_l<1$为放大模型。通常缩小模型的相似比，取 $\phi_l=4\sim10$。

确定模型尺寸，要考虑模型的安装、加载和测量，模型尺寸过大或过小都会使试验带来不便。

(4)确定结构

一般原型结构都比较复杂，模型结构不必要与原型结构完全相同，为了加工制造方便，模型结构可以适当简化，忽略对整机性能影响不大的次要部件或尺寸较小的部件，部件外形也可简化。但简化后的模型要保持主要结构性能与原型一致，以便减小误差。

3. 模型设计举例

例6 已知一钢制连杆，见图7-7(a)，受拉力 $F=10^6$ N，最大拉伸变形允许值 $[\delta_{max}]\leqslant 0.25$ mm，许用拉力 $[\sigma]=300$ N/mm²，弹性模量 $E=2\times10^5$ N/mm²。试作模化设计：若在模型上作变形试验，测得最大变形 $\delta_{max}=0.7$mm，是否符合变形要求？

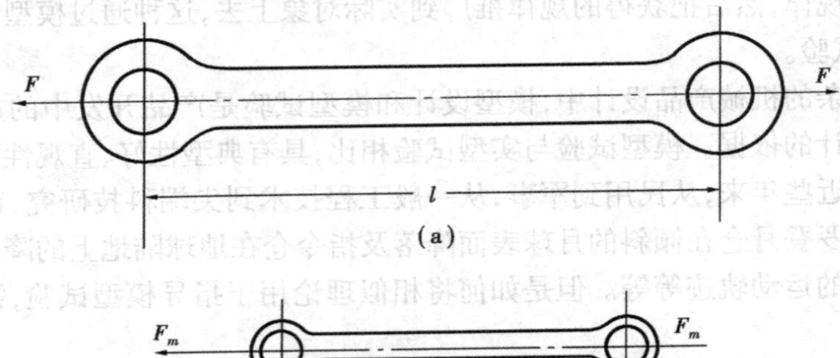

图7-7 连杆受拉

解： (1)为制造方便，选模型材料为有机玻璃，许用应力 $[\sigma]=55$ N/mm²、弹性模量 $E_m=3\ 100$ N/mm²。

(2)选原型与模型尺寸相似比 $\phi_l=\dfrac{l}{l_m}=5$，为缩小型

原型与模型的应力比 $\phi_\sigma=\dfrac{[\sigma]}{[\sigma]_m}=5.45$

原型与模型弹性系数比 $\phi_E=\dfrac{E}{E_m}=64.52$

(3)求相似指标

连杆受力的物理方程式 $\sigma=\dfrac{F}{A}$

根据虎克定律　$\sigma = E_\varepsilon = E \cdot \dfrac{\Delta l}{l}$

式中　σ——应力，N/mm²；

F——受力，N；

A——截面积，mm²；

Δl——变形，mm；

其余符号同前。

相似比方程　$\phi_\sigma = \dfrac{\phi_F}{\phi_A} = \dfrac{\phi_F}{\phi_l^2}$

$$\phi_\sigma = \phi_E \cdot \frac{\phi_{\Delta l}}{\phi_l}$$

相似指标为：

$$\frac{\phi_\sigma \cdot \phi_l^2}{\phi_F} = 1 \quad ①$$

$$\frac{\phi_\sigma \cdot \phi_l}{\phi_E \cdot \phi_{\Delta l}} = 1 \quad ②$$

(4)求模型加载 F_m

由①式　　$\phi_F = \phi_\sigma \phi_l^2 = 5.45 \times 5^2 = 136.25$

模型加载　$F_m = \dfrac{F}{\phi_F} = \dfrac{10^6}{136.25}\ \text{N} = 7\ 339.45\ \text{N}$

(5)检查模型最大变形量 $\delta_{m \cdot \max}$ 是否满足变形要求

由②式　　$\phi_{\Delta l} = \dfrac{\phi_\sigma \phi_1}{\phi_E} = \dfrac{5.45 \times 5}{64.52} = 0.42$

由于 $\phi_{\Delta l} = \dfrac{\delta_{\max}}{\delta_{m \cdot \max}}$

所以原型的最大变形量 $\delta_{\max} = \delta_{m \cdot \max}\phi_{\Delta l} = 0.7 \times 0.42 = 0.29\ \text{mm} > [\delta_{\max}]$，不合格。只有减小 $\phi_{\Delta l}$，也就是减小 ϕ_l 才能满足要求，故选 $\phi_L = 4$，则

$$\delta_{\max} = 0.7 \times \frac{5.45 \times 4}{64.52}\ \text{mm} = 0.237\ \text{mm} < [\delta_{\max}] = 0.25\ \text{mm}$$

(6)结论：原型与模型尺寸相似比 $\phi_l = 4$；模型的加载 $F_m = 11\ 467.9$ N；模型最大变形 $\delta_{m \cdot \max} = 0.7$ mm 符合变形要求；模型为图 7-7(b)。

例 7　见图 7-8，转动心轴上加载荷 F，作弯曲疲劳强度实验，若模型应力与原型相同，求模型载荷 F_{m1}；若模型应力为原型的 10 倍，求模型载荷 F_{m2}。

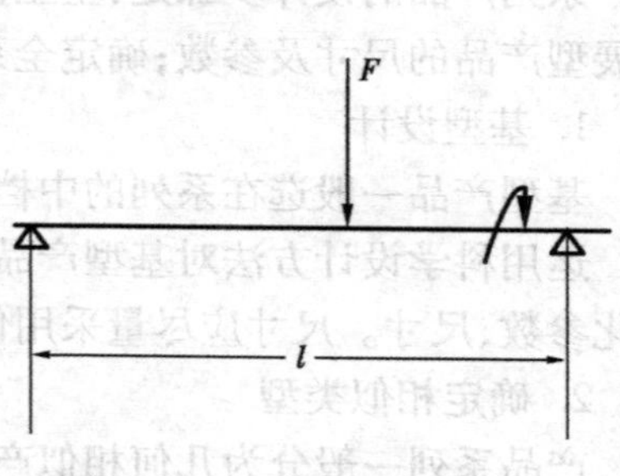

图 7-8　转动心轴受载

解：　(1)取原型与模型的长度相似比 $\phi_l = \dfrac{l}{l_m} = 5$，为缩小型。

(2)求相似指标

轴弯曲应力公式 $\sigma=\frac{M}{W}=\frac{Fl}{0.1d^3}$

式中 σ——弯曲应力，N/mm²；

M——弯矩，N·mm；

W——轴截面的抗弯截面模量，mm³；

d——轴直径，mm。

相似比方程 $\phi_\sigma=\frac{\phi_F\phi_l}{\phi_l^3}=\frac{\phi_F}{\phi_l^2}$

相似指标 $\frac{\phi_\sigma\phi_l^2}{\phi_F}=1$ ①

(3)求 F_{m1}

根据①式，当 $\phi_\sigma=1$ 时 $\phi_F=\phi_l^2,\frac{F}{F_{m1}}=\phi_F$ 则

$$F_{m1}=\frac{F}{\phi_F}=\frac{F}{\phi_l^2}=\frac{F}{5^2}=0.04F$$

(4)求 F_{m2}

根据①式，当 $\phi_\sigma=1/10$ 时，

$\phi_F=\phi_l^2,\frac{F}{F_{m2}}=\phi_F$ 则

$$F_{m2}=\frac{F}{\phi_F}=\frac{F}{\frac{1}{10}\phi_l^2}=\frac{F}{0.1\times52}=0.4F$$

三、相似系列产品设计要点

相似系列产品具有相同的功能和原理方案，各产品系统相似，相应的参数、尺寸及性能指标间有一定的公比。

系列产品设计的原理是在基型设计的基础上通过相似原理求出系列中其他产品的参数和尺寸。系列设计比单件产品设计效率大大提高，而相对设计成本降低。

系列产品的设计步骤是：基型设计；确定相似类型；定尺寸及参数的级差公比；求系列中各扩展型产品的尺寸及参数；确定全系列产品结构尺寸及参数，完成系列设计。

1. 基型设计

基型产品一般选在系列的中档，为使用得较多的型号。

运用科学设计方法对基型产品进行精心设计，寻求最佳原理方案及结构方案，确定材料及优化参数、尺寸。尺寸应尽量采用优先数系中的优先数(参阅表7-1)。

2. 确定相似类型

产品系列一般分为几何相似产品系列与半相似产品系列两类。

几何相似产品系列中各产品的相应几何尺寸都成固定比例，相似比 ϕ_l 为定值。这种系列产品若级差公比采用R5、用R10、R20或R40的标准公比，尺寸为相应的标准数，可利用优先数曲线很方便地求出所有参数、尺寸(参见图7-10)。

半相似产品系列是不完全符合几何相似的产品系列，各参数和尺寸根据使用或工艺要求

可能有不同的比例关系。如机床系列的设计，其中心高 h 或工件最大回转直径 D 是几何相似的，而从人机学原理分析，机床中心轴线离地面的高度 H 及手柄几何尺寸的大小在全系列各产品中是不变的。同样的中心高根据工件长短采用不同的床身长度 L，而不同产品，中心高的比并不同于床身长度的比（图 7-9）。

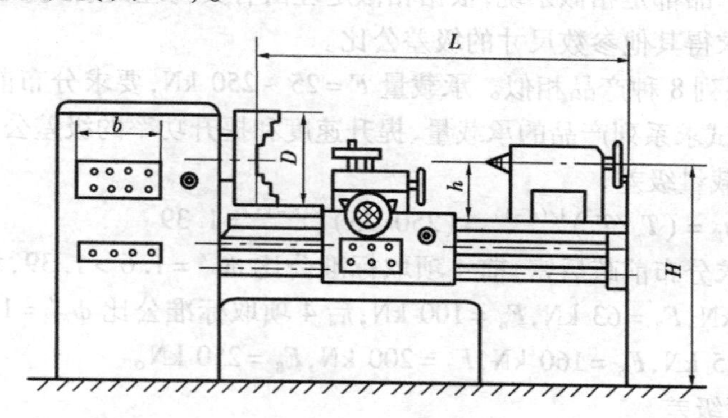

图 7-9　机床——半相似产品系列

$$\phi_D=\frac{D_2}{D_1}\quad \phi_h=\frac{h_2}{h_1}\quad \phi_L=\frac{L_2}{L_1}\quad \phi_H=\frac{H_2}{H_1}=1\quad \phi_b=\frac{b_2}{b_1}=1$$

对产品设计来说，发展系列产品不仅是几何尺寸上的放大或缩小，它还要求采用相同的材料，相同的工艺，特别是希望达到相同的材料利用率，亦即希望所产生的应力应当相同。因而在设计中要保持几何相似，动力相似，且主要考虑弹性力与惯性力，并希望材料不变，应力相同时，有关参量的相似比皆可表达为几何尺寸相似比 ϕ_L 的一定关系。

特别要注意的是，即使几何相似的系列产品，某些结构尺寸也不可能成比例。如由于工艺限制，铸件的壁厚不能小于一定的数值。在标注公差时要考虑到按 ϕ_L 级差公比设计的尺寸其公差的公比应为 $\phi_i \approx \phi_L{}^{1/3}$（因为公差单位 $i \approx 0.45D^{1/3}+0.001D$，所以 $\phi_i \approx \phi_D{}^{1/3}=\phi_l{}^{1/3}$，式中 D 为直径或长度）。

3. 级差公比的选择和计算

系列产品中各相邻产品尺寸或参数之间的公比称为级差，级差公比的选择和计算是系列设计中的关键问题。

（1）级差公比的选择原则

在一定范围内，使用者希望级差公比小些，增加系列产品的种类，便于选用，而生产加工单位则希望级差公比大些，减小系列产品种类，以降低加工成本，在选用级差时必须兼顾这两方面的要求。

设计中应尽量选用 GB321—86 中的标准公比作为级差（表 7-1），一般情况下参数在全系列中同一级差比较普遍，某些情况下在使用较频繁的系列中采用一种级差，而在系列两端采用较大的级差，某些产品采用前大后小的级差，以减小加工成本较高的小尺寸产品的种类。

（2）级差公比的计算

根据市场调查及用户访问结果，初步可以定出参数变化范围及拟划分的级数，假设（事实上亦如此）基本尺寸或参数是级差相等的等比级数，则可按几何等比级数的规律求其级差公比 ϕ

$$\phi=(T_n/T_1)^{1/(n-1)}$$

其中　T_1——数列首项；

T_n——数列末项；

n——项数。

求出 ϕ 值后，应按标准取一最接近的标准值。

产品系列中各产品都是相似系统，根据相似定理由有关物理关系式求出相似比方程式，即可从已知级差公比求得其他参数尺寸的级差公比。

例 8 升降机系列 8 种产品相似。承载量 $F=25\sim250$ kN，要求分布前疏后密；提升速度 $v=0.1\sim0.15$ m/s，试求系列产品的承载量、提升速度和提升功率的级差公比 $\phi_f\cdot\phi_v$ 及 ϕ_p。

解： (1)求承载量级差

若级差相等 $\phi_F=(T_n/T_1)^{1/(n-1)}=(250/25)^{1/(8-1)}=1.39$

系列承载量要求分布前疏后密，前 4 项取标准公比 $\phi_F'=1.6>1.39$，承载量为 R5 系列，$F_1=25$ kN，$F_2=40$ kN，$F_3=63$ kN，$F_4=100$ kN；后 4 项取标准公比 $\phi_F'=1.25<1.39$，承载量为 R10 系列，$F_5=125$ kN，$F_6=160$ kN，$F_7=200$ kN，$F_8=250$ kN。

(2)求提升速度级差

若级差相等 $\phi_v=(v_n/v_1)^{1/(n-1)}=(0.15/0.1)^{1/(8-1)}=1.06$

取标准公比 $\phi_v=1.06$，提升速度为 R40 系列，$v_1\sim v_8$ 分别为：0.1、0.106、0.112、0.118、0.125、0.132、0.140、0.150 m/s。

(3)求提升功率级差

提升功率：$P=F\cdot v$

故：$\phi_P=\phi_F\cdot\phi_v$

故功率级差：前 4 项 $\phi_P=1.6\times1.06=1.696$

后 4 项 $\phi_P=1.25\times1.06=1.325$

4. 求扩展型产品的参数及尺寸

已知基型产品的参数、尺寸及有关级差公比，经过计算或作图，可求得系列中其他扩展型产品的参数和尺寸，一般用数据表或线图表示。

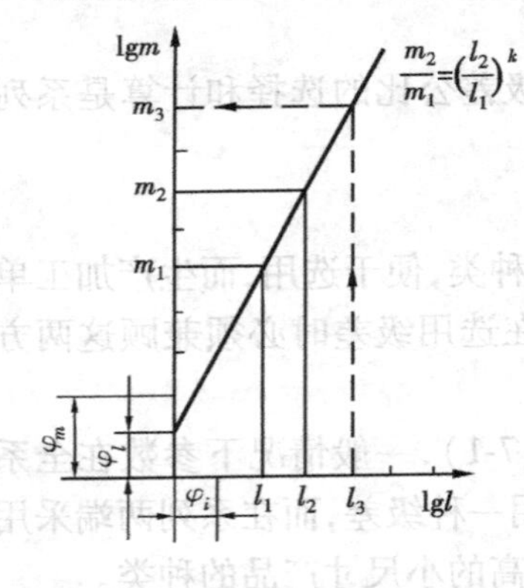

图 7-10 优先数对数坐标中的优先数曲线

①计算法

设已知基型参数为 K，参数相似比为 ϕ_k，扩展型距基型的级数为 P，则拟求的扩展型参数

$$K=k_0\phi_k^P$$

当 $P>0$ 时，求得的是增大的扩展型参数；当 $P<0$ 时，求得的是缩小的扩展型参数。

②作图法

若基型参数与尺寸选用优先数，级差又是标准公比，则可用优先数曲线方法作图，求系列扩展型的各参数尺寸。

由于标准公比 $\phi=10^{1/n}$，优先数 $N=10^{m/n}$（m 为整数），若建立优先数的对数坐标系，其坐标上等距单位即为公比 ψ_o。在此坐标系中取横坐标为长度，纵坐标为其他参数，长度与其他参数的关系曲线往往为斜率不同的直线。

若系列中某参数 A 数列的级差 ϕ_A 与长度数列级差 ϕ_L 的关系为：

$$\phi_A=\phi_L^k \quad (\text{指数 } k \text{ 为实数})$$

则：$A_2/A_1=(l_2/l_1)^k$

取对数：$(\lg A_2-\lg A_1)/(\lg l_2-\lg l_1)=k$

这样在优先数对数坐标中得到 A—l 的关系曲线为一斜率为 k 的直线，通过直线可求出系列中各长度 l 所对应的 A 值，如图 7-10 所示。

例 9 设计圆柱销系列中各圆柱销的尺寸、面积、体积。要求销长 $l=10\sim125$ mm，12 种规格，长径比 $l/d=5$。

解： (1)长度级差

$\phi_l=(l_n/l_1)^{1/(n-1)}=(125/10)^{1/(12-1)}\approx1.25$（为标准公比）

(2)基型圆柱销设计

在系列中部选基型销，尺寸取优先数

长度 $l_0=40$ mm

直径 $d_0=l_0/5=8$ mm

截面积 $A_0=\pi d_0{}^2/4\approx50\ \text{mm}^2$

体积 $V_0=A_0l_0=2\,000\ \text{mm}^3\approx2\ \text{cm}^3$

(3)由方程分析法求其他尺寸与参数级差

$\phi_d=\phi_l=1.25$

$\phi_A=\phi_d^2=\phi_l^2=1.6$

$\phi_V=\phi_A\cdot\phi_l=\phi_l^3=2$

(4)用作图法求优先数曲线从中得各扩展型圆柱销的 d、A、V（图 7-11）

建立优先数对数坐标系。横坐标为 l，数值 10 ~ 125 mm 共 12 项(R10 系列)，坐标单位为 $\phi_l=1.25$。纵坐标分别表达直径 d、面积 A 和体积 V，坐标上为相应的 R10 系列优先数，坐标单位也是 $\phi_l=1.25$。

按优先数曲线的规律

$\phi_d=\phi_l$，通过(l_0,d_0)点作斜率为 1 的直线即为即 l—d 关系线；

$\phi_A=\phi_l^2$，通过(l_0,A_0)点作斜率为 2 的直线即为 l—A 关系线；

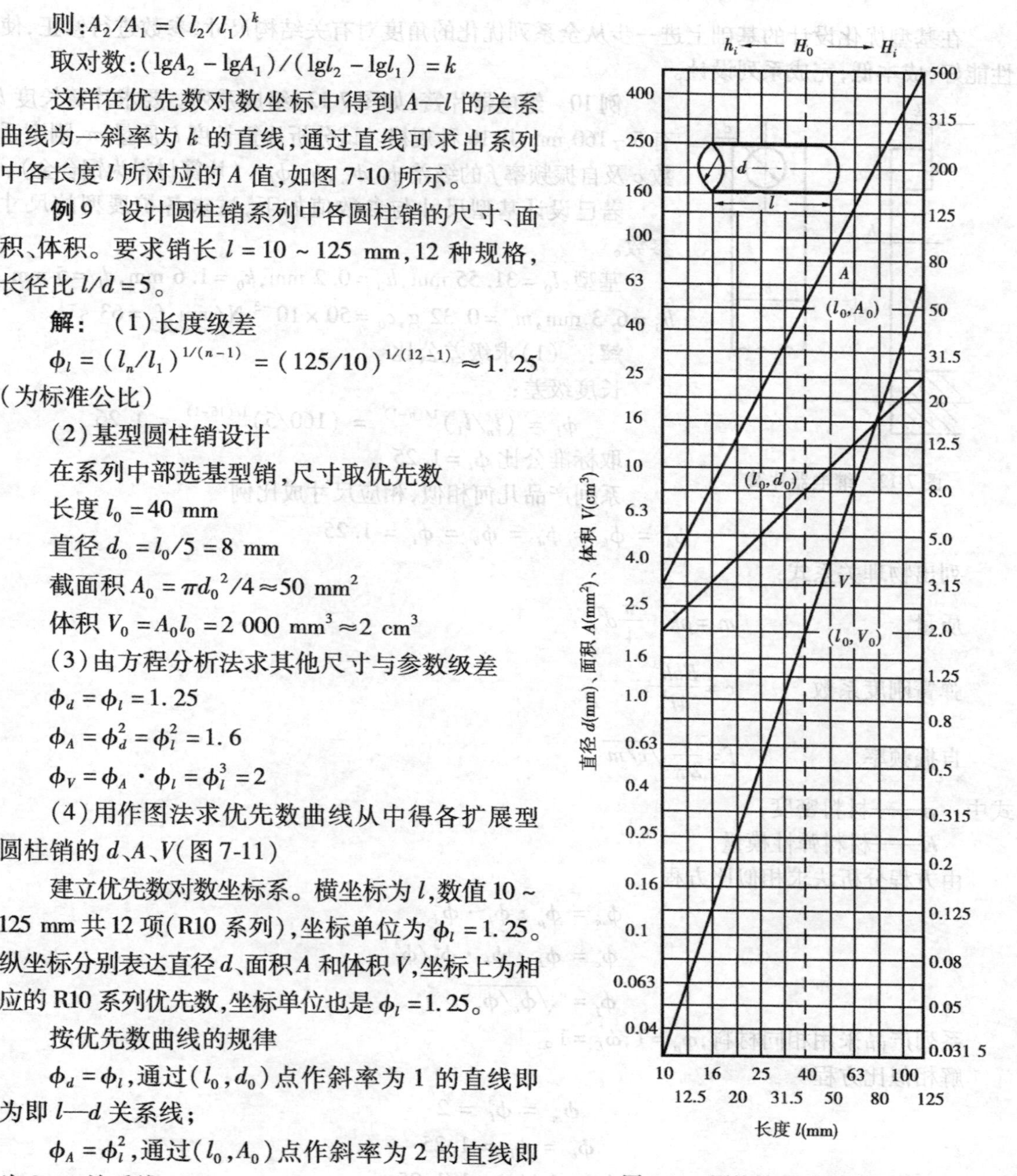

图 7-11 圆柱销系列（对数坐标）

$\phi_V=\phi_l^3$，通过(l_0,V_0)点作斜率为 3 的直线即为 l—V 关系线。

通过这三条关系线可求得系列各扩展型的 d、A 和 V。如 $l=100$ mm，由图可得 $d=20$ mm，$A=315\ \text{mm}^2$，$V=31.5\ \text{cm}^3$。

5. 确定全系列产品结构尺寸和参数

根据作图或计算出的参数、尺寸，检查是否便于加工、装配、维修，进行必要的圆整和标准化。

在系列各型产品中尽量考虑某些零部件的通用化，这样可以降低成本、缩短加工周期，且便于管理。

在基型优化设计的基础上进一步从全系列优化的角度对有关结构尺寸、参数进行修正，使性能好，成本低，完成系列设计。

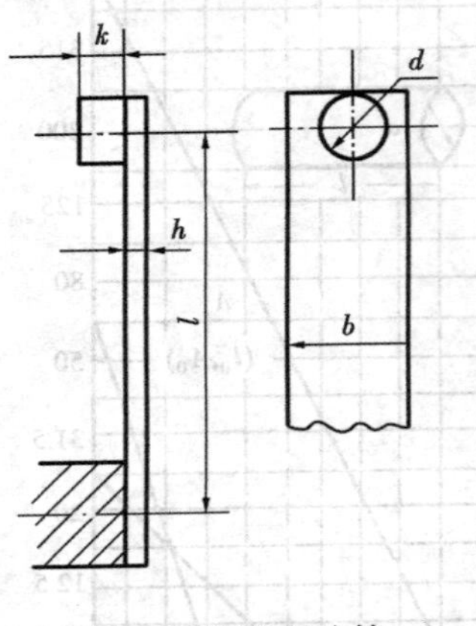

图 7-12　继电器片簧

例 10　继电器片簧（如图 7-12）组成系列。要求片簧长度 l 有 5 ~ 160 mm 共 16 种规格。试分析片簧长度 l、质量 m、刚度系数 c 及自振频率 f 的级差 ϕ_l、ϕ_m、ϕ_c、ϕ_f。（片簧材料为铜合金）。

若已设计基型尺寸与参数值如下，试求各扩展型的尺寸参数。

基型：$l_0 = 31.55\ \text{mm}, h_0 = 0.2\ \text{mm}, k_0 = 1.6\ \text{mm}, d_0 = 5\ \text{mm}, b_0 = 6.3\ \text{mm}, m_0 = 0.32\ \text{g}, c_0 = 50 \times 10^{-3}\ \text{N/mm}, f_0 = 63\ \text{s}^{-1}$。

解：（1）求级差公比

长度级差：

$$\phi_l = (l_n/l_1)^{1/(n-1)} = (160/5)^{1/(16-1)} = 1.26$$

取标准公比 $\phi_l = 1.25$

系列产品几何相似，相应尺寸成比例

$$\phi_A = \phi_k = \phi_d = \phi_b = \phi_l = 1.25$$

列出物理关系式：

质量　$m = \rho k \cdot \dfrac{\pi}{4} d^2$

弹簧刚度系数　$c = \dfrac{Ebh^3}{4l^3}$

自振频率　$f = \dfrac{1}{2\pi}\sqrt{c/m}$

式中　ρ——材料密度；

E——材料弹性模量。

由方程分析法求相似比方程

$$\phi_m = \phi_\rho \cdot \phi_h \cdot \phi_d^2$$

$$\phi_c = \phi_E \cdot \phi_b \cdot \phi_h^3 / \phi_l^3$$

$$\phi_f = \sqrt{\phi_c/\phi_m}$$

系列产品采用相同材料，$\phi_\rho = 1, \phi_E = 1$。

解相似比方程

$$\phi_m = \phi_l^3 = 2$$

$$\phi_c = \phi_l = 1.25$$

$$\phi_f = 1/\phi_l = 1/1.25$$

(2) 求扩展型片簧尺寸参数

由基型 H_0 扩大 $H_1 \sim H_7$ 各型，缩小 h_1-h_8 各型

$$H_1: l = l_0 \cdot \phi_l$$

$$H_2: l = l_0 \cdot \phi_l^2$$

…………

$$H_7: l = l_0 \cdot \phi_l^7$$

$$H_1: l = l_0 \cdot \phi_l^{-1}$$

$$H_2: l = l_0 \cdot \phi_l^{-2}$$

…………

$$H_8: l = l_0 \cdot \phi_l^{-8}$$

其他参数计算依此类推。

求出各型尺寸、参数列于表7-4。

表7-4　继电器片簧系列产品尺寸及参数

型号		尺寸参数					性能参数		
		l /mm	h /mm	k /mm	d /mm	b /mm	m /g	$c\times10^{-3}$ /[N·mm^{-1}]	f /s^{-1}
扩展型(缩小)	h8	5.00	0.031 5	0.25	0.80	1.0	0.001 25	8.0	400
	h7	6.30	0.04	0.315	1.00	1.25	0.002 5	10.0	315
	h6	8.00	0.05	0.40	1.25	1.6	0.005	12.5	250
	h5	10.0	0.063	0.50	1.60	2.0	0.01	16.0	200
	h4	12.5	0.08	0.63	2.00	2.5	0.02	20.0	160
	h3	16.0	0.10	0.80	2.50	3.15	0.04	25.0	125
	h2	20.0	0.125	1.0	3.15	4.0	0.08	31.5	100
	h1	25.0	0.16	1.25	4.00	5.0	0.16	40.0	80
基型	H0	31.5	0.20	1.6	5.00	6.3	0.32	50.0	63
扩展型(扩大)	H1	40.0	0.25	2.0	6.30	8.0	0.63	63.0	50
	H2	50.0	0.315	2.5	8.00	10.0	1.25	80.0	40
	H3	63.0	0.40	3.15	10.0	12.5	2.5	100	32
	H4	80.0	0.50	4.0	12.5	16.0	5.0	125	25
	H5	100	0.63	5.0	16.0	20.0	10.0	160	20
	H6	125	0.80	6.3	20.0	25.0	20.0	200	16
	H7	160	1.00	8.0	25.0	31.5	40.0	250	12.5

图7-13列出继电器片簧尺寸,参数的优先数曲线,对数坐标单位是 $\phi_l=1.25$,以弹簧长度 l 为横坐标,其他尺寸参数为纵坐标。通过基型 M 的有关点画各尺寸参数的优先数曲线。根据相似比的关系可知 l—m 是斜率为3的直线,l—f 为斜率为 -1 的直线,而其他关系线都是斜率为1的直线。由系列中各长度 l 通过关系线可找出相应的一组数。

如 H_3:$l=63$ mm,由 l 找各曲线的交点,相应的 $h=0.4$ mm,$k=3.15$ mm,$d=10$ mm,$b=12.5$ mm,$d=10$ mm,$b=12.5$ mm,$m=2.5$ g,$c=100\times10^{-3}$ N/mm,$f=32$ s^{-1}。

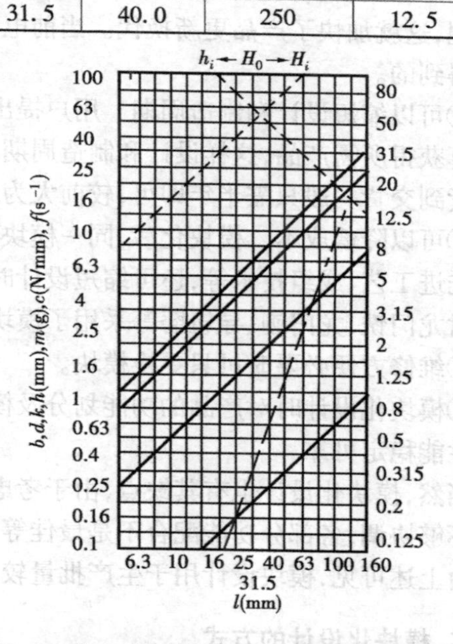

图7-13　继电器片簧系列尺寸图解(对数坐标)

第三节　模块化产品设计

一、模块化设计及其主要特点

模块化设计是近年来发达国家普遍采用的一种先进设计方法。它的核心思想是将系统根据功能分解为若干模块，通过模块的不同组合，可以得到不同品种，不同规格的产品。从20世纪50年代欧美一些国家提出这一设计方法以来，它已扩展到许多行业，并与CAD技术、成组技术、柔性加工技术等先进技术密切联系起来，应用到了实际产品的设计与制造之中。

在机械产品中所谓模块就是一组具有同一功能和结合要素（指联接部位的形状、尺寸、联接件间的配合或啮合参数等），但性能和结构不同，却能互换的单元。在其他领域如程序设计中也提到模块，它的具体条件当有差异。

如上所述，模块化设计是将产品上同一功能的单元设计成具有不同性能，可以互换的模块，选用不同模块，即可组成不同类型，不同规格的产品。模块化设计的原则是力求以少数模块组成尽可能多的产品，并在满足用户要求的基础上使产品精度高、性能稳定、结构简单、成本低廉。显然，为了保证模块的互换，必须提高其标准化、通用化、规格化的程度。模块化设计当首先用于系列产品设计中。

采用模块化设计产品有下列优点：

①产品更新换代较快　新产品的发展常是局部改进，若将先进技术引进相应模块，比较容易实现，这就加快了产品更新换代。当前电子产品的发展，常主要是改变其中某些插件——模块而得到的。

②可以缩短设计和制造周期　用户提出要求后，只需更换部分模块，或设计、制造个别模块即可获得所需产品，这样设计和制造周期就大大缩短了。德国某铣床厂采用模块化设计后，从订货到交货一般只需半年即可，较前大为缩短。

③可以降低成本　模块化后，同一模块可用于数种产品，增大了该模块的生产数量，便于采用先进工艺、成组技术等，还可缩短设计时间，从而降低了产品成本，提高了产品质量。例如某厂对龙门铣、龙门刨、导轨磨等采用了模块化设计，使产品发展费用减少了三分之二。

④维修方便必要时可只更换模块。

⑤模块化设计时对产品的功能划分及模块设计进行了精心研究，这就保证了它的性能，使产品性能稳定可靠。

当然，模块化设计也有其缺点，由于考虑模块的适应性和互换性，常使系统比较复杂，结构外形不够协调，各部分功能配合不是最佳等。

由上述可见，模块设计用于生产批量较小的系列产品是特别有利的。

二、模块化设计的方式

当前模块化设计主要用于系列产品设计中，它的主要方式有：

1. 横系列模块化设计

即在不改变产品主参数条件下，利用模块发展变型产品。此种方式应用最广。它常是在基型品种上更换或添加模块，形成新的变型品种。例如，更换端面铣床的铣头，可以加装立铣头、卧铣头，转塔铣头等，形成立式铣床、卧式铣床或转塔铣床等。

2. 全系列模块化设计

全系列包括纵系列和横系列。

纵系列模块系统中产品功能及原理方案相同，结构相似，而参数尺寸有变化。随参数变化对系列产品划分合理区段，同一区段内模块通用。

3. 跨系列模块化设计

跨系列模块系统中包括具有相近动力参数的不同类型产品，它有两种模块化方式。一是在相同的基础件结构上选用不同模块组成跨系列产品，如德国米克洛马特厂生产的双柱坐标镗床，通过改变测量系统模块，得到测量机产品；另一种是基础件不同的跨系列产品中具有同一功能的零部件选用相同功能模块，如自卸车与载重汽车选用同样的发动机，变速箱和制动器等通用部件模块。

三、模块的划分与组合

模块的划分是模块化设计中的重要问题之一，如何合理划分模块，是模块化产品设计的关键问题，模块种类少，通用化程度高，加工批量大，对降低成本有利。但从满足产品的各种功能和性能，提高整个模块化系统的柔性考虑，又希望模块种类多些。设计时必须从产品系统的整体出发，对功能、性能和成本诸方面进行全面分析，才能合理确定模块的种类和数量。

1. 模块的分类

划分模块的出发点是功能分析，根据产品的总功能分解为分功能、功能元，求相应的功能载体——功能模块，然后具体化成加工单元——生产模块。

功能模块的划分：

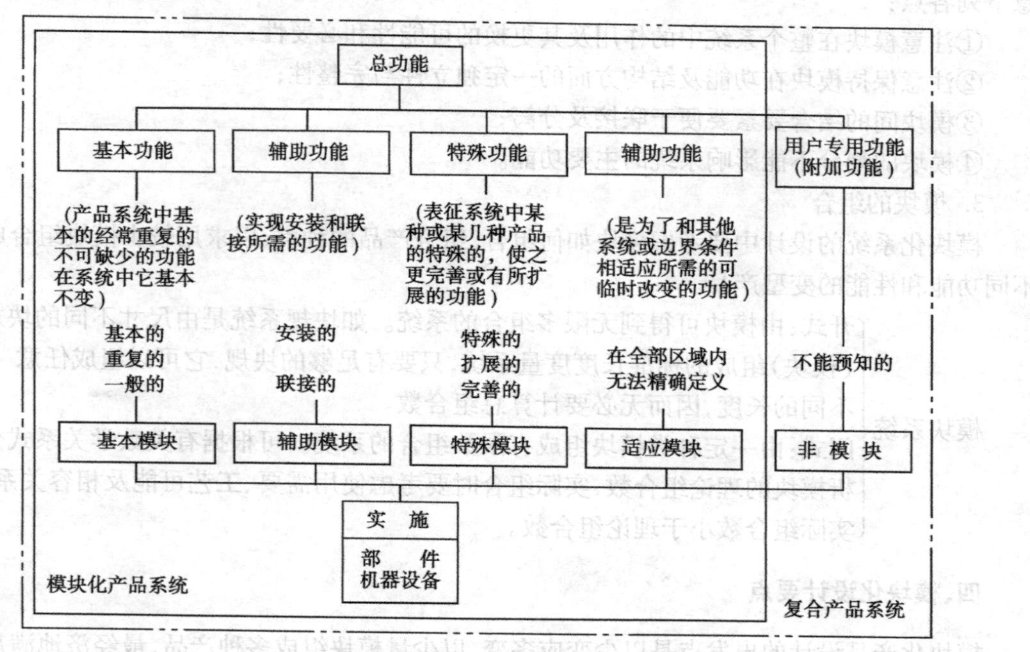

生产模块　在功能模块基础上，根据具体生产加工条件确定加工模块——生产模块，也称

基本模块,基本模块是加工单元,是实际使用时拼装组合的模块,可以是部件、组件或零件。一个功能模块也可能分解为几个生产模块。

以部件作为基本模块应用较普通。如工程机械中的底盘部件,发动机部件,驾驶室部件,制动器部件,机床中的主轴箱部件、夹紧装置等,它们既是基本模块,又直接承担一定的功能,是功能模块。

组件模块可以使部件有不同的功能和性能,有时比更换部件更灵活。如某摇臂钻床主轴箱在变换其中的齿轮传动轴系组件可得到6种不同的转速范围。

零件作为生产模块灵活性更大,如汉森专利减速器系列的2 320种传动比就是由45对齿轮和8种箱体模块组合而得的。德马格公司生产的桥式起重机中每一种型号尺寸的吊钩通过改变材料可用于5种起重量的产品,这样可以减少零件生产模块的种类。

2. 模块的划分

目前模块的实际划分主要按部件进行,这样做的优点是:模块有较高的独立性和完整性;便于结合与分离,容易保证装配质量,生产管理变动较小。但其缺点是模块组合经常过大,减少了可实现的方案数;更换模块时增加了不必要的经济损失。

为了更好地发展模块化设计,近来提出了分级模块的思想,即把模块分成不同的级别,低一级模块组合便成为高一级模块,这种模块的分解有时可能纯粹出于结构上的考虑。显然,低级模块结构简单,可以更合理地实现统一化、标准化,能提供更多解答方案,并能简化设计过程。例如将承担同一功能的起重机架分为长度较短的若干"节",不仅便于制造、运输,而且能结合成不同长度的机架。

不管什么情况,划分模块前必须对系统进行仔细的、系统的功能分析和结构分析,并要注意下列各点:

①注意模块在整个系统中的作用及其更换的可能性和必要性;

②注意保持模块在功能及结构方面的一定独立性与完整性;

③模块间的结合要素要便于联接及分离;

④模块的划分不能影响系统的主要功能。

3. 模块的组合

模块化系统的设计中要考虑模块如何组合,组合产品的种类,以求用较少模块组合成更多不同功能和性能的变型产品。

模块系统
- 开式:由模块可得到无限多组合的系统。如块规系统是由尺寸不同的块规(模块)组成的标准长度度量系统,只要有足够的块规,它可以组成任意不同的长度,因而无必要计算总组合数。
- 闭式:由一定种类模块组成有限数组合的系统。可根据有关数学关系式分析模块的理论组合数,实际组合时要考虑使用需要、工艺可能及相容关系,实际组合数小于理论组合数。

四、模块化设计要点

模块化产品设计的出发点是以少变应多变,以少量模块组成多种产品,最经济地满足各种使用要求。在进行模块化设计时,应注意做好下述工作:

(1)做好市场调查,用户访问工作

模块化设计主要为发展多品种、多规格的系列产品，因此，必须注意首先摸清市场需要，产品发展才有方向。

（2）做好产品规划

根据市场需要，科学制定产品发展的全面规划，定出产品系列，对模块化设计尤为重要，它将指导模块化设计的开展。

（3）做好产品功能分析及模块划分工作

模块化设计同样要选择基型产品，它的考虑与系列化设计相同。在此必须注意结合产品规划及结构特点做好功能分析，为模块划分及设计提供良好基础。

（4）注意不断采用先进技术，开展科学研究，精心做好模块设计工作，不断提高模块质量。

（5）注意成组技术等先进生产技术在模块化产品生产中的应用及对模块提出的相应要求，不断改进模块设计。

（6）做好技术文件的编制工作

由于模块化设计建立的模块常不直接与产品联系，因此，必须注意其技术文件的编制，只有这样，才能将不同功能的模块有机地联系起来，指导制造、检查和使用，形成所需产品。技术文件的编制主要包括以下内容：

a. 编制模块组合与配置各类产品的关系表。其中应包括全系列的模块种类及各产品使用的模块种类和数量。

b. 编制所有产品的模块组和模块目录表。标明各产品和模块组的组成。

c. 编制系列通用的制造和验收条件，合格证明书及装箱单。

d. 编制模块式的使用说明，以适应不同产品、不同模块的需要。

五、模块化系列产品设计步骤

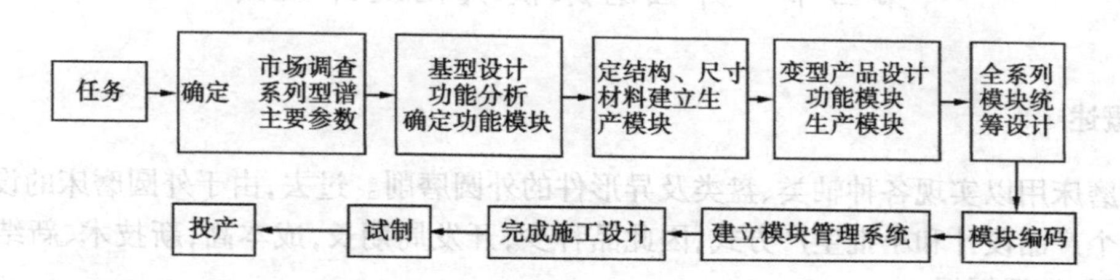

六、模块的计算机管理系统

先进的模块系统不但可采用计算机辅助设计，而且可用计算机进行管理，通过计算机辅助管理能更好地体现模块化设计的优越性。

德国罗勃特波士家具公司开发一批模块化家具并建立了模块的计算机管理系统。各种家具模块的尺寸、价格、图形都存于计算机中。顾客在计算机前可按照需要，自己选择并组合模块，观察组合家具的结构和形体，还可将“家具”布置于一定尺寸房间的图形内，检查其安放的位置，直至满意为止。最后计算机绘出家具组装图、列模块明细表、价格表及顾客的姓名、地址、要求供货日期等，有关人员即按清单从仓库中选模块组合成家具，按时送至顾客手中，由于模块成批生产，成本较低，加上使用方便的管理系统和及时的供货，这样的模块系列家具很受顾客的欢迎，在市场上形成较强的竞争能力。

1. 计算机模块管理系统的工作目标

(1)给出现有模块最多可组合的产品数。

(2)对于用户的某一给定的设计要求,能分析是否存在一种有效的组合使之满足要求。

(3)在满足要求的几种模块组合中进行评价,并选择给出最佳的一种组合方案。

(4)若无有效的模块组合能满足用户要求,为新的模块设计提供信息。

(5)给出已选方案的模块组装图、明细表及价格表。

2. 模块管理系统的内容

模块管理系统一般包括以下4个子系统:

(1)数据管理系统　具有存贮功能,既存放各种模块的编码、参数、尺寸、材料等有关基本数据,也存贮用户的设计要求、设计结果及其他中间数据资料,同时具有检索有关各项数据的功能。

(2)会话子系统　通过人机对话,由输入接口接受用户提出的设计要求,由输出接口向用户报告提出的要求是否合理,还需要提哪些要求,并汇报设计结果。

(3)分析子系统　这是整个系统的核心部分。

①对用户提出的要求进行逻辑分析,如要求不足或有错误时会通知用户。

②按用户的要求选择并组合模块,进行强度、刚度、精度、重量、成本等的计算和分析。

③对各组合方案进行技术经济评价,选择符合要求的最佳方案。

④输出分析结果,一般为最佳组合方案。在没有合适方案情况下提供有关信息,使用户可以较合理地修正设计结果,重新进行设计。

(4)图形子系统　具有图形和文字的存贮、绘制、编辑及显示功能,根据需要可绘制显示单个模块图形或组合模块系统的图形。

第四节　外圆磨床模块化设计实例

一、概述

外圆磨床用以实现各种轴类、盘类及异形件的外圆磨削。过去,由于外圆磨床的设计制造仍属于单个产品设计和小批生产方式,因此品种少,开发周期长,成本高,新技术、新结构得不到及时应用,发展缓慢。

随着机械工业的发展,以及大规模生产方式的要求,外圆磨削也从手动、半自动向提高自动化程度、提高加工效率和加工精度方面发展。高速、高效切入式外圆磨削已成为近年来的一项重要革新。这种磨削方式是在外圆磨床上根据加工成形表面的特点,应用多种自动化技术实现连续控制的产物,发展磨削中心已成为今后外圆磨床的发展方向。

近年来,我国汽车、发动机、压缩机、轴承、电子等行业的发展,要求迅速开发更多的高精度、高效率、高自动化切入式外圆磨床,以填补我国的空白。

这些行业中,占80%以上的被磨削零件其外圆尺寸一般在20~150 mm、长度尺寸在50~600 mm。这些尺寸范围是在我国编制的外圆磨床最大磨削直径为200 mm和320 mm系列区段内。根据被磨削的零件长短、直径大小、加工精度、生产效率、使用性能、成形表面、自动化程度等因素不一,外圆磨床的品种可达上百种以上。

在当前工业和经济高度发展的情况下,若采用传统的单一品种设计方法是不可能满足产品迅速发展的需要,很难提高产品的综合技术经济效益及保证产品质量。为了解决这些问题,利用模块化设计的思想建立一个具有高适应性(柔性)和功能多变性特点的基型产品;在综合分析用户需求的基础上进行系列设计;建立通用和专用的零部件(即单元模块、功能模块),从而可以迅速组合完各种产品。

二、模块化总体设计思想

1. 以功能分析为基础

外圆磨床的功能可以理解为依靠工件回转和往复运动,砂轮回转和横向移动实现进给,完成外圆磨削总功能。

对产品设计而言,是要把根据用户要求所确定的总功能落实到具体结构上。用户要求一种机床能完成外圆磨削功能,但具体的方案是没有的,需要设计人员对总功能进行功能分析和分解,这些就能从简单的分功能或功能元中较容易地找出所对应的实体方案。例如:在实现外圆磨削中,其功能分析框图如图 7-14 所示。

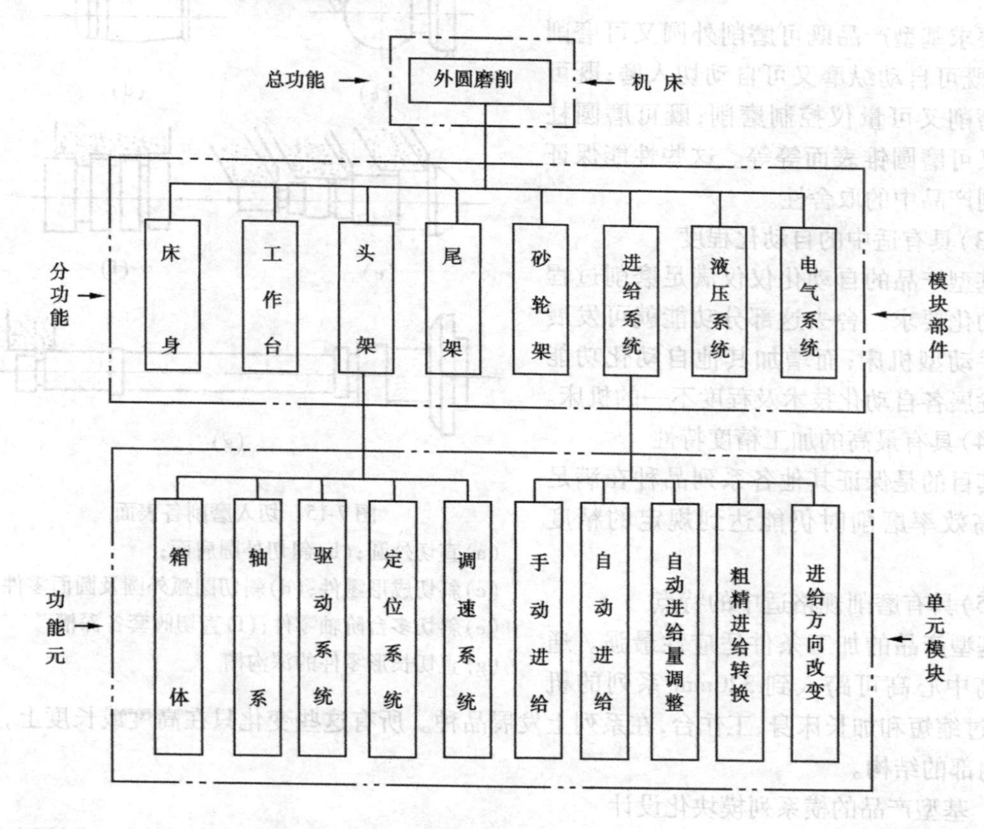

图 7-14 外圆磨削的功能分析框图

模块化设计正是以功能分析为基础,将机床的功能单元设计成为具有不同性能的、可以互换选用的模块,把各种模块组合起来,用以更好地满足用户需要的一种设计方法。具体地说就是将机床的零件、组件、部件和系统分解成为最合适的模块,从而有可能对结构作最少的变动来实现用户不同的要求,做到“以少变应多变”,使制造厂获得良好的技术经济效果。

2. 确定基型产品

模块化设计首先要确定设计的基础产品。根据市场调查、技术预测、品种规划、科研成果及功能分析，外圆磨床模块化设计提出以最大磨削直径和长度为 200 mm × 500 mm 的高精度半自动万能外圆磨床为基型产品。

确定基型产品的原则是：

(1)具有外圆磨床的基本形式

外圆磨床中固定的床身、纵向往复运动的工作台、支承并带动工件回转的头尾架、控制磨削尺寸的进给系统及高速磨削的砂轮架等都是系列产品必须具有的模块，以实现外圆磨削。

(2)具有基本加工性能和万能性的特点

要求基型产品既可磨削外圆又可磨削内圆；既可自动纵磨又可自动切入磨；既可定程磨削又可量仪控制磨削；既可磨圆柱表面又可磨圆锥表面等等。这些性能保证了系列产品中的取舍性。

(3)具有适中的自动化程度

基型产品的自动化仅仅满足磨削过程的自动化要求。舍去这部分功能就可发展各种手动型机床；而增加其他自动化功能就可发展各自动化技术及程度不一的机床。

(4)具有最高的加工精度特性

其目的是保证其他各系列品种在满足各种高效率磨削时仍能达到规定的精度要求。

(5)具有磨削规格适中的特点

基型产品的加工条件适应性最强。通过加高中心高可跨入到 320mm 系列的机床；通过缩短和加长床身、工作台，在系列上发展品种。所有这些变化只在高度或长度上，并不改变内部的结构。

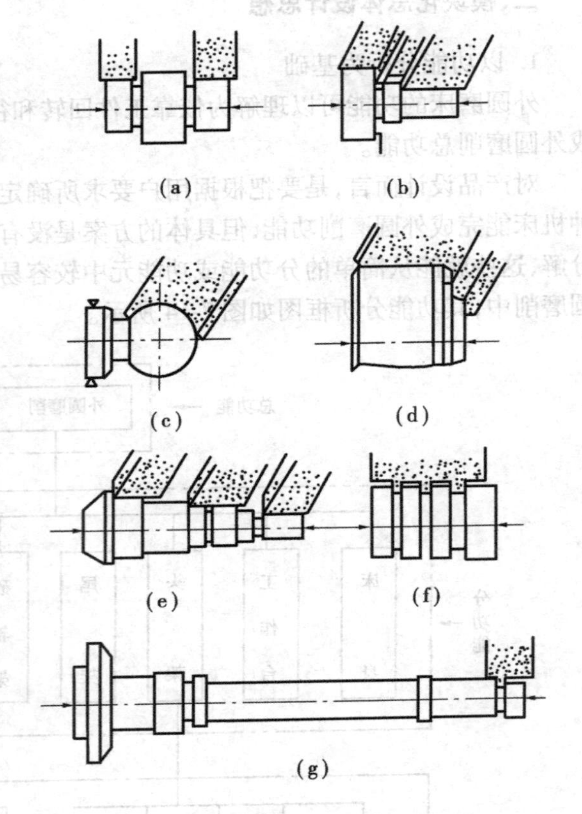

图 7-15　切入磨削各表面

(a)直切外圆；(b)斜切外圆肩面；
(c)斜切成形零件；(d)斜切圆弧外圆及圆面零件；
(e)斜切多台阶轴零件；(f)直切阀套各深槽；
(g)直切长形零件的深沟槽

3. 基型产品的横系列模块化设计

本基型产品横系列发展的产品是现代工业发展所需要的高精度、高效率切入式外圆磨床。

切入式外圆磨床是在机床工作台不动的情况下，工件回转、砂轮架连续进给(切入)直接磨削到所规定尺寸的机床。一次切入可磨削外圆表面、外圆及端面、外圆成型表面、多台阶轴外圆和外圆沟槽(图 7-15)等。切入式外圆磨床与通用型外圆磨床相比，主要突出高效率、高自动化磨削的特点：

①具有多种多样自动成型的砂轮修整装置(图 7-16)。

②多种切入角度及左右安装砂轮(图 7-17)。

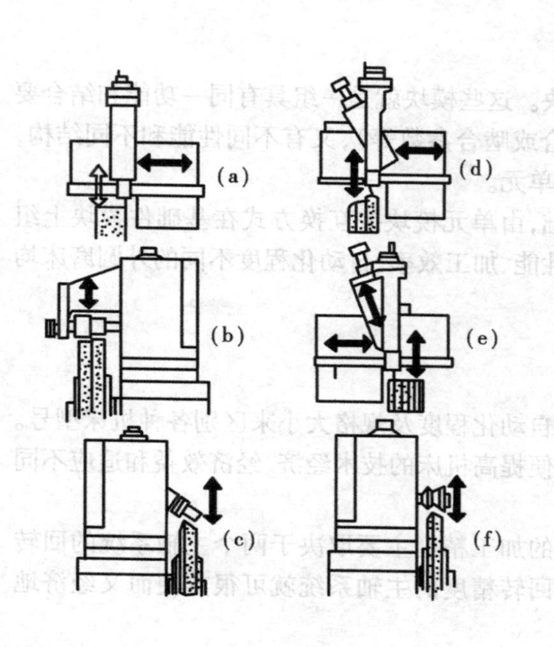

图 7-16　各种仿型砂轮修整装置

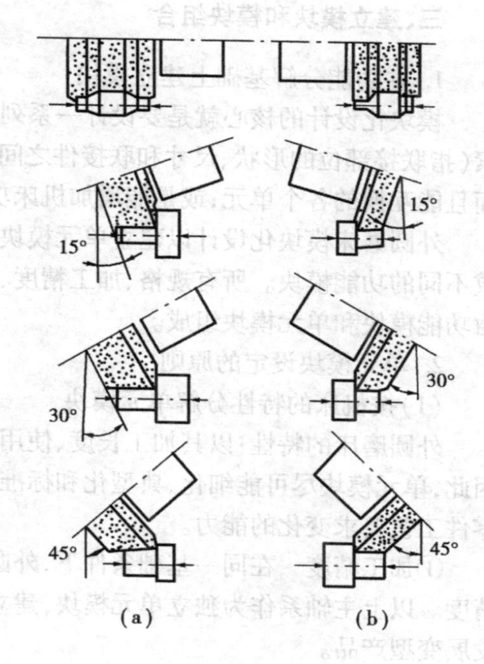

图 7-17　砂轮架斜置各种角度

(a)左装砂轮;(b)右装砂轮

③具有较大(大于 5 mm)的自动深切入性能。

④具有多种相应的自动化装置。如全自动的砂轮修整循环、检查工件安装(轴向和径向)正确性的自动循环、自动补偿砂轮修整进给量、自动测量轴向和径向尺寸、自动消除进给空程、自动校正锥度、自动平衡砂轮、自动跟踪中心架、自动上下料以及自动更换砂轮等。

所有这些特点均可在不改变外圆磨床的基本型式基础上,一方面在基型模块化设计时给结构上统筹考虑,另一方面充分利用基型外圆的空间增设不同的功能模块得到实现,从而派生出各式各样同一主参数的外圆磨床。

4. 基型产品的区间段纵系列和跨系列的模块化

外圆磨床纵系列的模块是指最大磨削长度按规定的长度间隔发展品种。而跨系列的模块化是指最大磨削直径按规定的系列化发展品种。

本基型产品纵向发展的磨削长度为 350、750、1 000 mm;从最大磨削直径为 200 mm 跨入到最大磨削直径为 320 mm。这些类型的机床不仅保持了基型产品的单元模块不变,而且可以横系列方向发展多种高效率的切入式外圆磨床。它们主要突出加工规格的变化,即床身、工作台的长度变化和头、尾架、砂轮架的高度变化。这些变化的结果具有如下的特点:

(1)承载能力相近　工件的最大重量从 20 kg 到 100 kg。

(2)砂轮直径相近　砂轮许用的最大直径从 400 mm 到 500 mm。

(3)动力参数相近　头架电机功率在 0.55 kW 到 1 kW 之间,而砂轮电机功率在 3 kW 至 5 kW 之间。

三、建立模块和模块组合

1. 在功能分解基础上建立模块

模块化设计的核心就是要设计一系列的模块。这些模块就是一组具有同一功能和结合要素(指联接部位的形状、尺寸和联接件之间的配合或啮合参数等),又有不同性能和不同结构,而且能互换的各个单元;或是能增加机床功能的单元。

外圆磨床模块化设计以建立单元模块为基础,由单元模块按互换方式在基础件模块上组成不同的功能模块。所有规格、加工精度、使用性能、加工效率、自动化程度不同的外圆磨床均由功能模块和单元模块组成。

2. 单元模块设定的原则

(1)按机床的特性分解单元模块

外圆磨床的特性:以其加工长度、使用性能、自动化程度及规格大小来区别各种机床型号。因此,单元模块尽可能细化、典型化和标准化,以便提高机床的技术经济、经济效益和适应不同零件工艺要求变化的能力。

①加工精度　在同一基础条件下,外圆磨床的加工精度主要取决于两个主轴系统的回转精度。以上主轴系作为独立单元模块,建立不同回转精度的主轴系统就可很方便而又经济地发展变型产品。

②使用及自动化性能　以一种性能(如:自动轴向定位、自动修整砂轮、自动测量、自动进给补偿等)建立独立模块,往往最容易由用户挑选各种性能的组合方案。

③规格大小　外圆磨床的规格主要反映在两个方面的变化。其一是床身、工作台长度有规律的变化,以加长或缩短磨削长度。其二是头架、尾架底座高度的变化,以扩大磨削直径范围。将这些部分作为独立的单元模块考虑,可以方便地改变外圆磨床的规格品种。

(2)单元模块具有独立性

按功能分解的单元模块在结构上尽可能地独立。每个单元模块都应不依附在其他模块上就能完整地完成规定的功能。这样的模块易于拼组和搭配,构成多种变型机床。如:主轴单元模块采用套筒式的结构,可完整地装入箱体孔内或从中拆下来,便于装配,简化机床的保养和修理,必要时可更换模块而不致影响生产。此外,单元模块尽量以标准功能部件为主,以便进行专业化生产。

(3)模块之间的"接口"要标准化

模块的接口是指模块之间的连接形式。"接口"的标准化是模块设计的基础。模块在独立的基础上与其他模块之间的连结应有统一的安装尺寸(配合表面和啮合参数),以便在实现不同性能时各种模块均能安装。

要实现"接口"的标准化,对模块的独立性要求更高。为此,大量的功能部件相继形成专业生产。如:各类导轨副、驱动单元、控制系统、防护装置等等的出现,为模块化设计创造了良好的条件。

(4)建立基础件模块

基础件为机床的大型零件。外圆磨床的基础件有床身、上下工作台、头架及砂轮架箱体、横进给滑座、操纵箱等。这些零件都用铸铁制成,毛坯准备及加工周期长,影响产品迅速发展。因此,整个系列模块化设计只有采用同一类大型零件为基础,建立基础件模块,才有可能最经济、最迅速地派生出各式各样的机床产品。

基础件模块化的目的是使机床能扩大工作空间，使机床的规格、性能在保证刚度前提下具有变化的可能性。床身、上下工作台是一些只在长度上有规律变化的大型零件，在设计时可按一定跨距为一栏，分档加长。而箱体及滑座类零件分别固定在床身或工作台上，在设计时应充分考虑各种单元模块的安装可能性，实现以不变求多变的设计思想。

(5)单元模块应考虑新技术应用的可能性

模块化设计决定了各单元模块的外形和安装尺寸，在一定程度上对安装在基础件模块上的单元模块有一定的局限性。所以，在建立这些模块时应结构典型化，而且充分考虑适应精度、高刚度的要求。

目前，新技术的应用往往是以提高生产效率，提高自动化程度及柔性为主要目的。如发展数控机床、派生全自动化机床等等。这些都是在基础件模块或在传动模块中留有一定空间，增设一些模块才有可能实现。所以，在这些模块设计时要依据技术发展来统筹考虑。

3. 主要模块的分解(图 7-18)

(1)床身功能模块分解

1-a 床身模块：设立 350，500，750，1 000 mm 四种单元模块。以 500 mm 为基础，以两端缩短或加长等跨距方法设计其他 3 种长度的单元模块。

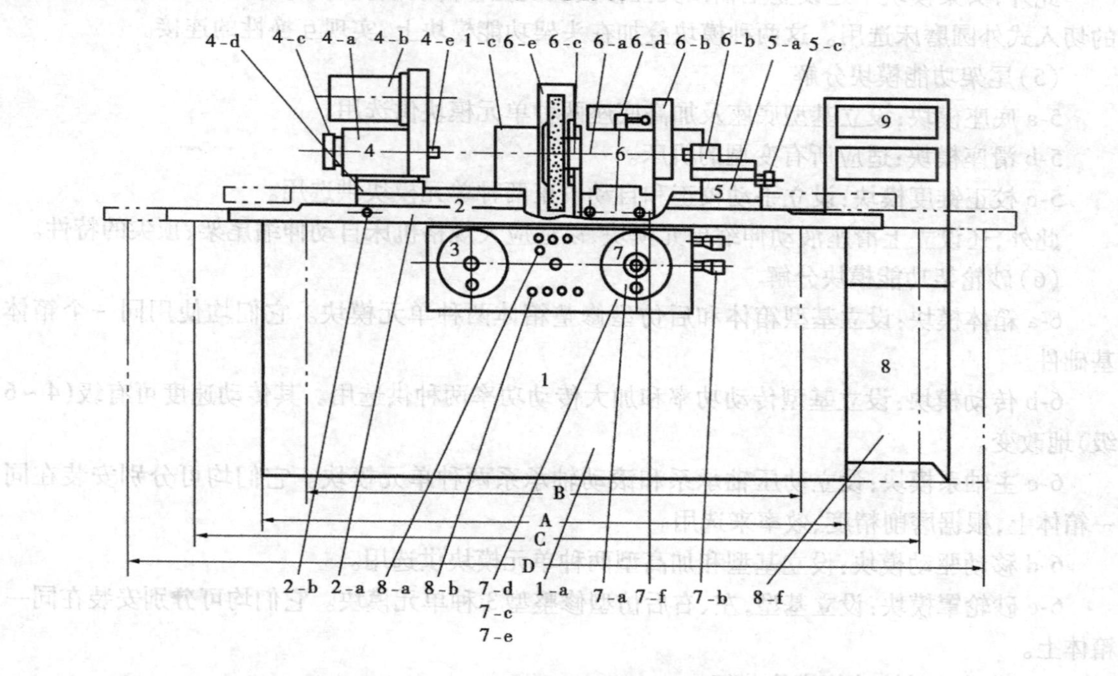

图 7-18 高精度外圆磨床模块配置图

1-b 操纵箱模块：设立手动型、半自动型和自动切入型 3 种单元模块。这些模块均采用同一操纵箱体基础件，实现与床身基础件安装的互换性。

1-c 后挡水板模块：设立窄型和宽型两种单元模块，适应不同长度的外圆磨床和带后仿型修整器的切入式磨床需要。

(2)工作台功能模块分解

2-a 工作台模块：设立 350，500，750，1 000 mm 四种单元模块。和床身模块一样以基型工作台为基础，两端缩短或加长等跨距的方法设计其他 3 种模块。

2-b 调锥度模块：适应所有变型的机床。

(3)工作台手驱动功能模块分解

由驱动机构模块及手液动互锁模块组成。其中手液动互锁模块可根据机床不同的性能要求选取。

(4)头架功能模块分解

4-a 箱体模块：适应所有变型的机床。

4-b 传动模块：设立有级变速和无级变速传动两种单元模块供选用。

4-c 主轴系模块：设立无轴承系(主轴不转)、滑动轴系及滚动轴承系 3 种。它们均可分别安装在同一箱体上，根据加工精度及机床性能选用。

4-d 底座模块：设立基型和加高型两种供选用。

4-e 连接工件模块：设立顶尖、三爪卡盘、四爪卡盘、花盘、弹性接盘等多种单元模块。还可根据工件安装的要求设计为数更多的夹具，并保证其互换性的连接。

此外，头架模块中还设立主轴顶尖位移模块及位移传动模块，供各种作轴向定位及磨削用的切入式外圆磨床选用。这两种模块叠加在头架功能模块上，实现互换性的连接。

(5)尾架功能模块分解

5-a 底座模块：设立基型底座及加高底座两种单元模块供选用。

5-b 滑座模块：适应所有变型的机床。

5-c 校正锥度模块：设立手动校正和自动校正两种单元模块供选用。

此外，还设立上滑座液动伸缩单元模块，以适应大规格机床自动伸缩尾架、顶尖的特性。

(6)砂轮架功能模块分解

6-a 箱体模块：设立基型箱体和后仿型修整箱体两种单元模块。它们均使用同一个箱体基础件。

6-b 传动模块：设立基型传动功率和加大传动功率两种供选用。其传动速度可有级(4 ~ 6 级)地改变。

6-c 主轴系模块：设立动压轴承系和滚动轴承系两种单元模块。它们均可分别安装在同一箱体上，根据磨削精度、效率来选用。

6-d 移动驱动模块：设立基型和加高型两种单元模块供选用。

6-e 砂轮罩模块：设立基型，左、右后仿型修整型 3 种单元模块。它们均可分别安装在同一箱体上。

(7)横进给系统功能模块分解

7-a 手轮传动模块：设立手动进给、液压驱动进给、电气驱动进给 3 种单元模块。它们与床身基础件的连接均有互换性。

7-b 自动进给量及精磨量调整模块：适用于半自动的所有外圆磨床。手动型机床不选用。

7-c 中间轴模块：设立基型和自动补偿进给两种单元模块供选用。

7-d 弹性轴模块：它是前、后进给装置的连接件。

7-e 改变传动方向模块：是将回转运动改变为直线运动的模块，同时实现任意改变砂轮的进给方向。此模块适用于所有变型机床。

7-f 上下滑座模块:适用于全系列所有变型机床。

此外,进给系统功能模块还设立自动深切入模块,加高垫板模块及后电气进给模块。它们分别用于扩大切入量,跨系列机床和发展数控机床选用。

(8)液压系统功能模块分解

8-a 主控制阀模块:设立手动控制和自动控制型两种。对于一些切入式外圆磨床可不选用。

8-b 自动进给阀模块:适用于所有半自动或全自动变型机床。

8-c 自动修整循环控制阀模块:适用于带后仿型修整性能的各类切入式外圆磨床。

8-d 自动测量仪控制阀模块:适用于带自动测量控制磨削的机床。

8-e 放气阀模块:适用于全系列所有变型机床。

8-f 液压筒模块:按磨削长度分 4 种单元模块。

8-g 油箱模块:适用于所有变型机床。

8-h 油路模块:根据选用各种阀模块连接起来的管路。

此外,还根据需要增设更多的单一功能模块,以集层方式组合满足更多的变型机床需要。

(9)电气系统功能模块分解

设立:手动型、半自动型、切入型(带自动修整循环)三大系统功能模块。每个系统还分别设立单一功能的电路模块,(如电气无级调速、磨削压力指示、自动测量控制、轴向定位、磨削控制等等)以便各种变型机床的组合选用。

(10)砂轮修整器功能模块分解

多种砂轮修整器是机床扩大使用性能,提高自动化程度所设立的功能模块。这些模块设立在机床外围,因此安装灵活,互换性强,而且不影响机床的内部结构变化。

本系列设立后仿型修整器、前仿型修整器及手动成形修整器等 10 多种单元模块。后仿型修整还分别设立左、右仿型修整和左、右滚轮修整 4 种。按照对称设计方法实现左、右通用。

4. 模块组合

任何产品都是由大大小小的模块组合或结合而成的一个结构系统。而产品中的模块有各自的功能,又彼此联系,相互制约而形成产品的总功能,构成产品的功能系统。

功能分析、分解后建立模块,而模块只起到完成主要功能或总功能的一小部分作用。只有建立功能系统——模块组合,表现它们的逻辑关系,从而可以正确地得出实现主要功能或总功能所需要的模块部件或机床产品。

模块的组合,首先将建立的模块按不同用途组合成模块部件——主要功能系统。然后将建立的模块部件按不同性能、用途的机床组合而成机床——总功能。

通过上述外圆磨床的主要模块分解,可将这些模块组合,形成各类外圆磨床的产品。如图 7-19 所示,是由 132 个单元模块组成的 $\phi200$ 系列高精度外圆磨床模块化设计产品变型图。它可派生手动型、自动型、外圆式、万能式、切入式、斜切式、多砂轮架切入式、组合砂轮切入式、左(或右)仿型修整式、前(或后)仿型修整式、滚轮修整式等不同规格各类产品 112 种。

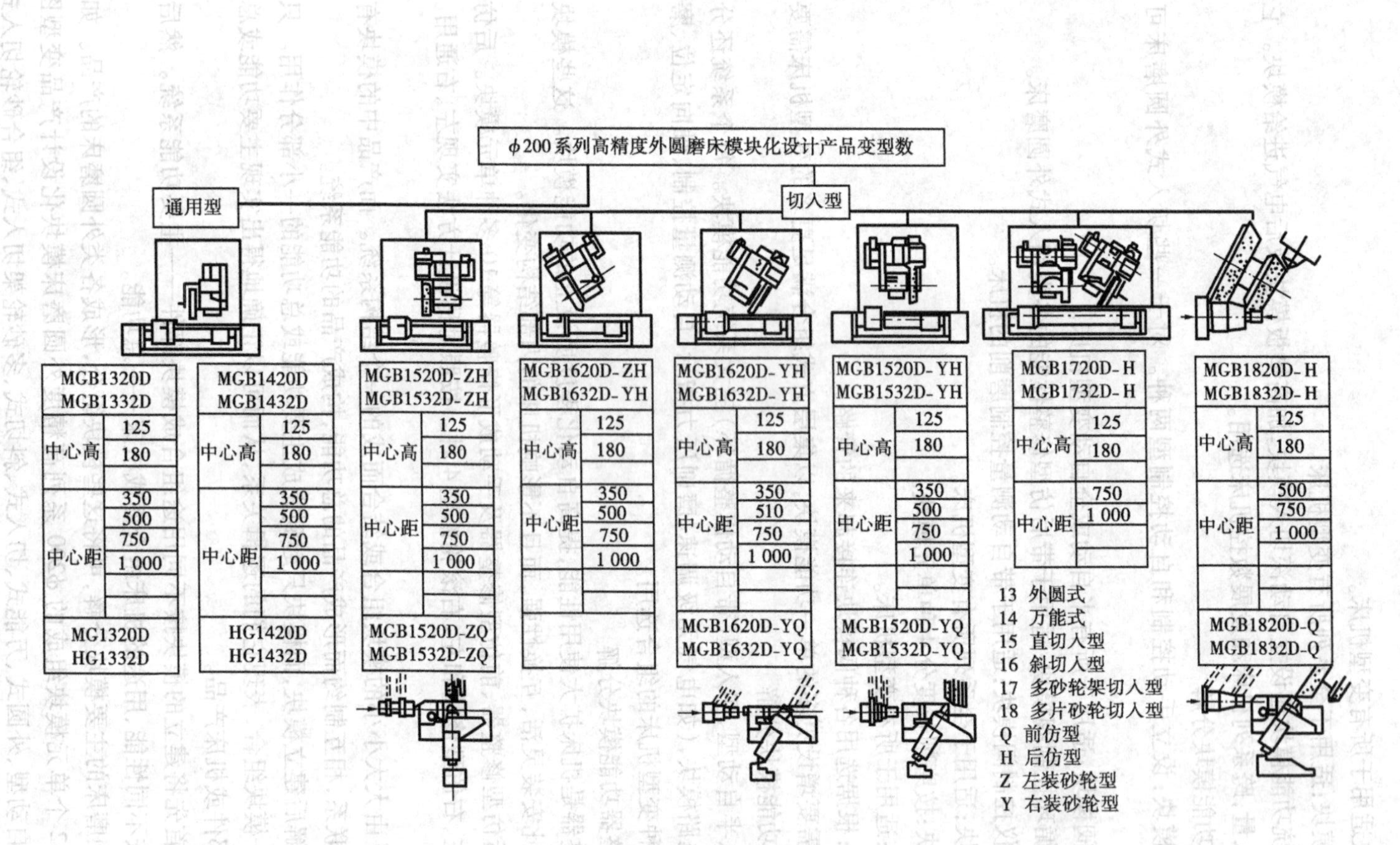
φ200系列高精度外圆磨床模块化设计产品变型数
通用型
切入型
MGB1320D
MGB1332D
中心高
125
180
中心距
350
500
750
1 000
MG1320D
HG1332D
MGB1420D
MGB1432D
中心高
125
180
中心距
350
500
750
1 000
HG1420D
HG1432D
MGB1520D-ZH
MGB1532D-ZH
中心高
125
180
中心距
350
500
750
1 000
MGB1520D-ZQ
MGB1532D-ZQ
MGB1620D-ZH
MGB1632D-YH
中心高
125
180
中心距
350
500
750
1 000
MGB1620D-YH
MGB1632D-YH
中心高
125
180
中心距
350
510
750
1 000
MGB1620D-YQ
MGB1632D-YQ
MGB1520D-YH
MGB1532D-YH
中心高
125
180
中心距
350
500
750
1 000
MGB1520D-YQ
MGB1532D-YQ
MGB1720D-H
MGB1732D-H
中心高
125
180
中心距
750
1 000
MGB1820D-H
MGB1832D-H
中心高
125
180
中心距
500
750
1 000
MGB1820D-Q
MGB1832D-Q
13 外圆式
14 万能式
15 直切入型
16 斜切入型
17 多砂轮架切入型
18 多片砂轮切入型
Q 前仿型
H 后仿型
Z 左装砂轮型
Y 右装砂轮型

图 7-19 模块的组合

四、技术文件模块

编制技术文件是技术设计和工作图设计后的一项繁琐复杂的工作,如果处理不好,即便采用了先进的模块化设计方法也难以达到缩短产品开发周期的效果。

模块化设计时所建立的单元模块和功能模块不直接与产品发生联系,只有通过编制机床产品的技术文件才有可能将不同功能的模块有机地联系起来,指导制造、检查、使用并形成各种各样的机床。若采用传统的单台产品开发的编制方法,就可能因为各种机床产品通用数量大,关系复杂而需要做出大量的重复工作,而且会搞不清楚它们之间的关系,给制造过程中的生产管理带来很大困难。因此,开展模块化设计的同时,必须相应改变技术文件的编制方法,尤其要采用先进的计算机辅助编制法,这样才有可能减少设计工作量,缩短周期及灵活使用。

技术文件的编制采用表格汇总和模块化汇编形式。其内容包括:

(1)编制模块组合与配制机床产品的关系表

表中内容包括全系列的单元模块、各种机床使用的单元模块的品种与数量。根据这个汇总表、将各单元模块的零件、标准件、外购件输入计算机,就可由计算机编制出相应的汇总表。

(2)编制机床产品的功能模块和单元模块目录表

表中的内容标明机床由哪些功能模块和单元模块组成,而且还标明功能模块是由哪些单元模块组成。

此文件用于指导模块化方法编制的工艺汇成整台机床的总装工艺和配套卡片。

(3)合编系列通用的制造与验收技术条件、合格证明书及装箱单

模块化设计的产品往往在基型产品上变型,组成适用专门加工对象的专用机床。这样,它们的验收技术条件在很大程度上是相似的,只在性能、参数上有所区别。因此,可汇编为一本通用的验收文件。

编制时,以相同要求内容作为一个单元模块。当性能、参数(规格)、工作精度不同时,分列各产品的要求。每一模块中还有增设验收条件的余地,以便列入派生新机床所提出的要求。对一些特殊要求的机床还可增设一些单元模块,汇编在文件内。

机床的出厂合格证明书、装箱单也以同样方法合编。

(4)使用说明书的模块编制

按使用说明书的要求,分别设立:机床用途、机床参数、机械传动、液压传动、电气原理及控制、冷却系统、气动系统、润滑系统、安装、操作循环、故障排除、维修保养、附件等十多个项。每项设立一种或多种单元模块,以适应各种各样变型机床或专用机床的说明需要。通过每项中的一种模块组合,就可很快合编成一本产品用的使用说明书。如果根据用户需要再派生新的专用机床(指在性能、参数、结构或工加精度有变化)时,同样只需增加一两种模块,很快通过组合编制一套新机床的使用说明书。

参考文献

[1] V·胡勃卡著．刘伟烈，刁元康译. 工程设计原理. 机械工业出版社，1989
[2] R·柯勒著．吕持平译. 机械仪器和器械设计方法. 科学出版社，1982
[3] 何献忠著. 设计——理论、方法、软件. 北京理工大学出版社，1988
[4] 黄纯颖主编. 设计方法学. 机械工业出版社，1992
[5] 董仲元等编. 设计方法学. 高等教育出版社，1992
[6] 陈淑连，黄日恒编著. 机械设计方法学. 中国矿业大学出版社，1992
[7] V·格普泰，P·N·默塞著．魏发辰译. 工程设计方法引论. 国防工业出版社，1987
[8] 戚昌滋等著. 创造性方法学. 中国建筑工业出版社，1987
[9] 戚昌滋主编. 现代广义设计科学方法学. 中国建筑工业出版社，1987
[10] 赖维铁编. 人机工程学. 华中工学院出版社，1983
[11] 沈景明主编. 机械工业技术经济学. 机械工业出版社，1980
[12] 西德工程师协会编．张嘉善等译. 西德技术准则. 设计技术之一. 机械工业部科学技术情报研究所，1985
[13] 西德工程师协会编．李景才译. 工业产品的技术经济设计指南和实例. 一机部机床研究所，1980
[14] 西德工程师协会编．沈烈初译. 技术经济设计表格的编制与价值分析中的对比计算. 一机部机床研究所，1980
[15] 曹麟祥编. 优先数和优先数系. 陕西科学技术出版社，1988
[16] 周维廉著．陈崇佑等译. 在产品设计中降低成本. 机械工业出版社，1984
[17] 渡边彬著.《机械设计概论》翻译组译. 机械概论. 机械工业出版社，1985
[18] 高敏编. 机电产品艺术造型基础. 四川科学技术出版社，1984
[19] 许喜华编. 工业造型设计. 浙江大学出版社，1986
[20] 曹金榜编. 现代设计技术与机械产品. 机械工业出版社，1987
[21] 吴宗泽编著. 机械结构设计. 机械工业出版社，1988
[22] 章日晋编. 机械零件的结构设计. 机械工业出版社，1984
[23] 王彩华等编. 模糊论方法学. 中国建筑工业出版社，1988
[24] R. C. Johson：Mechanical Design Synthesis——Creative Design & Optimization，1985
[25] V. Hubka：Principle of Engineering Design，Butterworth Scientific，1982
[26] 汪建生等. 机床模块化设计. 机床，1980，No. 11
[27] 孙扣珠等. 客车设计观念的转变与思路. 客车技术与研究，1993，No. 4
[28] 廖林清等. 工程设计方案的模糊综合评判. 重庆工业管理学院学报，1994，Vol 8，No. 1
[29] 廖林清等. 产品原理方案的功能设计法. 重庆工业管理学院学报，1994，Vol 8，No. 2
[30] 廖林清等. 无链变速折叠自行车原理方案的反求设计. 四川兵工学报，1995，No. 3
[31] 李永新. 国外设计、设计工程技术的发展和演变. 机械设计，1990，No. 5
[32] 外圆磨床的模块化设计. 机电产品设计信息（增刊），1992，No. 2
[33] 简召全. 工业设计方法学. 北京理工大学出版社，1993
[34] 世界科技译报编辑部. 世界科技译报，1989—1995
[35] 国家自然科学基金委员会. 机械学. 科学出版社，1994